符号计算在可积系统中的应用

魏含玉 著

U0363964

科学出版社

北京

内 容 简 介

本书简要介绍符号计算在可积系统中的一些应用. 全书内容共五章: 第 1 章为绪论, 简单介绍 Lie 代数及 Lie 超代数, 可积系统及其扩展, 自相容源和守恒律, 孤子方程的求解, 数学机械化、符号计算及其在可积系统中应用. 第 2 章借助符号计算, 利用不同的方法研究了几类可积方程族和超可积方程族的可积耦合. 第 3 章利用符号计算研究了 Li 族非线性可积耦合的自相容源和守恒律及几类超可积系统的自相容源和守恒律. 第 4 章介绍了分数阶导数的定义与性质, 借助符号计算研究了分数阶可积系统与超可积系统. 第 5 章用不同的方法研究了几类孤子方程的精确解.

本书可供相关方向研究生或研究人员阅读参考.

图书在版编目(CIP)数据

符号计算在可积系统中的应用/魏含玉著. —北京: 科学出版社, 2019.1
ISBN 978-7-03-059219-4

I. ①符… II. ①魏… III. ①微积分-研究 IV.①O172

中国版本图书馆 CIP 数据核字 (2018) 第 244279 号

责任编辑: 李 欣 李香叶 / 责任校对: 彭珍珍
责任印制: 张 伟 / 封面设计: 陈 敬

科 学 出 版 社 出版
北京东黄城根北街 16 号
邮政编码: 100717
http://www.sciencep.com

北京建宏印刷有限公司 印刷
科学出版社发行 各地新华书店经销
*

2019 年 1 月第 一 版 开本: 720×1000 B5
2019 年 7 月第二次印刷 印张: 16
字数: 302 000
定价: 118.00 元
(如有印装质量问题, 我社负责调换)

前　　言

　　孤立子与可积系统的发现及其数学物理特征的深入研究是近年来非线性理论的重大进展之一, 它在流体力学、固体物理、等离子物理、经典场论、非线性光学、光纤通信、生物、化学等诸多学科都有重要的应用. 这些系统基本都与非线性问题相关, 需要用非线性演化方程 (大多是非线性偏微分方程) 来表示. 由于非线性关系的复杂性, 这些非线性方程具有更加美妙的数学结构与性质, 从而激起数学家与物理学家的极大兴趣. 非线性科学和复杂性研究已经成为人们研究的热点, 其研究的三个重要主题是混沌、孤子和分形. 其中, 孤子代表非线性科学中无法预料的有组织行为, 它其实是非线性系统中色散与非线性两种作用互相平衡的结果, 它的研究在自然科学的各个领域都起着非常重要的作用.

　　生成新的可积系统是现代可积系统理论中的主要研究课题之一. 在物理、化学、生物等学科中也产生了很多非线性发展方程, 研究这些方程的 Hamilton 结构及其可积性具有重要意义. 屠规彰在对圈代数分析的基础上提出了从等谱问题出发获得方程族及其 Hamilton 结构的方法, 利用此方法人们已获得了很多有意义的可积系. 那么如何寻找更多的具有 Lax 可积和 Liouville 可积的方程族是一件非常有意义的工作. 我们可以利用谱梯度法、屠格式及其他方法可生成很多可积的方程族, 例如, AKNS 族、TB 族、Kaup-Newell 族等. 然而存在这样的问题, 如何从含有简单位势的可积方程扩展成含多个位势的可积方程, 使得到的可积系统包含原有的可积系统? 这就产生了可积耦合的概念. 构造非线性可积耦合是可积理论的重要研究课题之一, 因为它们拥有更丰富的数学结构和物理意义, 具有重要的研究价值.

质量守恒、动量守恒和能量守恒是物理学中的三大守恒律, 守恒律一直是数学和物理中的重要研究对象. 无穷守恒律、无穷对称和多 Hamilton 结构是可积系统的三大代数特征, 这三个特征通过守恒量、守恒协变量、梯度、递推算子和遗传强对称等实现其内在联系. 在孤子理论中, 守恒律起着重要作用, 越来越多的事实表明, 孤子的存在与无穷守恒律的存在有密切的关系. 有孤子解的非线性发展方程一般都有无穷多守恒律.

如何求解偏微分方程是一个在理论和应用上都非常重要的课题, 尤其是方程的显式解为其各种性质的研究提供了便利的工具. 而非线性偏微分方程的求解难度非常大, 至今仍有大量的重要方程无法给出其精确解, 所幸的是孤立子理论中却蕴藏着一系列构造精确解的方法, 如反散射方法、Darboux 变换方法、Lie 群和对称方法、Hirota 双线性方法、非线性化方法、Lax 矩阵有限阶展开法、穿衣方法等, 其中很多都是构造性和代数化的方法.

本书简要介绍符号计算在可积系统中的一些应用, 内容共五章. 第 1 章为绪论, 简单介绍 Lie 代数及 Lie 超代数, 可积系统及其扩展, 自相容源和守恒律, 孤子方程求解, 数学机械化、符号计算及其在可积系统中应用. 第 2 章借助符号计算, 利用不同的方法研究了几类可积方程族和超可积方程族的可积耦合. 第 3 章利用符号计算研究了 Li 族非线性可积耦合的自相容源及守恒律与几类超可积系统的自相容源与守恒律. 第 4 章介绍了分数阶导数的定义与性质, 借助符号计算研究了分数阶可积系统与超可积系统. 第 5 章用不同方法研究了几类孤子方程的求解.

本书的主要内容是作者近年来在可积系统方面的部分研究成果, 其中部分内容已经在国内外学术期刊上发表, 也有部分成果曾与国内相关专家讨论过, 得到了他们的大力支持与帮助, 衷心感谢楼森岳教授、屈长征教授、马文秀教授、范恩贵教授、耿献国教授、朱佐农教授、乔志军教授、张卫国教授、薛波教授、李雪梅教授等专家的指导与帮助, 特别感谢夏铁成教授的热心指导与帮助! 本书得到了国家自然科学基金 (编号: 11547175, 11271008) 和河南省高等学校青年骨干教师培养计划 (2017GGJS145) 的支持.

　　由于作者水平有限, 书中不当之处, 敬请读者批评指正.

魏含玉

2018 年 3 月

目　　录

第1章 绪 论

在现实世界中, 线性系统仅仅是对简单非线性系统的一种理论近似, 而非线性才是更加接近自然、接近实际的思维和研究方式. 非线性科学和复杂性研究已经成为人们研究的热点, 其研究的三个重要主题是混沌、孤子和分形. 其中, 孤子代表非线性科学中无法预料的有组织行为, 它其实是非线性系统中色散与非线性两种作用互相平衡的结果, 它的研究在自然科学的各个领域都起着非常重要的作用.

1.1 Lie 代数及 Lie 超代数简介

定义 1.1 设 g 是数域 K 上定义有乘法的线性空间, 对任意 $x, y, z \in g, c \in K$ 满足:

(i) 分配律

$$(x + y)z = xz + yz,$$
$$z(x + y) = zx + zy; \tag{1}$$

(ii) 数乘交换律

$$c(xy) = (cx)y = x(cy), \tag{2}$$

则 g 称为代数. 线性空间的维数称为代数的维数.

定义 1.2 Lie 代数 g 是数域 K 上的代数, 若其乘法满足:

(i) 双线性

$$[cx + c'y, z] = c[x, z] + c'[y, z],$$
$$[z, cx + c'y] = c[z, x] + c'[z, y];$$
(3)

(ii) 反对易性

$$[x, y] = -[y, x];$$
(4)

(iii) Jacobi 恒等式

$$[[x, y], z] + [[y, z], x] + [[z, x], y] = 0,$$
(5)

则称 g 为 Lie 代数, 其中符号 $[\cdot, \cdot]$ 表示 g 的乘法, $x, y, z \in g, c, c' \in K$. Lie 代数的乘法也称为 Lie 积. 反对易性有时也可以换成幂零性 $[x, x] = 0$, 它们是等价的. Lie 代数的维数也就是线性空间 g 的维数. 例如, 对任意 $x, y \in g$, Lie 积满足 $[x, y] = 0$, 则称 g 是 Abelian Lie 代数或交换 Lie 代数.

定义 1.3 如果 Lie 代数 g 除 $\{0\}$ 和 g 自身之外, 不含有其他理想, 则称 g 为单 Lie 代数. 如果 Lie 代数 g 除 $\{0\}$ 和 g 自身之外, 不含有其他交换理想, 则称 g 为半单 Lie 代数.

注 除一维 Lie 代数外, 单 Lie 代数都是半单的, 但半单 Lie 代数不一定是单的.

定义 1.4 设代数 a 可分解为 Z_2 阶化空间,

$$a = a_{\bar{0}} + a_{\bar{1}},$$
(6)

且乘法满足

$$\langle a_\alpha, a_\beta \rangle \subset a_{\alpha+\beta}, \quad \alpha, \beta \in Z_2,$$
(7)

则 a 称为超代数, $a_{\bar{0}}$ 称为 a 的偶空间, 其元素称为偶元, $a_{\bar{1}}$ 称为 a 的奇空间, 其元素称为奇元. 当 $x \in a_\alpha$ 时, 称 x 的阶为 α, 记为 $\deg x = \alpha$.

注 在超代数中, 偶元乘以偶元得偶元, 奇元乘以奇元得偶元, 偶元乘以奇元得奇元.

定义 1.5 设 $a = a_{\bar{0}} + a_{\bar{1}}$ 是超代数, 对 $x, y, z \in a, c' \in K, K$ 为数域, $\deg x = \alpha, \deg y = \beta$, 若乘法满足下列性质:

(i) 双线性

$$
\begin{aligned}
\langle cx + c'y, z \rangle &= c\langle x, z \rangle + c'\langle y, z \rangle, \\
\langle z, cx + c'y \rangle &= c\langle z, x \rangle + c'\langle z, y \rangle;
\end{aligned} \tag{8}
$$

(ii) 阶化反对易性

$$
\langle x, y \rangle = -(-1)^{\alpha\beta}\langle y, x \rangle; \tag{9}
$$

(iii) 阶化 Jacobi 恒等式

$$
\langle\langle x, y \rangle, z \rangle = \langle x, \langle y, z \rangle\rangle - (-1)^{\alpha\beta}\langle y, \langle x, z \rangle\rangle, \tag{10}
$$

则称 a 为 Lie 超代数. Lie 超代数又称为阶化 Lie 代数, 它实际上是 Z_2 阶化 Lie 代数. 从上面的定义可以看出, 若交换两个奇元相乘顺序, 会相差一个负号.

注 Lie 超代数与超代数不同, 它是 Lie 代数的 Z_2 阶化, 而 Lie 代数是 Lie 超代数的特例, 当 Lie 超代数的所有奇元为零时即为 Lie 代数.

定义 1.6 设 Lie 超代数 a 除 $\{0\}$ 和 a 自身之外, 不含有其他阶化理想且 $\langle a, a \rangle \neq \{0\}$, 即 a 不是交换 Lie 超代数, 则称 a 为单 Lie 超代数. 单 Lie 超代数又分为 Cartan-Lie 超代数和经典 Lie 超代数两大类.

定义 1.7 设 G 为超代数, 若满足

(i) 可换代数, 对 $\forall a, b \in G$, 有 $[a, b] = ab - (-1)^{|a||b|}ba = 0$;

(ii) 单位元 $e = 1$, 对 $\forall a \in G$, 有 $ae = ea = a$;

(iii) 有限反交换生成子 θ_j, θ_k 满足关系 $\theta_j\theta_k = -\theta_k\theta_j$, $\theta_j^2 = 0$, $j, k = 1, \cdots, n$, 则称 G 为有限维 Grassmann 代数.

1.2 可积系统及其扩展

众所周知, 关于有限维 Hamilton 系统的几何理论已经建立, 由著名的 Liouville-Arnold 定理给出了 Hamilton 系统可积的一个充分条件. 而对无限维的广义 Hamilton 系统的理论还不够完善. 所以, 对于无限维 Hamilton 可积系统现在还没有一个完全确定和统一的定义, 所谓的可积性只是在某种意义下的可积性. 例如, Lax 可积、Liouville 可积、反散射 (IST) 可积[1, 2]、Pailevé 可积[3−6]、对称可积[7, 8]、C 可积[9−12] 等. 目前, 通常采用的是 Lax 可积和 Liouville 可积.

1. Lax 可积

如果一个非线性偏微分 (差分) 方程 (组) 可以表示成如下线性问题

$$L\phi = \lambda\phi, \tag{11a}$$

$$\phi_t = N\phi, \tag{11b}$$

或

$$\phi_x = U\phi \quad (E\phi_n = M\phi_n), \tag{12a}$$

$$\phi_t = V\phi \quad (\phi_{nt} = N\phi_n) \tag{12b}$$

的相容性条件

$$L_t + [L, N] = 0, \tag{13}$$

或

$$U_t - V_x + [U, V] = 0 \quad (M_t = (EN)M - MN). \tag{14}$$

则称上述方程是 Lax 意义下的可积系. (11) 和 (12) 称为它的 Lax 对. 方程的 Lax 对在孤子理论中有非常重要的作用, 通常利用它们来构造非线性方程的孤子解[13-15].

可积系统的一个基本问题是: 对于给定的偏微分方程, 如何判定它为 Lax 可积, 即寻求算子 L 与 N 或 $U(M)$ 与 $V(N)$, 使方程具有 Lax 表示; 反之, 给出 L 与 N 或 $U(M)$ 与 $V(N)$ 满足的条件, 使 Lax 方程或零曲率方程表示为有意义的微分方程. 1976 年, Wahlquist 和 Estabrook 利用 Lie 代数结构提出了求解方程 Lax 对的延拓结构方法[16,17], 郭汉英、吴可等利用此方法给出了一些非线性方程的 Lax 对[18-20]. 1983 年, Drinfeld 和 Sokolov 以 Kac-Moody 代数为工具成功地构造了 KdV 方程的 Lax 对. 1985 年, 谷超豪和胡和生提出一类方程的可积性准则[13]. 1989 年, 曹策问提出了保谱发展方程换位表示的新框架[21]. 在此基础上, 很多人做了一系列推广工作, 给出了很多方程族的 Lax 对及零曲率表示[22-24].

2. Liouville 可积

设非线性发展方程

$$u_t = K(x, t, u), \tag{15}$$

可以表示为

$$u_t = K(x, t, u) = J\frac{\delta H_n}{\delta u} = JL\frac{\delta H_{n-1}}{\delta u} = \cdots = JL^{n-1}\frac{\delta H_1}{\delta u}, \tag{16}$$

其中 $J^* = -J, JL = L^*J$, 而 $\dfrac{\delta H_n}{\delta u}$ 是泛函 H_n 对 u 的泛函导数, 则称此方程为广义 Hamilton 方程. 若方程 (16) 存在可列个两两对合的守恒密度, 则称该方程是 Liouville 可积的.

如何揭示孤子方程族的 Hamilton 结构? 1988 年, 屠规彰和 Boiti 从等谱问题出发, 提出一种用研究孤子方程族的可积 Hamilton 结构的方法[25-27]. 接着, 屠规彰分别提出了用迹恒等式来构造连续和离散可积系统的 Hamilton 结构[28,29]. 1992 年, 马文秀命名这种方法为屠格式[30]. 这一方法已被应用于很多方程族[30-33]. 1997 年, 胡星标发展了屠格式, 提出可积系统 Hamilton 结构一种新的算法[34], 并推广到 Lie 超代数[35].

3. 可积耦合

可积耦合是孤子理论一个新的研究方向[36], 利用 Lie 代数构造可积系统及其可积耦合是近年来研究的热点. 可积耦合是在研究可积系统的无中心 Virasoro 对称代数时产生, 它是获得新可积系统的重要方法.

设

$$u_t = K(u) \tag{17}$$

为已知的可积系统. 若系统

$$\begin{cases} u_t = K(u), \\ v_t = S(u,v) \end{cases} \tag{18}$$

仍然是可积系统, 且 $S(u,v)$ 显含 u 或 u 对 x 的导数, 则称 (18) 为 (17) 的可积耦合. 特别地, 如果 (18) 的第二个方程对 v 是非线性的, 则称 (18) 是 (17) 的非线性可积耦合[37].

近年来, 不少专家学者如马文秀、张玉峰、郭福奎和夏铁成等提出了很多构造可积耦合及其 Hamilton 结构的方法. 比如摄动方法[38]、直接方法[39]、扩大谱问题方法[40]、半单直和 Lie 代数方法[41]、建立新的圈代数方法[42] 等. 利用上述方法, 人们已经求出很多方程族的可积耦合[43-45]. 但当研究可积耦合系统的 Hamilton 结构时发现 Killing 型是退化的, 无法用迹恒等式来求可积耦合的 Hamilton 结构. 于是, 郭福奎、张玉峰等提出二次型恒等式[46] 来解决这一问题. 接着马文秀推广到变分恒等式[47], 后来马文秀又推广到离散可积系统中构造离散可积耦合 Hamilton 结构[48]. 现已成功应用到各种可积耦合系统中[49-51]. 近年来, 马文秀又提出双可积耦合、三可积耦合及其 Hamilton 结构[52,53], 它们拥有更丰富的数学结构和物理意义, 具有重要的研究价值.

4. 超可积系统

随着孤子理论的发展, 人们对超可积系统的研究越来越重视, 尤其是在超对称共形场论和弦论研究的应用上得到了极大的关注. 将经典可积系统的研究方法推广到超可积系统中已成为超可积系统研究的一个重要方面. Gürses[54] 以及李翊神构造了许多超可积系统[55,56]. 为了寻求超可积系统的超 Hamilton 结构, 1990 年, 胡星标首次提出了超迹恒等式[57], 用来构造超可积系统的超 Hamilton 结构. 接着又给出了可积系统的超延拓方法[35], 利用 Lie 代数得到可积的超 Lax 对来构造超可积的非线性演化方程. 2008 年, 马文秀等给出了超迹恒等式的详尽证明以及常数 γ 的计算公式[58]. 之后, 很多超可积系统及其超 Hamilton 结构被构造出来[59-62].

随着超可积系统研究的深入, 2008 年, 贺劲松、虞静等考虑了超可积方程族的 Bargmann 约束和双非线性化并得到了相应的有限维超 Hamilton 结构[63,64]. 夏铁成和陶司兴在这方面做了很多工作[65-67]. 2011 年, 尤福财利用 Lie 超代数构造了超 AKNS 族的非线性可积耦合, 并给出了非线性可积耦合的超 Hamilton 结构[68].

5. 分数阶可积与超可积系统

分数阶微积分诞生于 1965 年, Leibniz 和 L'Hospital 在他们的通信中首次探讨了 "二分之一阶导数". 但接下来的一段时间里, 分数阶微积分发展缓慢. 1730 年, Euler 在一篇文章中简单地探讨了分数阶导数的含义. 1812 年, Laplace 用积分的方式给出了分数阶导数的一个定义. 1832 年, Liouville 给出了分数阶导数第一个合理的定义. 1847 年, Riemann 对分数阶微积分的定义作了补充和修改, 将其命名为 Riemann-Liouville 分数阶导数, 这一定义在分数阶微积分及其应用方面被广泛采用. 后来, Grünwald 和 Letnikov 又对分数阶微积分作了深入研究[69].

十九世纪九十年代, Heaviside 首次将分数阶算子应用到物理模型中. 二十世纪初期, Hardy 将分数阶算子应用到生物学领域. 实际应用的需要促进了分数阶微积分的飞速发展. 分数阶微积分已应用于科学和工程的各个领域, 如黏弹性力学[70,71]、电介质的极化[72]、混沌[73,74]、随机游走[75]、经济学[76]、控制[77] 等.

如何把分数阶理论推广到可积与超可积系统中是一件有意义的工作. 2009 年, 于发军给出了分数阶耦合的 Boussinesq 方程和 KdV 方程[78]. 2011 年, 吴国成和张盛给出分数阶广义 Tu-公式, 并应用于分数阶 AKNS 族, 求出了其分数阶 Hamilton 结构[79]. 2013 年, 夏铁成和王惠给出了分数阶超迹恒等式, 并应用于分数阶超可积系统[80,81].

1.3　自相容源和守恒律

1. 带源的孤子方程

自二十世纪八十年代以来, 人们对带自相容源的孤子方程的研究越来越关注. 带自相容源的孤子方程反映了不同孤波之间的相互作用. 例如, 带自相容源的 KdV 方程描述了等离子体中高频波包和一个低频波的相互作用[82]. 带自相容源的非线性 Shrödinger 方程既描述了等离子体高频静电波和离子声波之间的相互作用, 又描述了孤波在有可共振和不可共振介质的媒介中的传播过程[83,84].

如何构造带自相容源的孤子方程成为研究者们一个十分关心的问题. J. Leon、V. K. Mel'Nikov、V. E. Zakharova、M. Antonowicz、曾云波、马文秀、胡星标等学者在这方面做了十分出色的工作[85−95]. 其中, 胡星标等提出的源生成方法[94], 它以双线性形式的孤子方程为基础, 从双线性方程的行列式解或 Pfaff 式解出发来构造带自相容源的孤子方程. 这种方法首次将常数变易法的思想进行推广, 应用到研究带自相容源的孤子方程这一类非线性发展方程, 可以看作是非线性的常数变易法. 从数学结构上说, 带自相容源的孤子方程可看作"非齐次"的非线性孤子方程.

2. 守恒律

质量守恒、动量守恒和能量守恒是物理学中的三大守恒律. 守恒律一直是数学和物理中的重要研究对象, 它们可以表示为某些物理量的守恒, 通常在数学上也是十分有趣的[96]. 无穷守恒律、无穷对称和多 Hamilton 结构是可积系统的三大代数特征[97], 这三个特征通过守恒量、守恒协变量、梯度、递推算子和遗传强对称等实现内在联系. 在孤子理论中, 守恒律起着重要作用. 越来越多的事实表明, 孤子的存在与无穷守恒律的存在有密切的关系. 有孤子解的非线性发展方程一般都有无穷守恒律.

1968 年, Miura、Gardner 和 Kruskal 发现 KdV 方程具有无穷多守恒律[98]. 后来人们建立了很多种方法来研究系统的守恒律. 例如通过 Bäcklund 变换, 由 x-部分和 t-部分获得方程的无穷守恒律[99]. 根据特征函数满足的谱问题, 用特征函数的指数形式解构造守恒律[100]. 通过散

射问题和散射量 $a(\lambda)$ 的渐近展开式得到无穷多守恒律[101]. Tsuchida 和 Wadati 用迹恒等式获得多元系统的守恒律[102]. 张大军等从 Lax 对得到 Riccati 方程, 再利用相容性构造方程族的守恒律[103,104]. 目前, 这些方法都已成功推广到离散系统[105−110].

1.4 孤子方程的求解

如何求解偏微分方程是一项在理论和应用上都非常重要的课题. 方程的显式解为其各种性质的研究提供了便利的工具. 而非线性偏微分方程的求解难度很大, 目前仍有很多重要的方程无法给出其精确解. 但在孤子理论中已有一批行之有效的求精确解的方法, 如反散射方法[111−114]、Bäcklund 变换[115−118]、Darboux 变换[119−126]、Lie 群分析法[127−131]、齐次平衡法[132−135]、Hirota 双线性方法[136−143]、Lax 对非线性化方法[144−149]、穿衣方法等[150−153]. 下面简单介绍两种求解方法.

1. 反散射方法

1967 年, Gardner, Greene, Kruskal 和 Miura 在利用非线性 Shrödinger 方程的反散射理论求解 KdV 方程初值问题时建立了反散射方法[154,155]. 它是利用非线性发展方程的 Lax 对和谱理论, 把 Cauchy 问题化为求解线性积分方程, 在退化核的情形下, 给出方程的显式解. 1968 年, Lax 发展的 Lax 对方法将反散射理论整理成更一般的理论框架[156], 这很快成为处理非线性演化方程的一般形式. 反散射方法的关键在于对给定的非线性发展方程, 如何找到适当的谱问题. 这种方法是求解非线性方程的有效工具, 受到数学、物理学者的重视, 并得到了丰硕的成果[157−160].

2. Lax 对非线性化方法

1989 年, 曹策问首创了 Lax 对非线性化方法[161], 它的核心是由无穷维可积系统到有限维可积系统, 从而求解孤子方程. 其求解程序为: 首先找到与方程对应的谱问题, 通过线性谱问题中位势与特征函数之间的约束, 将问题非线性化为有限维 Hamilton 系统. 其次由守恒积分的母函数决定一条代数曲线, 在 Abel-Jacobi 坐标下将流拉直. 最后考虑 Riemann-Jacobi 反演, 根据 Riemann 定理, 由 θ 函数最终得到孤子方程的代数几何解 (或叫拟周期解、有限亏格解). 在此理论框架下, 从已有的孤子系统产生了一批新的有限维可积系统[162−170].

1.5 数学机械化、符号计算及其在可积系统中应用

二十世纪七十年代, 中国科学院吴文俊院士在中国传统数学的启发下, 提出了吴文俊方法 (吴方法), 开创了数学机械化理论. 数学机械化是新兴的数学、计算机及人工智能的交叉学科, 是数学学科的前沿和焦点.

吴先生是以几何定理的机器证明为突破口开始从事数学机械化的研究. 1977 年, 吴先生提出了一个初等几何定理机械化证明的切实可行算法[171]. 1978 年, 吴先生将该算法推广到初等微分几何定理的机械化证明[172]. 1984 年, 吴先生的专著《几何定理机器证明的基本原理 (初等几何部分)》由科学出版社出版[173], 该专著从机械化观点说明了关于几何定理机械化证明的基本原理. 1985 年, 吴先生正式建立了求解多元多项式方程组的吴文俊消元法[174]. 1989 年, 吴先生将吴代数消元思想推广到微分情形, 提出了吴微分消元法[175], 使特征集理论得到进一步的完善与发展. 吴文俊消元方法的创立, 引发了几何定理机器证明的高潮. 王东明

等建立了构造型几何定理的高效机器证明系统[176]. Kapur 等对吴方法进行改进, 将其应用于计算机视觉[177]. 吴尽昭等将吴代数消元法运用到逻辑中去, 解决了逻辑中的一阶定理证明问题[178]. 李洪波与程民德提出基于 Clifford 代数与吴方法的向量算法[179].

数学机械化的实现, 计算机是不可或缺的强大工具. 计算机与应用数学的结合分为两个层面: 数值计算和符号计算, 其中符号计算是计算机代数所处理的主要对象. 计算机代数是致力于数学求解问题准确计算自动化的学科, 它研制、开发和维护符号软件并研究其数学理论. 在计算机代数中, 显示器和键盘替代了传统的纸和笔. 交互计算机程序, 称为计算机代数系统, 使用户不仅可以进行数值计算, 而且可以进行符号、公式、方程等的运算. 计算机代数促使研究者改进已知的算法和发明新的算法. 从某种意义上说, 它恢复了研究有效方法的理论需求, 即对于一类问题可以通过算法求解. 随着计算机及符号软件的产生, 符号计算成为现代数学研究中非常重要的工具, 已渗透到其他很多领域, 并在可积系统中也得到了广泛的应用. 1993 年起, 李志斌等利用吴代数消元法, 在求解非线性发展方程精确解方面做了很多出色的工作[180,181]. 张鸿庆提出的 "$AB=CD$" 理论在微分方程机械化求解方面做出很大的贡献[182]. 范恩贵利用符号计算在微分方程求解和可积系统的计算机代数研究中做出大量工作[183], 受到国内外研究人员的广泛关注. 闫振亚给出了非线性发展方程求解更有效的算法[184]. 朝鲁运用吴微分特征集计算微分方程的对称[185,186]. 夏铁成等在利用符号计算求解孤子方程方面做出卓有成效的工作[187−189].

符号计算在推导孤子方程时也带来了极大便利. 例如, Lie 代数 A_1 的基可以表示为

$$e_1 = \begin{pmatrix} 1 & 0 \\ 0 & -1 \end{pmatrix}, \quad e_2 = \begin{pmatrix} 0 & 1 \\ 0 & 0 \end{pmatrix}, \quad e_3 = \begin{pmatrix} 0 & 0 \\ 1 & 0 \end{pmatrix}. \qquad (19)$$

相应的圈代数 $\tilde{A}_1$ 为 $\{e_1(n), e_2(n), e_3(n) | n \in Z\}$, 满足 $x(n) = x \otimes \lambda^n, x \in A_1$.

Kaup-Newell 谱问题由基的线性组合可表示为

$$U = -e_1(1) + qe_2(1) + re_3(0). \qquad (20)$$

在利用屠格式推导 Kaup-Newell 族的过程中, 驻定零曲率方程 $V_x = [U, V]$ 的运算, 零曲率方程 $U_t - V_x + [U, V] = 0$ 的运算, 其实都是基之间的运算, 即符号运算. 利用符号计算很容易给出 Kaup-Newell 族、超 Kaup-Newell 族、分数阶超 Kaup-Newell 族以及它们的非线性可积耦合.

关于符号计算软件, 目前较流行的有: Maple, Mathematica, Matlab, Reduce, Macsyma, Lisp 等, 其中 Maple 最为流行, 与其他符号计算软件比较, Maple 的效率比较高, 功能强大, 而且还在逐渐完善. 数学机械化的发展方兴未艾, 其应用范围愈发广泛. 该领域的发展将会帮助人们解决更多的实际问题.

第 2 章　孤子族的非线性可积耦合

在孤子理论中, 寻找新的可积系统是一个非常重要的课题, 人们已经利用不同的方法得到了许多可积模型[36−45]. 一件有意义的工作是如何将已知的可积系统扩展为更大的可积系统, 使其具有更丰富的数学结构和物理意义, 从而产生了可积耦合的概念[36], 它是获得新的可积系统的重要方法.

本章借助符号计算, 利用不同的方法研究四类可积方程族的可积耦合和一类超可积方程族的非线性可积耦合. 第一类是先给出圈代数 $\tilde{A}_3$, 由屠格式求得耦合 mKdV 方程族及其可积耦合, 运用二次型恒等式给出了可积耦合的 Hamilton 结构. 第二类是通过扩展谱问题, 得到了 Guo 族的非线性可积耦合, 运用变分恒等式给出了非线性可积耦合的 Hamilton 结构. 第三类是通过引进一组新的显式 Lie 代数构造了一个孤子族的非线性可积耦合及其 Hamilton 结构. 第四类是通过引进一个新的非半单矩阵 Lie 代数, 利用扩大的零曲率方程给出了 Broer-Kaup-Kupershmidt 族的非线性双可积耦合, 并构造出非线性双可积耦合的 Hamilton 结构. 第五类是利用一个新的 Lie 超代数构造了超 Kaup-Newell 族的非线性可积耦合, 借助超迹恒等式求出了超 Kaup-Newell 族非线性可积耦合的超 Hamilton 结构.

2.1 耦合 mKdV 方程族的可积耦合

2.1.1 二次型恒等式

设 G 是一个由基 $\{e_1, e_2, \cdots, e_s\}$ 构成的 s-维 Lie 代数, 对 G 中的任意两个元素

$$a = \sum_{i=1}^{s} a_i e_i, \quad b = \sum_{i=1}^{s} b_i e_i, \tag{1}$$

定义换位运算如下

$$[a, b] = \sum_{i,j=1}^{s} a_i b_j [e_i, e_j] = \sum_{i=1}^{s} c_i e_i. \tag{2}$$

与之相应的圈代数 $\tilde{G}$ 和换位运算为

$$e_i(m) = e_i \lambda^m, \quad [e_i(m), e_j(n)] = [e_i, e_j]\lambda^{m+n},$$
$$i, j = 1, 2, \cdots, s, \quad m, n = 0, \pm 1, \pm 2, \cdots, \tag{3}$$

向量形式的圈代数 $\tilde{G}$ 定义如下

$$\tilde{G} = \left\{ a = (a_1, a_2, \cdots, a_s)^{\mathrm{T}}, a_i = \sum_m a_{im} \lambda^m, 1 \leqslant i \leqslant s \right\}, \tag{4}$$

其中交换子与换位子

$$[a, b] = (c_1, c_2, \cdots, c_s)^{\mathrm{T}}. \tag{5}$$

考虑线性等谱问题

$$\varphi_x = U\varphi, \quad \varphi_t = V\varphi, \quad U, V \in \tilde{G}, \quad u = (u_1, \cdots, u_p)^{\mathrm{T}}, \quad \lambda_t = 0. \tag{6}$$

由 (6) 的相容性条件 $\varphi_{xt} = \varphi_{tx}$ 可得零曲率方程

$$U_t - V_x + [U, V] = 0. \tag{7}$$

其驻定零曲率方程为

$$V_x = [U, V],\tag{8}$$

这里要求

$$\mathrm{rank}(U) = \mathrm{rank}\left(\frac{\partial}{\partial x}\right) = \mathrm{const.}\tag{9}$$

设 V_1 和 V_2 是 (8) 的任意两个同秩解, 则它们满足线性关系

$$V_1 = \gamma V_2, \quad \gamma = \mathrm{const.}\tag{10}$$

取矩阵 $R(b)$ 使得

$$[a, b]^{\mathrm{T}} = a^{\mathrm{T}} R(b), \quad \forall a, b \in \tilde{G},\tag{11}$$

且常数矩阵 $F = (f_{ij})_{s \times s}$ 满足

$$F = F^{\mathrm{T}}, \quad R(b)F = -(R(b)F)^{\mathrm{T}}.\tag{12}$$

定义泛函

$$\{a, b\} = a^{\mathrm{T}} F b, \quad \forall a, b \in \tilde{G}.\tag{13}$$

它满足以下性质:

(1) 对称性: $\{a, b\} = \{b, a\}$;

(2) 双线性性: $\{\alpha_1 a_1 + \alpha_2 a_2, b\} = \alpha_1\{a_1, b\} + \alpha_2\{a_2, b\}$;

(3) 泛函 $\{a, b\}$ 的梯度 $\nabla_b\{a, b\}$ 定义为

$$\left.\frac{\partial}{\partial \epsilon}\{a, b + \epsilon V\}\right|_{\epsilon=0} = \{\nabla_b\{a, b\}, V\},\tag{14}$$

这里 $V = (V_1, V_2, \cdots, V_s)^{\mathrm{T}}$. 于是有

$$\nabla_b\{a, b\} = a, \quad \nabla_b\{a, b_x\} = \nabla_b\{-a_x, b\} = -a_x;\tag{15}$$

(4) 可交换性:

$$\{[a,b],c\} = \{a,[b,c]\}, \quad \forall a,b,c \in \tilde{G}. \tag{16}$$

定理 2.1 (二次型恒等式)[46] 若 U 是齐秩的, 假设驻定零曲率方程 (8) 在相差非零常数倍意义下的解是唯一的. 那么, 对于任意满足驻定零曲率方程的齐秩解成立二次型恒等式

$$\frac{\delta\{V,U_\lambda\}}{\delta u_i} = \lambda^{-\gamma}\frac{\partial}{\partial\lambda}\left(\lambda^\gamma\left\{V,\frac{\partial U}{\partial u_i}\right\}\right), \quad i=1,2,\cdots,p, \tag{17}$$

其中 γ 是常数.

定理 2.2[190] 矩阵 $U(\lambda)$ 由 $\varphi_x = U\varphi, U = e_0(\lambda) + u_1 e_1(\lambda) + \cdots + u_p e_p(\lambda)$ $(e_i(\lambda) \in \tilde{G}, 0 \leqslant i \leqslant p)$ 定义, V 是驻定零曲率方程 $V_x = [U,V]$ 的解. 如果存在矩阵 $\Delta(\mu)$ 和 p 个相互独立的函数 $f_1(\mu,u),\cdots,f_p(\mu,u)$ 使得

$$[\mu(U(\mu)-U(\lambda))/(\mu-\lambda),V(\mu)]+\Delta_x(\mu)-[U(\lambda),\Delta(\mu)] = \sum_{i=1}^p f_i(\mu,u)e_i(\lambda),\tag{18}$$

则由零曲率方程给出一族 Lax 可积的演化方程

$$u_t = (f_{1n},\cdots,f_{pn})^{\mathrm{T}}. \tag{19}$$

2.1.2 耦合 mKdV 方程族

构造圈代数 $\tilde{A}_3$ 如下

$$e_1(n) = \begin{pmatrix} \lambda^n & 0 & 0 & 0 \\ 0 & -\lambda^n & 0 & 0 \\ 0 & 0 & \lambda^n & 0 \\ 0 & 0 & 0 & -\lambda^n \end{pmatrix}, \quad e_2(n) = \begin{pmatrix} 0 & \lambda^n & 0 & 0 \\ 0 & 0 & 0 & 0 \\ 0 & 0 & 0 & \lambda^n \\ 0 & 0 & 0 & 0 \end{pmatrix},$$

$$e_3(n) = \begin{pmatrix} 0 & 0 & 0 & 0 \\ \lambda^n & 0 & 0 & 0 \\ 0 & 0 & 0 & 0 \\ 0 & 0 & \lambda^n & 0 \end{pmatrix}, \tag{20}$$

它们具有如下的交换关系

$$[e_1(m), e_2(n)] = 2e_2(m+n), \quad [e_1(m), e_3(n)] = -2e_3(m+n),$$

$$[e_2(m), e_3(n)] = e_1(m+n). \tag{21}$$

令

$$\deg(e_i(n)) = n, \quad i = 1, 2, 3. \tag{22}$$

由圈代数 $\tilde{A}_3$, 考虑下面的等谱问题

$$\varphi_x = U\varphi, \quad U = e_2(1) + e_3(1) + qe_1(0) - re_3(0), \quad \varphi = (\varphi_1, \varphi_2, \varphi_3, \varphi_4)^{\mathrm{T}}. \tag{23}$$

设

$$V = ae_1(0) + be_2(0) + ce_3(0)$$
$$= \sum_{m \geqslant 0} [a_m e_1(-m) + b_m e_2(-m) + c_m e_3(-m)], \tag{24}$$

其中 $a = \sum\limits_{m \geqslant 0} a_m \lambda^{-m}, b = \sum\limits_{m \geqslant 0} b_m \lambda^{-m}, c = \sum\limits_{m \geqslant 0} c_m \lambda^{-m}.$

由 (23) 和 (24), 解驻定零曲率方程

$$V_x = [U, V], \tag{25}$$

得

$$a_{mx} = c_{m+1} - b_{m+1} + rb_m,$$

$$b_{mx} = -2a_{m+1} + 2qb_m,$$

$$c_{mx} = 2a_{m+1} - 2qc_m - 2ra_m,$$

$$a_0 = 0, \quad b_0 = c_0 = 1, \quad a_1 = q,$$

$$b_1 = \frac{1}{2}r, \quad c_1 = -\frac{1}{2}r, \quad a_2 = \frac{1}{2}qr - \frac{1}{4}r_x, \tag{26}$$

$$b_2 = -\frac{1}{2}q_x + \frac{3}{8}r^2 - \frac{1}{2}q^2, \quad c_2 = \frac{1}{2}q_x - \frac{1}{8}r^2 - \frac{1}{2}q^2,$$

$$a_3 = \frac{1}{4}q_{xx} - \frac{3}{8}rr_x + \frac{3}{8}qr^2 - \frac{1}{2}q^3,$$

$$b_3 = -\frac{1}{8}r_{xx} + \frac{3}{4}rq_x - \frac{5}{16}r^3 + \frac{3}{4}q^2r, \cdots.$$

为了得到相应的方程族, 取

$$\Delta(\mu) = a^{'}e_1(0), \tag{27}$$

则

$$[\mu(U(\mu) - U(\lambda))/(\mu - \lambda), V(\mu)] + \Delta_x(\mu) - [U(\lambda), \Delta(\mu)]$$

$$= (a_x^{'} + \mu c^{'} - \mu b^{'})e_1(0) + 2a^{'}re_3(0). \tag{28}$$

由定理 2.2 可得方程族

$$u_t = \begin{pmatrix} q \\ r \end{pmatrix}_t = \begin{pmatrix} \partial & -r \\ r & 0 \end{pmatrix} \begin{pmatrix} 2a_n \\ b_n \end{pmatrix} = J \begin{pmatrix} 2a_n \\ b_n \end{pmatrix}. \tag{29}$$

从 (26) 可得递推关系如下

$$\begin{pmatrix} 2a_{n+1} \\ b_{n+1} \end{pmatrix} = \begin{pmatrix} 0 & 2q - \partial \\ -\left(\frac{1}{2}\partial^{-1}q\partial + \frac{1}{4}\partial\right) & \frac{1}{2}\partial^{-1}r\partial + \frac{1}{2}r \end{pmatrix} \begin{pmatrix} 2a_n \\ b_n \end{pmatrix}$$

$$= L \begin{pmatrix} 2a_n \\ b_n \end{pmatrix}. \tag{30}$$

因此, 方程族 (29) 可以写成如下形式

$$u_t = \begin{pmatrix} q \\ r \end{pmatrix}_t = JL^{n-1} \begin{pmatrix} 2q \\ \dfrac{1}{2}r \end{pmatrix}, \quad n \geqslant 1. \tag{31}$$

当 $n = 3$ 时, 可积系统 (29) 能约化成耦合 mKdV 方程

$$\begin{cases} q_t = 2\left(\dfrac{1}{4}q_{xx} - \dfrac{3}{8}rr_x + \dfrac{3}{8}qr^2 - \dfrac{1}{2}q^3\right)_x \\ \qquad - r\left(-\dfrac{1}{8}r_{xx} + \dfrac{3}{4}rq_x - \dfrac{5}{16}r^3 + \dfrac{3}{4}q^2r\right), \\ r_t = 2r\left(\dfrac{1}{4}q_{xx} - \dfrac{3}{8}rr_x + \dfrac{3}{8}qr^2 - \dfrac{1}{2}q^3\right). \end{cases} \tag{32}$$

如果在 (32) 中令 $r = 0$, 则可得到 mKdV 方程

$$q_t + 3q^2 q_x - \dfrac{1}{2}q_{xxx} = 0. \tag{33}$$

所以, 称 (29) 为耦合 mKdV 族.

2.1.3　耦合 mKdV 方程族可积耦合

把圈代数 $\tilde{A}_3$ 扩展成圈代数 $\tilde{F}_3$ 如下

$$\tilde{F}_3 = \mathrm{span}\{e_i(n), i = 1, 2, \cdots, 6\}, \tag{34}$$

其中

$$e_4(n) = \begin{pmatrix} 0 & 0 & \lambda^n & 0 \\ 0 & 0 & 0 & -\lambda^n \\ 0 & 0 & 0 & 0 \\ 0 & 0 & 0 & 0 \end{pmatrix}, \quad e_5(n) = \begin{pmatrix} 0 & 0 & 0 & \lambda^n \\ 0 & 0 & 0 & 0 \\ 0 & 0 & 0 & 0 \\ 0 & 0 & 0 & 0 \end{pmatrix},$$

$$e_6(n) = \begin{pmatrix} 0 & 0 & 0 & 0 \\ 0 & 0 & \lambda^n & 0 \\ 0 & 0 & 0 & 0 \\ 0 & 0 & 0 & 0 \end{pmatrix}, \tag{35}$$

具有相应的交换关系

$$[e_1(m), e_2(n)] = 2e_2(m+n), \quad [e_1(m), e_3(n)] = -2e_3(m+n),$$

$$[e_1(m), e_5(n)] = 2e_5(m+n), \quad [e_1(m), e_6(n)] = -2e_6(m+n),$$

$$[e_2(m), e_3(n)] = e_1(m+n), \quad [e_2(m), e_6(n)] = e_4(m+n),$$

$$[e_2(m), e_4(n)] = -2e_5(m+n), \quad [e_3(m), e_4(n)] = 2e_6(m+n),$$

$$[e_3(m), e_5(n)] = -e_4(m+n). \tag{36}$$

令 $\tilde{F}_{31} = \mathrm{span}\{e_1(n), e_2(n), e_3(n)\}$, $\tilde{F}_{32} = \mathrm{span}\{e_4(n), e_5(n), e_6(n)\}$, 则有

$$\tilde{F}_3 = \tilde{F}_{31} \oplus \tilde{F}_{32}, \quad [\tilde{F}_{31}, \tilde{F}_{32}] \subset \tilde{F}_{32}.$$

定义

$$\deg(e_i(n)) = n, \quad i = 1, 2, \cdots, 6. \tag{37}$$

考虑等谱问题

$$\varphi_x = \bar{U}\varphi, \quad \bar{U} = e_2(1) + e_3(1) + qe_1(0) - re_3(0) + u_1 e_4(0) + u_2 e_6(0), \tag{38}$$

令

$$\bar{V} = ae_1(0) + be_2(0) + ce_3(0) + de_4(0) + fe_5(0) + ge_6(0)$$

$$= \sum_{m \geqslant 0} [a_m e_1(-m) + b_m e_2(-m) + c_m e_3(-m) + d_m e_4(-m)$$

$$+ f_m e_5(-m) + g_m e_6(-m)], \tag{39}$$

其中 $d = \sum_{m \geqslant 0} d_m \lambda^{-m}, f = \sum_{m \geqslant 0} f_m \lambda^{-m}, g = \sum_{m \geqslant 0} g_m \lambda^{-m}.$

由驻定零曲率方程

$$\bar{V}_x = [\bar{U}, \bar{V}], \tag{40}$$

可得

$$a_{mx} = c_{m+1} - b_{m+1} + r b_m,$$

$$b_{mx} = -2 a_{m+1} + 2 q b_m,$$

$$c_{mx} = 2 a_{m+1} - 2 q c_m - 2 r a_m,$$

$$d_{mx} = g_{m+1} - f_{m+1} + r f_m - u_2 b_m,$$

$$f_{mx} = -2 d_{m+1} + 2 q f_m + 2 u_1 b_m,$$

$$g_{mx} = 2 d_{m+1} - 2 q g_m - 2 r d_m - 2 u_1 c_m + 2 u_2 a_m,$$

$$a_0 = d_0 = g_0 = f_0 = 0, \quad b_0 = c_0 = 1, \quad a_1 = q, \quad b_1 = \frac{1}{2} r,$$

$$c_1 = -\frac{1}{2} r, \quad d_1 = u_1, \quad f_1 = -\frac{1}{2} u_2, \quad g_1 = \frac{1}{2} u_2, \quad a_2 = \frac{1}{2} q r - \frac{1}{4} r_x,$$

$$b_2 = -\frac{1}{2} q_x + \frac{3}{8} r^2 - \frac{1}{2} q^2, \quad c_2 = \frac{1}{2} q_x - \frac{1}{8} r^2 - \frac{1}{2} q^2,$$

$$d_2 = \frac{1}{4} u_{2x} - \frac{1}{2} u_2 q + \frac{1}{2} u_1 r, \quad f_2 = -q u_1 - \frac{3}{4} u_2 r - \frac{1}{2} u_{1x},$$

$$g_2 = -q u_1 + \frac{1}{2} u_{1x} + \frac{1}{4} u_2 r,$$

$$a_3 = \frac{1}{4} q_{xx} - \frac{3}{8} r r_x + \frac{3}{8} q r^2 - \frac{1}{2} q^3, b_3 = -\frac{1}{8} r_{xx} + \frac{3}{4} r q_x - \frac{5}{16} r^3 + \frac{3}{4} q^2 r, \cdots.$$

$$\tag{41}$$

取

$$\bar{\Delta}(\mu) = a' e_1(0) + d' e_4(0), \tag{42}$$

则有

$$[\mu(\bar{U}(\mu) - \bar{U}(\lambda))/(\mu - \lambda), \bar{V}(\mu)] + \bar{\Delta}_x(\mu) - [\bar{U}(\lambda), \bar{\Delta}(\mu)]$$

$$= \mu[(c' - b')e_1(0) + (g' - f')e_4(0)] + a_x' e_1(0) + d_x' e_4(0)$$

$$+ 2ra' e_3(0) + 2(rd' - u_2 a')e_6(0). \tag{43}$$

由定理 2.2 可得方程族

$$\bar{u}_t = \begin{pmatrix} q \\ r \\ u_1 \\ u_2 \end{pmatrix}_t = \begin{pmatrix} 0 & 0 & \partial & -r \\ 0 & 0 & r & 0 \\ \partial & r & -\partial & u_2 + r \\ r & 0 & -(u_2 + r) & 0 \end{pmatrix} \begin{pmatrix} 2a_n + d_n \\ -b_n - f_n \\ 2a_n \\ b_n \end{pmatrix}$$

$$= \bar{J} \begin{pmatrix} 2a_n + d_n \\ -b_n - f_n \\ 2a_n \\ b_n \end{pmatrix}. \tag{44}$$

从 (41) 可得递归算子 $\bar{L}$ 如下

$$\bar{L} = \begin{pmatrix} 0 & \partial - 2q & 0 & 2u_1 \\ M_1 & M_2 & M_3 & M_4 \\ 0 & 0 & 0 & 2q - \partial \\ 0 & 0 & M_5 & M_6 \end{pmatrix}, \tag{45}$$

其中

$$M_1 = \frac{1}{4}\partial, \quad M_2 = \frac{1}{2}(r + \partial^{-1} r f),$$

$$M_3 = \frac{1}{2}\left(\partial^{-1} u_1 \partial^{-1} q \partial + \partial^{-1} u_1 \partial + \partial^{-1} q \partial - \partial^{-1} u_1 \partial - \frac{1}{4}\partial\right),$$

$$M_4 = -\frac{1}{2}(\partial^{-1} u_2 \partial + u_2), \quad M_5 = -\left(\frac{1}{2}\partial^{-1} q \partial + \frac{1}{4\partial}\right), \quad M_6 = \frac{1}{2}\partial^{-1} r \partial + \frac{1}{2}r.$$

于是, 可积系统 (44) 可以写成

$$
\bar{u}_t = \begin{pmatrix} q \\ r \\ u_1 \\ u_2 \end{pmatrix}_t = \bar{J}\bar{L}^{n-1} \begin{pmatrix} 2q + u_1 \\ \dfrac{1}{2}(u_2 - r) \\ 2q \\ \dfrac{1}{2}r \end{pmatrix}, \quad n \geqslant 1. \tag{46}
$$

如果在 (44) 中取 $n = 3$, 则可得方程 (32) 的可积耦合

$$
\begin{cases}
q_t = 2\left(\dfrac{1}{4}q_{xx} - \dfrac{3}{8}rr_x + \dfrac{3}{8}qr^2 - \dfrac{1}{2}q^3\right)_x \\
\qquad -r\left(-\dfrac{1}{8}r_{xx} + \dfrac{3}{4}rq_x - \dfrac{5}{16}r^3 + \dfrac{3}{4}q^2r\right), \\
r_t = 2r\left(\dfrac{1}{4}q_{xx} - \dfrac{3}{8}rr_x + \dfrac{3}{8}qr^2 - \dfrac{1}{2}q^3\right), \\
u_{1t} = 2\left[\dfrac{3}{8}(ru_2)_x + \dfrac{1}{4}u_{1xx} - \dfrac{3}{2}u_1q^2 - \dfrac{3}{4}qru_2 + \dfrac{3}{8}u_1r^2\right]_x \\
\qquad -rf_3 + u_2\left(-\dfrac{1}{8}r_{xx} + \dfrac{3}{4}q_xr - \dfrac{5}{16}r^3 + \dfrac{3}{4}q^2r\right), \\
u_{2t} = 2r\left[\dfrac{3}{8}(ru_2)_x + \dfrac{1}{4}u_{1xx} - \dfrac{3}{2}u_1q^2 - \dfrac{3}{4}qru_2 + \dfrac{3}{8}u_1r^2\right] \\
\qquad -2u_2\left(\dfrac{1}{4}q_{xx} - \dfrac{3}{8}rr_x + \dfrac{3}{8}qr^2 - \dfrac{1}{2}q^3\right),
\end{cases} \tag{47}
$$

其中

$$
\begin{aligned}
f_3 &= \frac{1}{2}\left(qr - \frac{1}{2}r_x\right)(\partial^{-1}u_1s\partial - \partial^{-1}u_1\partial^{-1}q\partial - \partial^{-1}u_1\partial) \\
&\quad + \frac{1}{4}(\partial^{-1}u_2\partial + u_2)\left(q_x - \frac{3}{4}r^2 + q^2\right) - \frac{1}{4}\left(\frac{1}{2}u_{2x} - u_2q + u_1r\right)_x \\
&\quad - \frac{1}{2}(r + \partial^{-1}r\partial)\left(qu_1 + \frac{3}{4}ru_2 - \frac{1}{2}u_{1x}\right).
\end{aligned}
$$

如果在 (47) 中令 $r = 0$, 则可以得到 mKdV 方程 (33) 的可积耦合

$$\begin{cases} q_t = \dfrac{1}{2}q_{xxx} - 3q^2 q_x, \\[2mm] u_{1t} = \dfrac{1}{2}u_{1xxx} - 3q^2 u_{1x} - 6u_1 q q_x, \\[2mm] u_{2t} = -\dfrac{1}{2}u_2 q_{xx} + u_2 q^3. \end{cases} \tag{48}$$

2.1.4 可积耦合的 Hamilton 结构

下面构造可积耦合的 Hamilton 结构, 考虑线性映射

$$\delta : A_3 \to R^6, \quad A \mapsto (a_1, a_2, \cdots, a_6)^{\mathrm{T}}, \quad A = \begin{pmatrix} a_1 & a_2 & a_4 & a_5 \\ a_3 & -a_1 & a_6 & -a_4 \\ 0 & 0 & a_1 & a_2 \\ 0 & 0 & a_3 & -a_1 \end{pmatrix},$$

$$\tag{49}$$

则 δ 是一个从 A_3 到 R^6 的同构映射. 在 R^6 上定义交换关系

$$[a, b]^{\mathrm{T}} = a^{\mathrm{T}} R(b), \quad \forall a = (a_1, a_2, \cdots, a_6)^{\mathrm{T}}, \quad b = (b_1, b_2, \cdots, b_6)^{\mathrm{T}} \in R^6,$$

$$\tag{50}$$

其中

$$R(b) = \begin{pmatrix} 0 & 2b_2 & -2b_3 & 0 & 2b_5 & -2b_6 \\ b_3 & -2b_1 & 0 & b_6 & -2b_4 & 0 \\ -b_2 & 0 & 2b_1 & -b_5 & 0 & 2b_4 \\ 0 & 0 & 0 & 0 & 2b_2 & -2b_3 \\ 0 & 0 & 0 & b_3 & -2b_1 & 0 \\ 0 & 0 & 0 & -b_2 & 0 & 2b_1 \end{pmatrix}.$$

在 (49) 的定义下 R^6 构成一个 Lie 代数, 则在 R^6 上等谱问题可以写成下面形式

$$\varphi_x = \tilde{U}\varphi, \quad \varphi_t = \tilde{V}\varphi, \tag{51}$$

其中

$$\tilde{U} = (q, \lambda, \lambda - r, u_1, 0, u_2),$$

$$\tilde{V}^{(n)} = \left(\sum_{m=0}^{n} a_m \lambda^{n-m} - \frac{1}{q} a_{n+1}, \ \sum_{m=0}^{n} b_m \lambda^{n-m}, \ \sum_{m=0}^{n} c_m \lambda^{n-m}, \right.$$

$$\left. \sum_{m=0}^{n} d_m \lambda^{n-m} - \frac{1}{q} d_{n+1}, \ \sum_{m=0}^{n} f_m \lambda^{n-m}, \ \sum_{m=0}^{n} g_m \lambda^{n-m} \right).$$

解矩阵方程 (12), 有

$$F = \begin{pmatrix} 2 & 0 & 0 & 2 & 0 & 0 \\ 0 & 0 & 1 & 0 & 0 & 1 \\ 0 & 1 & 0 & 0 & 1 & 0 \\ 2 & 0 & 0 & 0 & 0 & 0 \\ 0 & 0 & 1 & 0 & 0 & 0 \\ 0 & 1 & 0 & 0 & 0 & 0 \end{pmatrix}. \tag{52}$$

直接计算可得

$$\left\{ \tilde{V}, \frac{\partial \tilde{U}}{\partial \lambda} \right\} = b + c + f + g, \quad \left\{ \tilde{V}, \frac{\partial \tilde{U}}{\partial q} \right\} = 2a + 2d,$$

$$\left\{ \tilde{V}, \frac{\partial \tilde{U}}{\partial r} \right\} = -b - f, \quad \left\{ \tilde{V}, \frac{\partial \tilde{U}}{\partial u_1} \right\} = 2a, \quad \left\{ \tilde{V}, \frac{\partial \tilde{U}}{\partial u_2} \right\} = b, \tag{53}$$

其中

$$\tilde{V} = (a, b, c, d, f, g)^{\mathrm{T}}, \quad a = \sum_{m \geqslant 0} a_m \lambda^{-m}, \quad b = \sum_{m \geqslant 0} b_m \lambda^{-m}, \quad c = \sum_{m \geqslant 0} c_m \lambda^{-m},$$

$$d = \sum_{m \geqslant 0} d_m \lambda^{-m}, \quad f = \sum_{m \geqslant 0} f_m \lambda^{-m}, \quad g = \sum_{m \geqslant 0} g_m \lambda^{-m}.$$

借助二次型恒等式 (17), 并比较两端 λ^{-n-1} 的同次幂系数给出

$$\frac{\delta}{\delta u}(b_{n+1} + c_{n+1} + f_{n+1} + g_{n+1}) = (\gamma - n) \begin{pmatrix} 2a_n + 2d_n \\ -b_n - f_n \\ 2a_n \\ b_n \end{pmatrix}. \tag{54}$$

取 $n = 0$, 可得 $\gamma = 0$.

因此, 方程族 (44) 具有下面的 Hamilton 结构

$$\bar{u}_t = \bar{J} \frac{\delta \bar{H}_n}{\delta \bar{u}}, \tag{55}$$

其中 Hamilton 函数为 $\bar{H}_n = -\dfrac{b_{n+1} + c_{n+1} + f_{n+1} + g_{n+1}}{n}$.

2.2 Guo 族的非线性可积耦合

2.2.1 非线性可积耦合的概念

近年来, 马文秀等提出了利用扩大谱矩阵的方法来构造非线性可积耦合[40].

设一给定的可积系统

$$u_t = K(u) \tag{56}$$

具有 Lax 对 U 和 V, 其通常属于半单矩阵 Lie 代数.

引进一个扩大的谱矩阵

$$\bar{U} = \bar{U}(\bar{u}) = \begin{pmatrix} U(u) & U_a(v) \\ 0 & U(u) + U_a(v) \end{pmatrix}, \tag{57}$$

其中 $\bar{u}$ 由变量 u 和 v 构成.

由扩大的零曲率方程

$$\bar{U}_t - \bar{V}_x + [\bar{U}, \bar{V}] = 0, \tag{58}$$

这里

$$\bar{V} = \bar{V}(\bar{u}) = \begin{pmatrix} V(u) & V_a(\bar{u}) \\ 0 & V(u) + V_a(\bar{u}) \end{pmatrix}, \tag{59}$$

可得

$$\begin{cases} U_t - V_x + [U, V] = 0, \\ U_{at} - V_{ax} + [U, V_a] + [U_a, V] + [U_a, V_a] = 0. \end{cases} \tag{60}$$

则 (60) 是 (56) 的可积耦合. 因为交换子 $[U_a, V_a]$ 关于耦合变量能产生非线性项, 所以称为 (56) 的非线性可积耦合.

继郭福奎、张玉峰等给出二次型恒等式以后, 马文秀等又推广到变分恒等式[47], 用来构造非线性可积耦合的 Hamilton 结构.

定理 2.3 (变分恒等式)[47] 若 G 是一个矩阵圈代数, 齐秩矩阵 $U \in G$. 若驻定零曲率方程 $V_x = [U, V]$ 的齐秩解是唯一的, 那么, 对于任意满足驻定零曲率方程的齐秩解成立变分恒等式

$$\frac{\delta}{\delta u} \int \langle V, U_\lambda \rangle dx = \lambda^{-\gamma} \frac{\partial}{\partial \lambda} \lambda^\gamma \left\langle V, \frac{\partial U}{\partial u} \right\rangle, \tag{61}$$

其中 γ 是常数.

2.2.2 Guo 族及其非线性可积耦合

设 Lie 代数

$$G = \mathrm{span}\{e_1, e_2, e_3\}, \tag{62}$$

其中

$$e_1 = \frac{1}{2}\begin{pmatrix} 1 & 0 \\ 0 & -1 \end{pmatrix}, \quad e_2 = \frac{1}{2}\begin{pmatrix} 0 & 1 \\ 1 & 0 \end{pmatrix}, \quad e_3 = \frac{1}{2}\begin{pmatrix} 0 & 1 \\ -1 & 0 \end{pmatrix}.$$

其换位关系如下

$$[e_1, e_2] = e_3, \quad [e_1, e_3] = e_2, \quad [e_2, e_3] = -e_1, \tag{63}$$

相应的圈代数 $\tilde{G}$ 为

$$\tilde{G} = \mathrm{span}\{e_1(n), e_2(n), e_3(n)\}, \tag{64}$$

这里 $e_i(n) = e_i\lambda^n, i = 1, 2, 3, n \in Z$.

考虑下面等谱问题[191]

$$U = U(u, \lambda) = e_1(-1) + qe_2(0) + re_3(0), \quad u = \begin{pmatrix} q \\ r \end{pmatrix}, \tag{65}$$

其中 λ 是谱参数.

令

$$V = \frac{1}{2}\begin{pmatrix} a & b+c \\ b-c & -a \end{pmatrix} = \frac{1}{2}\sum_{m\geqslant 0}\begin{pmatrix} a_i & b_i+c_i \\ b_i-c_i & -a_i \end{pmatrix}\lambda^m, \tag{66}$$

代入驻定零曲率方程

$$V_x = [U, V], \tag{67}$$

得

$$a_{mx} = rb_m - qc_m,$$

$$b_{mx} = c_{m+1} - ra_m,$$

$$c_{mx} = b_{m+1} - qa_m,$$

$$a_0 = 1, \quad b_0 = c_0 = 0,$$

$$a_1 = 0, \quad b_1 = q, \quad c_1 = r, \quad a_2 = \frac{1}{2}(r^2 - q^2),$$

$$b_2 = r_x, \quad c_2 = q_x, \quad a_3 = q_x r - q r_x,$$

$$b_3 = q_{xx} + \frac{1}{2}q(r^2 - q^2), c_3 = r_{xx} + \frac{1}{2}r(r^2 - q^2), \cdots . \tag{68}$$

取

$$V^{(n)} = (\lambda^{-n}V)_- = \sum_{m=0}^{n} [a_m e_1(m-n) + b_m e_2(m-n) + c_m e_3(m-n)]. \tag{69}$$

由零曲率方程

$$U_t - V_x^{(n)} + [U, V^{(n)}] = 0 \tag{70}$$

可得 Guo 族

$$u_t = \begin{pmatrix} q \\ r \end{pmatrix}_t = \begin{pmatrix} c_{n+1} \\ b_{n+1} \end{pmatrix} = J \begin{pmatrix} b_n \\ -c_n \end{pmatrix} = JL^{n-1} \begin{pmatrix} b_1 \\ -c_1 \end{pmatrix}, \tag{71}$$

其中 Hamilton 算子 J、递归算子 L 和 Hamilton 函数 H_n 如下

$$J = \begin{pmatrix} \partial + r\partial^{-1}r & r\partial^{-1}q \\ q\partial^{-1}r & -\partial + q\partial^{-1}q \end{pmatrix},$$

$$L = \begin{pmatrix} q\partial^{-1}r & -\partial + q\partial^{-1}q \\ -\partial - r\partial^{-1}r & -r\partial^{-1}q \end{pmatrix}, \quad H_n = \int -\frac{a_{n+1}}{n}dx. \tag{72}$$

下面构造 Guo 族的非线性可积耦合, 考虑扩大的谱矩阵

$$\bar{U} = \bar{U}(\bar{u}, \lambda) = \begin{pmatrix} U & U_a \\ 0 & U + U_a \end{pmatrix}, \quad \bar{u} = \begin{pmatrix} q \\ r \\ p_1 \\ p_2 \end{pmatrix}, \tag{73}$$

其中 U 由 (65) 定义, 耦合矩阵 U_a 定义如下

$$U_a = U_a(v) = \frac{1}{2} \begin{pmatrix} 0 & p_1 + p_2 \\ p_1 - p_2 & 0 \end{pmatrix}, \quad v = \begin{pmatrix} p_1 \\ p_2 \end{pmatrix}, \tag{74}$$

令

$$\bar{V} = \begin{pmatrix} V & V_a \\ 0 & V + V_a \end{pmatrix}, \quad V_a = \frac{1}{2} \begin{pmatrix} e & f + g \\ f - g & -e \end{pmatrix}, \tag{75}$$

其中 V 由 (66) 定义. 解扩大的驻定零曲率方程

$$\bar{V}_x = [\bar{U}, \bar{V}], \tag{76}$$

得

$$V_{ax} = [U, V_a] + [U_a, V] + [U_a, V_a], \tag{77}$$

即

$$e_x = -qg + rf - p_1 c + p_2 b - p_1 g + p_2 f,$$

$$f_x = \lambda^{-1} g - re - p_2 a - p_2 e,$$

$$g_x = \lambda^{-1} f - qe - p_1 a - p_1 e. \tag{78}$$

令

$$e = \sum_{m \geqslant 0} e_m \lambda^m, \quad f = \sum_{m \geqslant 0} f_m \lambda^m, \quad g = \sum_{m \geqslant 0} g_m \lambda^m. \tag{79}$$

把 (79) 代入 (78) 中可得

$$e_{mx} = -qg_m + rf_m - p_1c_m + p_2b_m - p_1g_m + p_2f_m,$$

$$f_{mx} = g_{m+1} - re_m - p_2a_m - p_2e_m,$$

$$g_{mx} = f_{m+1} - qe_m - p_1a_m - p_1e_m,$$

$$e_0 = 1, \quad f_0 = g_0 = 0, \quad e_1 = 0, \quad f_1 = q + 2p_1, \quad g_1 = r + 2p_2,$$

$$e_2 = \frac{1}{2}(r^2 - q^2) - 2qp_1 + 2rp_2 - p_1^2 + p_2^2, \quad f_2 = r_x + p_{2,x}, \quad g_2 = q_x + p_{1,x},$$

$$e_3 = 2(rp_{1,x} - p_1r_x + p_2p_{1,x} - p_1p_{2,x} + p_2q_x - qp_{2,x}) + rq_x - qr_x + qrp_1,$$

$$f_3 = q_{xx} + 2p_{1,xx} + \frac{1}{2}p_1(r^2 - q^2)$$

$$+ (q + p_1)\left(\frac{1}{2}r^2 - \frac{1}{2}q^2 - 2qp_1 + 2rp_2 - p_1^2 + p_2^2\right),$$

$$g_3 = r_{xx} + 2p_{2,xx} + \frac{1}{2}p_2(r^2 - q^2)$$

$$+ (r + p_2)\left(\frac{1}{2}r^2 - \frac{1}{2}q^2 - 2qp_1 + 2rp_2 - p_1^2 + p_2^2\right), \cdots. \tag{80}$$

取

$$\bar{V}^{(n)} = (\lambda^{-n}\bar{V})_- = \begin{pmatrix} V^{(n)} & V_a^{(n)} \\ 0 & V^{(n)} + V_a^{(n)} \end{pmatrix}, \quad V_a^{(n)} = (\lambda^n V_a)_-. \tag{81}$$

由扩大的零曲率方程

$$\bar{U}_t - \bar{V}_x^{(n)} + [\bar{U}, \bar{V}^{(n)}] = 0, \tag{82}$$

给出

$$\begin{cases} U_t - V_x^{(n)} + [U, V^{(n)}] = 0, \\ U_{at} - V_{ax}^{(n)} + [U, V_a^{(n)}] + [U_a, V^{(n)}] + [U_a, V_a^{(n)}] = 0. \end{cases} \tag{83}$$

由 (83) 的第二个方程可得

$$\begin{pmatrix} p_1 \\ p_2 \end{pmatrix}_t = \begin{pmatrix} g_{n+1} \\ f_{n+1} \end{pmatrix}, \tag{84}$$

于是, 由扩大的零曲率方程 (83) 导出方程族

$$\bar{u}_t = \begin{pmatrix} q \\ r \\ p_1 \\ p_2 \end{pmatrix}_t = \begin{pmatrix} c_{n+1} \\ b_{n+1} \\ g_{n+1} \\ f_{n+1} \end{pmatrix}. \tag{85}$$

如果在 (85) 中令 $p_1 = p_2 = 0$, 则 (85) 能约化成 (71), 因此称 (85) 是 Guo 族的可积耦合.

如果在 (85) 中取 $n = 2$ 得

$$\begin{cases} q_t = r_{xx} + \dfrac{1}{2} r(r^2 - q^2), \\[2mm] r_t = q_{xx} + \dfrac{1}{2} q(r^2 - q^2), \\[2mm] p_{1t} = r_{xx} + 2p_{2,xx} + \dfrac{1}{2} p_2(r^2 - q^2) \\[1mm] \qquad + (r + p_2)\left(\dfrac{1}{2} r^2 - \dfrac{1}{2} q^2 - 2qp_1 + 2rp_2 - p_1^2 + p_2^2 \right), \\[2mm] p_{2t} = q_{xx} + 2p_{1,xx} + \dfrac{1}{2} p_1(r^2 - q^2) \\[1mm] \qquad + (q + p_1)\left(\dfrac{1}{2} r^2 - \dfrac{1}{2} q^2 - 2qp_1 + 2rp_2 - p_1^2 + p_2^2 \right). \end{cases} \tag{86}$$

因当 $n \geqslant 2$ 时, p_1, p_2 是非线性的, 所以称 (85) 是 Guo 族的非线性可积耦合.

2.2.3　非线性可积耦合的 Hamilton 结构

下面利用变分恒等式来计算非线性可积耦合的 Hamilton 结构, 设 $\bar{g}$

是一个 Lie 代数, 形式如下

$$\bar{g} = \left\{ \begin{pmatrix} A & B \\ 0 & A+B \end{pmatrix} \middle| A, B \in sl(2) \right\}. \tag{87}$$

定义一个从 Lie 代数 $\bar{g}$ 到 R^6 上的同构映射

$$\delta : \bar{g} \to R^6, A \mapsto (a_1, a_2, \cdots, a_6)^{\mathrm{T}}, \quad A = \begin{pmatrix} a_1 & a_2 & a_4 & a_5 \\ a_3 & -a_1 & a_6 & -a_4 \\ 0 & 0 & a_1+a_4 & a_2+a_5 \\ 0 & 0 & a_3+a_6 & -a_1-a_4 \end{pmatrix}, \tag{88}$$

在 R^6 上定义交换关系

$$[a,b]^{\mathrm{T}} = a^{\mathrm{T}} R(b), \quad \forall a = (a_1, a_2, \cdots, a_6)^{\mathrm{T}}, \quad b = (b_1, b_2, \cdots, b_6)^{\mathrm{T}} \in R^6, \tag{89}$$

其中

$$R(b) = \begin{pmatrix} 0 & 2b_2 & -2b_3 & 0 & 2b_5 & -2b_6 \\ b_3 & -2b_1 & 0 & b_6 & -2b_4 & 0 \\ -b_2 & 0 & 2b_1 & -b_5 & 0 & 2b_4 \\ 0 & 0 & 0 & 0 & 2b_2+2b_5 & -2b_3-2b_6 \\ 0 & 0 & 0 & b_3+b_6 & -2b_1-2b_4 & 0 \\ 0 & 0 & 0 & -b_2-b_5 & 0 & 2b_1+2b_4 \end{pmatrix}.$$

在 R^6 上引进双线性形式如下

$$\langle a, b \rangle = a^{\mathrm{T}} F b, \tag{90}$$

其中 F 是一个对称的常数矩阵, 且满足 $R(b)F = -(R(b)F)^{\mathrm{T}}, \forall b \in R^6$.

令

$$\bar{U} = \frac{1}{2}(\lambda^{-1}, q+r, q-r, 0, p_1+p_2, p_1-p_2),$$

$$\bar{V} = \frac{1}{2}(a, b+c, b-c, e, f+g, f-g). \tag{91}$$

直接计算可得

$$\langle \bar{V}, \bar{U}_\lambda \rangle = -\frac{1}{2\lambda^2}(a\eta_1 + e\eta_2),$$

$$\langle \bar{V}, \bar{U}_{\bar{u}} \rangle = \left(\frac{1}{2}(b\eta_1 + f\eta_2), -\frac{1}{2}(c\eta_1 + g\eta_2), \frac{1}{2}\eta_2(b+f), -\frac{1}{2}\eta_2(c+g) \right)^{\mathrm{T}},$$

$$\gamma = -\frac{\lambda}{2}\frac{d}{d\lambda}\ln|\langle \bar{V}, \bar{V} \rangle| = 0.$$

由变分恒等式 (61) 得

$$\frac{\delta}{\delta \bar{u}} \int \frac{\eta_1 a_{n+2} + \eta_2 e_{n+2}}{n+1} dx = [\eta_1 b_{n+1} + \eta_2 f_{n+1}, -\eta_1 c_{n+1} - \eta_2 g_{n+1},$$
$$\eta_2(b_{n+1} + f_{n+1}), -\eta_2(c_{n+1} + g_{n+1})]^{\mathrm{T}}, \tag{92}$$

于是 Guo 族的非线性可积耦合 (85) 具有下面的 Hamilton 结构

$$\bar{u}_t = \bar{J}\frac{\delta \bar{H}_n}{\delta \bar{u}}, \tag{93}$$

其中 Hamilton 算子 $\bar{J}$ 和 Hamilton 函数 $\bar{H}_n$ 为

$$\bar{J} = \frac{1}{\eta_1 - \eta_2} \begin{pmatrix} 0 & -1 & 0 & 1 \\ 1 & 0 & -1 & 0 \\ 0 & 1 & 0 & -\dfrac{\eta_1}{\eta_2} \\ -1 & 0 & \dfrac{\eta_1}{\eta_2} & 0 \end{pmatrix}, \quad \bar{H}_n = \int \frac{\eta_1 a_{n+2} + \eta_2 e_{n+2}}{n+1} dx. \tag{94}$$

由 (68) 和 (80), 可得递推关系

$$\frac{\delta \bar{H}_{n+1}}{\delta \bar{u}} = \bar{L}\frac{\delta \bar{H}_n}{\delta \bar{u}}, \tag{95}$$

其中

$$\bar{L} = \begin{pmatrix} L & L_a \\ 0 & L + L_a \end{pmatrix}, \tag{96}$$

这里 L 由 (72) 给出且

$$L_a = \begin{pmatrix} (p_1+q)\partial^{-1}p_2 + p_1\partial^{-1}r & (p_1+q)\partial^{-1}p_1 + p_1\partial^{-1}q \\ -(p_2+r)\partial^{-1}p_2 - p_2\partial^{-1}r & -(p_2+r)\partial^{-1}p_1 - p_2\partial^{-1}q \end{pmatrix}. \tag{97}$$

2.3　Lie 代数构造非线性可积耦合

2.3.1　一个新的 Lie 代数

屠规彰曾给出了 Lie 代数 $sl(2)$ 的一组基

$$G_1 = \text{span}\{e_1, e_2, e_3\}, \tag{98}$$

其中

$$e_1 = \begin{pmatrix} 1 & 0 \\ 0 & -1 \end{pmatrix}, \quad e_2 = \begin{pmatrix} 0 & 1 \\ 1 & 0 \end{pmatrix}, \quad e_3 = \begin{pmatrix} 0 & 1 \\ -1 & 0 \end{pmatrix}.$$

它们具有如下的交换关系

$$[e_1, e_2] = 2e_3, \quad [e_1, e_3] = 2e_2, \quad [e_2, e_3] = -2e_1. \tag{99}$$

下面用 G_1 引进一个由矩阵块构成的 Lie 代数 G [192]

$$G = \text{span}\{g_1, g_2, g_3, g_4, g_5, g_6\}, \tag{100}$$

其中

$$g_1 = \begin{pmatrix} e_1 & 0 \\ 0 & e_1 \end{pmatrix}, \quad g_2 = \begin{pmatrix} e_2 & 0 \\ 0 & e_2 \end{pmatrix}, \quad g_3 = \begin{pmatrix} e_3 & 0 \\ 0 & e_3 \end{pmatrix},$$

$$g_4 = \begin{pmatrix} 0 & e_1 \\ 0 & e_1 \end{pmatrix}, \quad g_5 = \begin{pmatrix} 0 & e_2 \\ 0 & e_2 \end{pmatrix}, \quad g_6 = \begin{pmatrix} 0 & e_3 \\ 0 & e_3 \end{pmatrix}.$$

定义交换子

$$[a,b] = ab - ba, \quad a,b \in G. \tag{101}$$

于是有

$$[g_1,g_2] = 2g_3, \quad [g_1,g_3] = 2g_2, \quad [g_2,g_3] = -2g_1,$$

$$[g_1,g_5] = 2g_6, \quad [g_3,g_4] = -2g_5, \quad [g_3,g_5] = 2g_4,$$

$$[g_1,g_6] = 2g_5, \quad [g_2,g_4] = -2g_6, \quad [g_2,g_6] = -2g_4,$$

$$[g_4,g_5] = 2g_6, \quad [g_4,g_6] = 2g_5, \quad [g_5,g_6] = -2g_4, \quad [g_1,g_4] = [g_3,g_6] = 0. \tag{102}$$

设

$$\tilde{G}_1 = \text{span}\{g_1,g_2,g_3\}, \quad \tilde{G}_2 = \text{span}\{g_4,g_5,g_6\}, \tag{103}$$

则它们有以下关系

$$G = \tilde{G}_1 \oplus \tilde{G}_2, \quad \tilde{G}_1 \cong G_1, \quad [\tilde{G}_1,\tilde{G}_2] \subseteq \tilde{G}_2, \tag{104}$$

且 $\tilde{G}_1$ 和 $\tilde{G}_2$ 都是单 Lie 子代数, 它们在构造非线性可积耦合时起关键作用.

下面用 Lie 代数生成可积的演化方程族. 引进圈代数 $\tilde{G} = G \otimes C[\lambda,\lambda^{-1}]$ 来建立 Lax 对, 其中 $C[\lambda,\lambda^{-1}]$ 表示 λ 的多项式. G 是 Lie 代数, 它最简单的圈代数是 $\tilde{G} = G \otimes \lambda^n = G\lambda^n$. 但通常取圈代数 $\tilde{G} = G\lambda^{Nn+j}$, N 和 j 是自然数, n 是整数, 相应的运算关系封闭. 例如, 取 $N = 2$, 给出 (100) 的圈代数如下

$$\tilde{G} = \text{span}\{g_1(n),g_2(n),g_3(n),g_4(n),g_5(n),g_6(n)\}, \tag{105}$$

其中

$$g_1(n) = g_1\lambda^{2n}, \quad g_2(n) = g_2\lambda^{2n+1}, \quad g_3(n) = g_3\lambda^{2n+1},$$
$$g_4(n) = g_4\lambda^{2n}, \quad g_5(n) = g_5\lambda^{2n+1}, \quad g_6(n) = g_6\lambda^{2n+1}, \tag{106}$$

并且满足

$$[g_1(m), g_2(n)] = 2g_3(m+n), \quad [g_1(m), g_3(n)] = 2g_2(m+n),$$
$$[g_2(m), g_3(n)] = -2g_1(m+n+1), \quad [g_1(m), g_4(n)] = 0,$$
$$[g_1(m), g_5(n)] = 2g_6(m+n), \quad [g_1(m), g_6(n)] = 2g_5(m+n),$$
$$[g_2(m), g_4(n)] = -2g_6(m+n), \quad [g_2(m), g_5(n)] = 0,$$
$$[g_2(m), g_6(n)] = -2g_4(m+n+1), \quad [g_3(m), g_4(n)] = -2g_5(m+n),$$
$$[g_3(m), g_5(n)] = 2g_4(m+n+1), \quad [g_3(m), g_6(n)] = 0,$$
$$[g_4(m), g_5(n)] = 2g_6(m+n), \quad [g_4(m), g_6(n)] = 2g_5(m+n),$$
$$[g_5(m), g_6(n)] = -2g_4(m+n+1), \quad m,n \in Z. \tag{107}$$

2.3.2 应用

考虑下面的等谱问题

$$U = e_2(1) + u_1 e_3(0) + u_2 e_1(0) = \begin{pmatrix} u_2 & \lambda + u_1 \\ \lambda - u_1 & -u_2 \end{pmatrix}, \tag{108}$$

其中 λ 是谱参数.

令

$$V = V_1 e_1(0) + V_2 e_2(0) + V_3 e_3(0)$$
$$= \sum_{m\geqslant 0}[V_{1m}e_1(-m) + V_{2m}e_2(-m) + V_{3m}e_3(-m)]. \tag{109}$$

由驻定零曲率方程

$$V_x = [U, V], \tag{110}$$

得

$$V_{1mx} = -2V_{3m+1} + 2u_1 V_{2m},$$

$$V_{2mx} = -2u_1 V_{1m} + 2u_2 V_{3m},$$

$$V_{3mx} = -2V_{1m+1} + 2u_2 V_{2m},$$

$$V_{10} = V_{30} = 0, \quad V_{20} = \beta,$$

$$V_{11} = u_2\beta, \quad V_{21} = 0, \quad V_{31} = u_1\beta,$$

$$V_{12} = -\frac{1}{2}u_{1x}\beta, V_{22} = \frac{1}{2}(u_1^2 - u_2^2)\beta, V_{32} = -\frac{1}{2}u_{2x}\beta, \cdots. \tag{111}$$

取

$$V^{(n)} = \sum_{m=0}^{n} [V_{1m}e_1(n-m) + V_{2m}e_2(n-m) + V_{3m}e_6(n-m)]. \tag{112}$$

则从零曲率方程

$$U_t - V_x^{(n)} + [U, V^{(n)}] = 0, \tag{113}$$

导出方程族

$$u_t = \begin{pmatrix} u_1 \\ u_2 \end{pmatrix} = \begin{pmatrix} -2V_{1n+1} \\ -2V_{3n+1} \end{pmatrix} = J\frac{\delta H_n}{\delta u}, \tag{114}$$

其中 Hamilton 算子 J、递归算子 L 和 Hamilton 函数 H_n 分别为

$$J = \begin{pmatrix} 0 & -2 \\ 2 & 0 \end{pmatrix}, \quad L = \begin{pmatrix} 2u_1\partial^{-1}u_2 & \frac{1}{2}\partial + 2u_1\partial^{-1}u_1 \\ \frac{1}{2}\partial - 2u_2\partial^{-1}u_2 & -2u_2\partial^{-1}u_1 \end{pmatrix},$$

$$H_n = \int -\frac{V_{2n+2}}{n+1}dx. \tag{115}$$

下面引进 Lie 代数 (100) 最简单的圈代数, 来构造方程族 (114) 的非线性可积耦合. 取 Lie 代数 (100) 的圈代数如下

$$\tilde{G} = \text{span}\{g_1(n), g_2(n), g_3(n), g_4(n), g_5(n), g_6(n)\}, \tag{116}$$

其中

$$g_i(n) = g_i\lambda^n, \quad [g_i(m), g_j(n)] = [g_i, g_j]\lambda^{m+n}, \quad 1 \leqslant i, j \leqslant 6, \quad m, n \in Z. \tag{117}$$

由圈代数 (116) 引进 Lax 对

$$\bar{U} = g_2(1) + u_1 g_3(0) + u_2 g_1(0) + p_1 g_6(0) + p_2 g_4(0),$$

$$\bar{V} = \sum_{m \geqslant 0}[V_{1m}g_1(-m) + V_{2m}g_2(-m) + \cdots + V_{6m}g_6(-m)]. \tag{118}$$

代入驻定零曲率方程

$$\bar{V}_x = [\bar{U}, \bar{V}], \tag{119}$$

得

$$V_{1mx} = -2V_{3m+1} + 2u_1 V_{2m},$$

$$V_{2mx} = -2u_1 V_{1m} + 2u_2 V_{3m},$$

$$V_{3mx} = -2V_{1m+1} + 2u_2 V_{2m},$$

$$V_{4mx} = -2V_{6m+1} + 2u_1 V_{5m} + 2p_1 V_{2m} + 2p_1 V_{5m},$$

$$V_{5mx} = -2u_1 V_{4m} + 2u_2 V_{6m} - 2p_1 V_{1m} - 2p_1 V_{4m} + 2p_2 V_{3m} + 2p_2 V_{6m},$$

$$V_{6mx} = -2V_{4m+1} + 2u_2 V_{5m} + 2p_2 V_{2m} + 2p_2 V_{5m},$$

$$V_{10} = V_{30} = V_{40} = V_{50} = V_{60} = 0, \quad V_{20} = \beta,$$

$$V_{11} = u_2\beta, \quad V_{21} = 0, \quad V_{31} = u_1\beta, \quad V_{41} = p_2\beta, \quad V_{51} = 0,$$

$$V_{61} = p_1\beta, \quad V_{12} = -\frac{1}{2}u_{1x}\beta, \quad V_{22} = \frac{1}{2}(u_1^2 - u_2^2)\beta, \quad V_{32} = -\frac{1}{2}u_{2x}\beta,$$

$$V_{42} = -\frac{1}{2}p_{1x}\beta, \quad V_{52} = \frac{1}{2}(p_1^2 - p_2^2)\beta + u_1 p_1\beta - u_2 p_2\beta,$$

$$V_{62} = -\frac{1}{2}p_{2x}\beta, \cdots. \tag{120}$$

令

$$\bar{V}^{(n)} = \sum_{m=0}^{n} [V_{1m}e_1(n-m) + V_{2m}e_2(n-m) + \cdots + V_{6m}e_6(n-m)]. \quad (121)$$

则从零曲率方程

$$\bar{U}_t - \bar{V}_x^{(n)} + [\bar{U}, \bar{V}^{(n)}] = 0, \quad (122)$$

导出方程族

$$\bar{u}_t = \begin{pmatrix} u_1 \\ u_2 \\ p_1 \\ p_2 \end{pmatrix} = \begin{pmatrix} -2V_{1n+1} \\ -2V_{3n+1} \\ -2V_{4n+1} \\ -2V_{6n+1} \end{pmatrix}. \quad (123)$$

显然, 如果在 (123) 中令 $p_1 = p_2 = 0$, 则 (123) 能约化成方程族 (114). 在 (123) 中取 $n = 2, \beta = 1$, 有

$$\begin{cases} u_{1t} = -\dfrac{1}{2}u_{2xx} - u_1^2 u_2 + u_2^3, \\ u_{2t} = -\dfrac{1}{2}u_{1xx} + u_1 u_2^2 - u_1^3, \\ p_{1t} = -\dfrac{1}{2}p_{2xx} - 2u_1 u_2 p_1 + 2u_2^2 p_2 - u_2 p_1^2 + u_2 p_2^2 \\ \qquad\quad -2u_1 p_1 p_2 + 2u_2 p_2^2 - p_1^2 p_2 + p_2^3 - u_1^2 p_2 + u_2^2 p_2, \\ p_{2t} = -\dfrac{1}{2}p_{1xx} - 2u_1^2 p_1 + 2u_1 u_2 p_2 - u_1 p_1^2 + u_1 p_2^2 - p_1 u_1^2 \\ \qquad\quad +p_1 u_2^2 - 2u_1 p_1^2 + 2u_2 p_1 p_2 - p_1^3 + p_1 p_2^2. \end{cases} \quad (124)$$

容易看出, (124) 关于 p_1, p_2 是非线性的. 因此, 称 (123) 是孤子族 (114) 的非线性可积耦合.

2.3.3 可积耦合的 Hamilton 结构

下面应用变分恒等式来构造孤子族非线性可积耦合的 Hamilton 结构. 首先, 建立一个从 Lie 代数 G 到向量空间 R^6 的同构映射, 对于

$\forall a = \sum_{i=1}^{6} a_i g_i, b = \sum_{i=1}^{6} b_i g_i \in G,$ 定义

$$[a,b] = \begin{pmatrix} [a,b]_1 \\ [a,b]_2 \end{pmatrix}, \tag{125}$$

其中

$$[a,b]_1^{\mathrm{T}} = (2a_3b_2 - 2a_2b_3, 2a_1b_3 - 2a_3b_1, 2a_1b_2 - 2a_2b_1),$$

$$[a,b]_2^{\mathrm{T}} = (2a_3b_5 - 2a_5b_3 + 2a_6b_2 - 2a_2b_6 + 2a_6b_5 - 2a_5b_6,$$

$$2a_1b_6 - 2a_6b_1 + 2a_4b_3 - 2a_3b_4 + 2a_4b_6 - 2a_6b_4,$$

$$2a_1b_5 - 2a_5b_1 + 2a_4b_5 - 2a_5b_4 + 2a_4b_2 - 2a_2b_4). \tag{126}$$

则 (125) 可以写成

$$[a,b] = a^{\mathrm{T}} R(b), \tag{127}$$

这里

$$R(b) = \begin{pmatrix} 0 & 2b_3 & 2b_2 & 0 & 2b_6 & 2b_5 \\ -2b_3 & 0 & -2b_1 & -2b_6 & 0 & -2b_4 \\ 2b_2 & -2b_1 & 0 & 2b_5 & -2b_4 & 0 \\ 0 & 0 & 0 & 0 & 2b_3+2b_6 & 2b_5+2b_2 \\ 0 & 0 & 0 & -2b_3-2b_6 & 0 & -2b_1-2b_4 \\ 0 & 0 & 0 & 2b_2+2b_5 & -2b_1-2b_4 & 0 \end{pmatrix}. \tag{128}$$

设

$$\sigma : G \to R^6, \quad A \to a = (a_1, \cdots, a_6)^{\mathrm{T}} \in R^6, \quad A \in G, \tag{129}$$

其中

$$A = \begin{pmatrix} a_1e_1 + a_2e_2 + a_3e_3 & a_4e_1 + a_5e_2 + a_6e_3 \\ 0 & (a_1+a_4)e_1 + (a_2+a_5)e_2 + (a_3+a_6)e_3 \end{pmatrix}, \tag{130}$$

则 σ 是一个 G 到 R^6 的同构映射.

从下面的矩阵方程

$$R(b)M = -(R(b)M)^{\mathrm{T}}, \quad M^{\mathrm{T}} = M \tag{131}$$

中解出常数矩阵 M 为

$$M = \begin{pmatrix} \xi_1 & 0 & 0 & \xi_2 & 0 & 0 \\ 0 & \xi_1 & 0 & 0 & \xi_2 & 0 \\ 0 & 0 & -\xi_1 & 0 & 0 & -\xi_2 \\ \xi_2 & 0 & 0 & \xi_2 & 0 & 0 \\ 0 & \xi_2 & 0 & 0 & \xi_2 & 0 \\ 0 & 0 & -\xi_2 & 0 & 0 & -\xi_2 \end{pmatrix}, \tag{132}$$

这里 $\xi_1 \neq \xi_2$, ξ_1, ξ_2 是常数.

在 R^6 上定义线性泛函

$$\{a, b\} = a^{\mathrm{T}} M b, \quad a, b \in R^6. \tag{133}$$

在 Lie 代数 R^6 意义下, (118) 被 σ 映成下面的形式

$$\bar{U} = (u_2, \lambda, u_1, p_2, 0, p_1)^{\mathrm{T}}, \quad \bar{V} = (V_1, V_2, V_3, V_4, V_5, V_6)^{\mathrm{T}}, \tag{134}$$

其中 $V_i = \sum_{m \geqslant 0} V_{im} \lambda^{-m}, i = 1, \cdots, 6$.

直接计算得

$$\{\bar{V}, \bar{U}_{u_1}\} = -\xi_1 V_3 - \xi_2 V_6, \quad \{\bar{V}, \bar{U}_{u_2}\} = \xi_1 V_1 + \xi_2 V_4,$$

$$\{\bar{V}, \bar{U}_{p_1}\} = -\xi_2(V_3 + V_6), \quad \{\bar{V}, \bar{U}_{p_2}\} = \xi_2(V_1 + V_4), \tag{135}$$

$$\{\bar{V}, \bar{U}_\lambda\} = \xi_1 V_2 + \xi_2 V_5.$$

由变分恒等式 (61) 得

$$\frac{\delta}{\delta \bar{u}} \int (\xi_1 V_2 + \xi_2 V_5) dx = \lambda^{-\gamma} \frac{\partial}{\partial \lambda} \lambda^{\gamma} \begin{pmatrix} -\xi_1 V_3 - \xi_2 V_6 \\ \xi_1 V_1 + \xi_2 V_4 \\ -\xi_2 (V_3 + V_6) \\ \xi_2 (V_1 + V_4) \end{pmatrix}. \tag{136}$$

比较方程两端 λ^{-n-2} 的同次幂系数得

$$\frac{\delta}{\delta \bar{u}} \int (\xi_1 V_{2,n+2} + \xi_2 V_{5,n+2}) dx = (-n - 1 + \gamma) \begin{pmatrix} -\xi_1 V_{3,n+1} - \xi_2 V_{6,n+1} \\ \xi_1 V_{1,n+1} + \xi_2 V_{4,n+1} \\ -\xi_2 (V_{3,n+1} + V_{6,n+1}) \\ \xi_2 (V_{1,n+1} + V_{4,n+1}) \end{pmatrix}.$$
$$\tag{137}$$

容易算出 $\gamma = 0$. 于是有

$$\begin{pmatrix} -\xi_1 V_{3,n+1} - \xi_2 V_{6,n+1} \\ \xi_1 V_{1,n+1} + \xi_2 V_{4,n+1} \\ -\xi_2 (V_{3,n+1} + V_{6,n+1}) \\ \xi_2 (V_{1,n+1} + V_{4,n+1}) \end{pmatrix} = \frac{\delta \bar{H}_n}{\delta \bar{u}}, \tag{138}$$

这里

$$\bar{H}_n = \frac{\delta}{\delta \bar{u}} \int \frac{\xi_1 V_{2,n+2} + \xi_2 V_{5,n+2}}{-(n+1)} dx \tag{139}$$

是 Hamilton 函数. 所以, 非线性可积耦合的孤子族 (123) 具有下面的 Hamilton 结构

$$\bar{u}_t = \begin{pmatrix} -2V_{1,n+1} \\ -2V_{3,n+1} \\ -2V_{4,n+1} \\ -2V_{6,n+1} \end{pmatrix} = \bar{J}\frac{\delta \bar{H}_n}{\delta \bar{u}}, \tag{140}$$

其中 Hamilton 算子 $\bar{J}$ 为

$$\bar{J} = \frac{1}{\xi_1 - \xi_2} \begin{pmatrix} 0 & -2 & 0 & 2 \\ 2 & 0 & -2 & 0 \\ 0 & 2 & 0 & -2\dfrac{\xi_1}{\xi_2} \\ -2 & 0 & 2\dfrac{\xi_1}{\xi_2} & 0 \end{pmatrix}. \tag{141}$$

从 (120) 可得递推关系

$$\frac{\delta \bar{H}_{n+1}}{\delta \bar{u}} = \bar{L}\frac{\delta \bar{H}_n}{\delta \bar{u}}, \tag{142}$$

这里

$$\bar{L} = \begin{pmatrix} L & L_1 \\ 0 & L + L_1 \end{pmatrix}, \tag{143}$$

其中 L 由 (115) 给出, L_1 为

$$L_1 = \begin{pmatrix} 2(u_1+p_1)\partial^{-1}p_2 + 2p_1\partial^{-1}u_2 & 2(u_1+p_1)\partial^{-1}p_1 + 2p_1\partial^{-1}u_1 \\ -2(u_2+p_2)\partial^{-1}p_2 - 2p_2\partial^{-1}u_2 & -2(u_2+p_2)\partial^{-1}p_1 - 2p_2\partial^{-1}u_1 \end{pmatrix}. \tag{144}$$

2.4　Broer-Kaup-Kupershmidt 族的非线性双可积耦合

2.4.1　矩阵 Lie 代数和非线性双可积耦合

为了构造双可积耦合, 引进一类分块矩阵[194]

$$M(A_1, A_2, A_3) = \begin{pmatrix} A_1 & A_2 & A_3 \\ 0 & A_1 + \alpha A_2 & A_2 \\ 0 & 0 & A_1 \end{pmatrix}, \tag{145}$$

其中 α 是一给定的常数, $A_i = A_i(\lambda), i = 1, 2, 3$ 都是 2×2 的方阵, 它们满足下面的交换关系

$$[M(A_1, A_2, A_3), M(B_1, B_2, B_3)] = M(C_1, C_2, C_3), \tag{146}$$

其中

$$\begin{cases} C_1 = [A_1, B_1], \\ C_2 = [A_1, B_2] + [A_2, B_1] + \alpha[A_2, B_2], \\ C_3 = [A_1, B_3] + [A_3, B_1] + [A_2, B_2]. \end{cases} \tag{147}$$

这种运算的封闭性表明, 由 (145) 式给出的分块矩阵构成一矩阵 Lie 代数. 这种矩阵 Lie 代数可以生成基来构造孤子族的非线性双可积耦合. 其中矩阵块 A_1 对应着原始的可积方程, 矩阵块 A_2, A_3 用来生成耦合的向量场, 交换子 $[A_2, A_3]$ 在双可积耦合中产生非线性项.

设一般的线性谱问题为

$$\varphi_x = U(u, \lambda)\varphi, \quad \varphi_t = V(u, \lambda)\varphi, \tag{148}$$

由零曲率方程

$$U_t - V_x + [U, V] = 0, \tag{149}$$

导出一可积系统

$$u_{t_n} = K_n(u). \tag{150}$$

引进一个扩大的谱矩阵

$$\bar{U} = \bar{U}(\bar{u}, \lambda) = \begin{pmatrix} U(u,\lambda) & U_1(u_1,\lambda) & U_2(u_2,\lambda) \\ 0 & U(u,\lambda)+\alpha U_1(u_1,\lambda) & U_1(u_1,\lambda) \\ 0 & 0 & U(u,\lambda) \end{pmatrix}, \tag{151}$$

其中变量 $\bar{u}$ 包含原变量 u 和新变量 u_1, u_2. 相应的辅助谱矩阵为

$$\bar{V} = \bar{V}(\bar{u}, \lambda) = \begin{pmatrix} V(u,\lambda) & V_1(u,u_1,\lambda) & V_2(u,u_1,u_2,\lambda) \\ 0 & V(u,\lambda)+\alpha V_1(u,u_1,\lambda) & V_1(u,u_1,\lambda) \\ 0 & 0 & V(u,\lambda) \end{pmatrix}, \tag{152}$$

由扩大的零曲率方程

$$\bar{U}_t - \bar{V}_x + [\bar{U}, \bar{V}] = 0, \tag{153}$$

即

$$\begin{cases} U_t - V_x + [U,V] = 0, \\ U_{1t} - V_{1x} + [U,V_1] + [U_1,V] + \alpha[U_1,V_1] = 0, \\ U_{2t} - V_{2x} + [U,V_2] + [U_2,V] + [U_1,V_1] = 0, \end{cases} \tag{154}$$

得

$$\bar{u}_{t_n} = \begin{pmatrix} u \\ u_1 \\ u_2 \end{pmatrix}_{t_n} = \begin{pmatrix} K(u) \\ S_1(u,u_1) \\ S_2(u,u_1,u_2) \end{pmatrix}, \tag{155}$$

即可积系统 (150) 的非线性双可积耦合.

设 $\bar{W}$ 是下面伴随表示方程的一个解

$$\bar{W}_x = [\bar{U}, \bar{W}], \tag{156}$$

则由变分恒等式[47]

$$\frac{\delta}{\delta \bar{u}} \int \langle \bar{W}, \bar{U}_\lambda \rangle dx = \lambda^{-\gamma} \frac{\partial}{\partial \lambda} \lambda^\gamma \langle \bar{W}, \bar{U}_{\bar{u}} \rangle, \tag{157}$$

其中常数 γ 为

$$\gamma = -\frac{\lambda}{2} \frac{d}{d\lambda} \ln |\langle \bar{W}, \bar{W} \rangle|, \tag{158}$$

便可得到非线性双可积耦合的 Hamilton 结构.

2.4.2   Broer-Kaup-Kupershmidt 族

考虑 Lie 代数 A_1 的一组基

$$e_1 = \begin{pmatrix} 1 & 0 \\ 0 & -1 \end{pmatrix}, \quad e_2 = \begin{pmatrix} 0 & 1 \\ 0 & 0 \end{pmatrix}, \quad e_3 = \begin{pmatrix} 0 & 0 \\ 1 & 0 \end{pmatrix}, \tag{159}$$

相应的圈代数 $\tilde{A}_1$ 为 $\{e_1(n), e_2(n), e_3(n) | n \in Z\}$, 满足 $x(n) = x \otimes \lambda^n$, $x \in A_1$.

Broer-Kaup-Kupershmidt 族的谱问题[193] 为

$$\varphi_x = U(u, \lambda)\varphi, \quad U = \begin{pmatrix} \lambda + r & s \\ 1 & -\lambda - r \end{pmatrix}, \quad u = \begin{pmatrix} r \\ s \end{pmatrix}. \tag{160}$$

设

$$W = \begin{pmatrix} a & b \\ c & -a \end{pmatrix} = \sum_{m \geqslant 0} W_m \lambda^{-m} = \sum_{m \geqslant 0} \begin{pmatrix} a_m & b_m \\ c_m & -a_m \end{pmatrix} \lambda^{-m}, \tag{161}$$

由伴随表示方程 (156), 得

$$
\begin{cases}
a_{mx} = sc_m - b_m, \\
b_{mx} = 2b_{m+1} + 2rb_m - 2sa_m, \\
c_{mx} = -2c_{m+1} - 2rc_m + 2a_m, \\
a_0 = 1, \quad b_0 = c_0 = 0, \quad a_1 = 0, \quad b_1 = s, \\
c_1 = 1, \quad b_2 = \dfrac{1}{2}s_x - rs, \quad c_2 = -r, \quad a_2 = -\dfrac{1}{2}s, \cdots.
\end{cases}
\tag{162}
$$

令

$$
V^{(n)} = (\lambda^n W)_+ + \Delta_n,
\tag{163}
$$

其中修正项 $\Delta_n = -c_{n+1}e_1$, 谱问题 (160) 和辅助谱问题 (163) 的相容性条件导出了零曲率方程

$$
U_{t_n} - V_x^{(n)} + [U, V^{(n)}] = 0.
\tag{164}
$$

于是得 Broer-Kaup-Kupershmidt 孤子方程族

$$
\begin{aligned}
u_{t_n} = K_n(u) &= (-c_{n+1x}, -2a_{n+1x})^{\mathrm{T}} \\
&= J\frac{\delta H_n}{\delta u}, \quad n \geqslant 0,
\end{aligned}
\tag{165}
$$

其中 Hamilton 算子 J、Hamilton 函数 H_n 和递归算子 L 分别为

$$
J = \begin{pmatrix} 0 & \partial \\ \partial & 0 \end{pmatrix}, \quad H_n = 2\int \frac{a_{n+2}}{n+1}dx,
$$

$$
L = \begin{pmatrix} -\dfrac{1}{2}\partial - r - \partial r \partial^{-1} & \dfrac{1}{2} \\ -\partial s \partial^{-1} - 2s & \dfrac{1}{2}\partial - r \end{pmatrix}.
\tag{166}
$$

Broer-Kaup-Kupershmidt 族第一个非平凡的非线性方程是它的第二个流

$$\begin{cases} r_t = -\dfrac{1}{2}r_{xx} - 2rr_x + \dfrac{1}{2}s_x, \\ s_t = \dfrac{1}{2}s_{xx} - 2rs_x - 2sr_x. \end{cases} \tag{167}$$

2.4.3　Broer-Kaup-Kupershmidt 族的非线性双可积耦合

引进扩大的谱矩阵

$$\bar{U}(\bar{u}) = \begin{pmatrix} U & U_1 & U_2 \\ 0 & U+\alpha U_1 & U_1 \\ 0 & 0 & U \end{pmatrix}, \quad \bar{u} = \begin{pmatrix} r \\ s \\ p_1 \\ p_2 \\ q_1 \\ q_2 \end{pmatrix}, \tag{168}$$

其中 U 如 (160) 式所示, U_1, U_2 定义如下

$$U_1 = U_1(u_1) = \begin{pmatrix} p_1 & p_2 \\ 0 & -p_1 \end{pmatrix}, \quad u_1 = \begin{pmatrix} p_1 \\ p_2 \end{pmatrix},$$

$$U_2 = U_2(u_2) = \begin{pmatrix} q_1 & q_2 \\ 0 & -q_1 \end{pmatrix}, \quad u_2 = \begin{pmatrix} q_1 \\ q_2 \end{pmatrix}. \tag{169}$$

设 $\bar{W}$ 是驻定零曲率方程 (156) 的一个解

$$\bar{W}(\bar{u}) = \begin{pmatrix} W & W_1 & W_2 \\ 0 & W+\alpha W_1 & W_1 \\ 0 & 0 & W \end{pmatrix}, \tag{170}$$

这里 W 由 (161) 式给出, 且

$$W_1 = \begin{pmatrix} e & f \\ g & -e \end{pmatrix},$$

$$W_2 = \begin{pmatrix} e' & f' \\ g' & -e' \end{pmatrix}. \tag{171}$$

令

$$e = \sum_{m \geqslant 0} e_m \lambda^{-m}, \quad f = \sum_{m \geqslant 0} f_m \lambda^{-m}, \quad g = \sum_{m \geqslant 0} g_m \lambda^{-m},$$

$$e' = \sum_{m \geqslant 0} e'_m \lambda^{-m}, \quad f' = \sum_{m \geqslant 0} f'_m \lambda^{-m}, \quad g' = \sum_{m \geqslant 0} g'_m \lambda^{-m}, \tag{172}$$

由驻定零曲率方程 (156) 可得

$$\begin{cases} e_{mx} = sg_m - f_m + p_2 c_m + \alpha p_2 g_m, \\ f_{mx} = 2f_{m+1} + 2rf_m - 2se_m + 2p_1 b_m - 2p_2 a_m + 2\alpha p_1 f_m - 2\alpha p_2 e_m, \\ g_{mx} = -2g_{m+1} - 2rg_m + 2e_m - 2p_1 c_m - 2\alpha p_1 g_m, \\ e'_{mx} = sg'_m - f'_m + q_2 c_m + p_2 g_m, \\ f'_{mx} = 2f'_{m+1} + 2rf'_m - 2se'_m + 2q_1 b_m - 2q_2 a_m + 2p_1 f_m - 2p_2 e_m, \\ g'_{mx} = -2g'_{m+1} - 2rg'_m + 2e'_m - 2q_1 c_m - 2p_1 g_m. \end{cases} \tag{173}$$

如果取初始值为

$$e_0 = e'_0 = 1, \quad f_0 = g_0 = f'_0 = g'_0 = 0, \tag{174}$$

并取所有的积分常数为零, 则所有的 $e_m, f_m, g_m, e'_m, f'_m, g'_m$ 都可以由递推关系 (173) 给出, 其前几项为

$$e_1 = 0, \quad f_1 = s + p_2 + \alpha p_2, \quad g_1 = 1, \quad e'_1 = 0, \quad f'_1 = s + q_2 + p_2, \quad g'_1 = 1,$$

$$e_2 = -\frac{1}{2}(s + p_2 + \alpha p_2), \quad f_2 = \frac{1}{2}(s + p_2 + \alpha p_2)_x - p_1 s - (r + \alpha p_1)(s + p_2 + \alpha p_2),$$

$$g_2 = -(r + p_1 + \alpha p_1), \quad e_2' = -\frac{1}{2}(s + q_2 + p_2), \quad g_2' = -(r + q_1 + p_1),$$

$$f_2' = \frac{1}{2}(s + q_2 + p_2)_x - q_1 s - r(s + q_2 + p_2) - p_1(s + p_2 + \alpha p_2), \cdots.$$

$$(175)$$

对于任意的整数 $n \geqslant 0$, 令

$$\bar{V}^{(n)} = \begin{pmatrix} V^{(n)} & V_1^{(n)} & V_2^{(n)} \\ 0 & V^{(n)} + \alpha V_1^{(n)} & V_1^{(n)} \\ 0 & 0 & V^{(n)} \end{pmatrix}, \tag{176}$$

其中 $V^{(n)}$ 如 (163) 所示, $V_1^{(n)}$ 和 $V_2^{(n)}$ 分别为

$$V_1^{(n)} = (\lambda^n W_1)_+ + \Delta_1, \quad V_2^{(n)} = (\lambda^n W_2)_+ + \Delta_2, \tag{177}$$

这里修正项 $\Delta_1 = -g_{n+1}e_1, \Delta_2 = -g_{n+1}'e_1.$

　　由扩大的零曲率方程 (153) 和 Broer-Kaup-Kupershmidt 族 (165) 可得

$$\bar{v}_{t_n} = S_n(\bar{v}) = \begin{pmatrix} S_{1n}(u, u_1) \\ S_{2n}(u, u_1, u_2) \end{pmatrix}, \tag{178}$$

其中

$$S_{1n}(u, u_1) = \begin{pmatrix} -g_{n+1x} \\ -2e_{n+1x} \end{pmatrix},$$

$$S_{2n}(u, u_1, u_2) = \begin{pmatrix} -g_{n+1x}' \\ -2e_{n+1x}' \end{pmatrix}. \tag{179}$$

于是就得到 Broer-Kaup-Kupershmidt 族 (165) 的非线性双可积耦合如

下

$$\bar{u}_{t_n} = \begin{pmatrix} r \\ s \\ p_1 \\ p_2 \\ q_1 \\ q_2 \end{pmatrix}_{t_n} = \bar{K}_n(\bar{u}) = \begin{pmatrix} K_n(u) \\ S_{1n}(u, u_1) \\ S_{2n}(u, u_1, u_2) \end{pmatrix} = \begin{pmatrix} -c_{n+1x} \\ -2a_{n+1x} \\ -g_{n+1x} \\ -2e_{n+1x} \\ -g'_{n+1x} \\ -2e'_{n+1x} \end{pmatrix}, \quad n \geqslant 0. \tag{180}$$

如果在 (180) 式中令 $n = 2$, 则可以得到 Broer-Kaup-Kupershmidt 族非平凡的非线性方程组 (167) 的非线性双可积耦合

$$\begin{cases} r_{t_2} = -\dfrac{1}{2} r_{xx} - 2rr_x + \dfrac{1}{2} s_x, \\[2mm] s_{t_2} = \dfrac{1}{2} s_{xx} - 2rs_x - 2sr_x, \\[2mm] p_{1t_2} = -\left[\dfrac{1}{2}(r + p_1 + \alpha p_1)_x - \dfrac{1}{2}(s + p_2 + \alpha p_2) + r^2 + \alpha p_1^2 + \alpha^2 p_1^2 + 2rp_1 + 2\alpha rp_1\right]_x, \\[2mm] p_{2t_2} = -2\left[-\dfrac{1}{4}(s + p_2 + \alpha p_2)_x + s(r + p_1 + \alpha p_1) + p_2(r + \alpha r + \alpha p_1 + \alpha^2 p_1)\right]_x, \\[2mm] q_{1t_2} = -\left[\dfrac{1}{2}(r + q_1 + p_1)_x - \dfrac{1}{2}(s + q_2 + p_2) + r^2 + \alpha p_1^2 + p_1^2 + 2rq_1 + 2rp_1\right]_x, \\[2mm] q_{2t_2} = -2\left[-\dfrac{1}{4}(s + q_2 + p_2)_x + sr + sq_1 + sp_1 + rp_2 + p_1p_2 + rq + \alpha p_1p_2\right]_x. \end{cases} \tag{181}$$

2.4.4 Hamilton 结构

为了建立双可积耦合的 Hamilton 结构, 则需要计算所给 Lie 代数 $\bar{g}$ 上的非退化、对称、不变广义双线性

$$\bar{g} = \left(\left. \begin{pmatrix} A_1 & A_2 & A_3 \\ 0 & A_1+\alpha A_2 & A_2 \\ 0 & 0 & A_1 \end{pmatrix} \right| A_1,A_2,A_3 \in \tilde{sl}(2) \right). \tag{182}$$

定义映射

$$\sigma : \bar{g} \longrightarrow R^9, \quad A \longmapsto (a_1,\cdots,a_9)^{\mathrm{T}} \in R^9, \tag{183}$$

其中

$$A = \begin{pmatrix} A_1 & A_2 & A_3 \\ 0 & A_1+\alpha A_2 & A_2 \\ 0 & 0 & A_1 \end{pmatrix} \in \bar{g}, \quad A_i = \begin{pmatrix} a_{3i-2} & a_{3i-1} \\ a_{3i} & -a_{3i-2} \end{pmatrix}, \quad i=1,2,3.$$

$$\tag{184}$$

利用文献 [194] 中给出的 Lie 代数 $\bar{g}$ 上广义双线性形式

$$\begin{aligned}
\langle A,B \rangle_{\bar{g}} =\ & \eta_1 \left(a_1 b_1 + \frac{1}{2}a_2 b_3 + \frac{1}{2}a_3 b_2 \right) \\
& + \eta_2 \left[a_1 b_4 + \frac{1}{2}a_2 b_6 + \frac{1}{2}a_3 b_5 + a_4(b_1+\alpha b_4) \right. \\
& \left. + \frac{1}{2}a_5(b_3+\alpha b_6) + \frac{1}{2}a_6(b_2+\alpha b_5) \right] \\
& + \eta_3 [2a_1 b_7 + a_2 b_9 + a_3 b_8 + 2a_4 b_4 \\
& + a_5 b_6 + a_6 b_5 + 2a_7 b_1 + a_8 b_3 + a_9 b_2],
\end{aligned} \tag{185}$$

其中 A,B 是 (184) 定义形式的矩阵块, η_1,η_2,η_3 是常数. 经过直接的计算可得

$$\left\langle \bar{W}\frac{\partial \bar{U}}{\partial \lambda} \right\rangle = \eta_1 a + \eta_2 e + 2\eta_3 e', \quad \left\langle \bar{W}\frac{\partial \bar{U}}{\partial r} \right\rangle = \eta_1 a + \eta_2 e + 2\eta_3 e',$$

$$\left\langle \bar{W}\frac{\partial \bar{U}}{\partial s}\right\rangle = \frac{1}{2}\eta_1 c + \frac{1}{2}\eta_2 g + \eta_3 g', \quad \left\langle \bar{W}\frac{\partial \bar{U}}{\partial p_1}\right\rangle = \eta_2(a+\alpha e) + 2\eta_3 e,$$

$$\left\langle \bar{W}\frac{\partial \bar{U}}{\partial p_2}\right\rangle = \frac{1}{2}\eta_2(c+\alpha g) + \eta_3 g, \quad \left\langle \bar{W}\frac{\partial \bar{U}}{\partial q_1}\right\rangle = 2\eta_3 a, \quad \left\langle \bar{W}\frac{\partial \bar{U}}{\partial q_2}\right\rangle = \eta_3 c.$$

$$\tag{186}$$

把上面的结果代入变分恒等式 (157) 得

$$\frac{\delta}{\delta \bar{u}}\int \frac{\eta_1 a_{n+1} + \eta_2 e_{n+1} + 2\eta_3 e'_{n+1}}{n}dx$$

$$= \left[\eta_1 a_n + \eta_2 e_n + 2\eta_3 e'_n, \frac{1}{2}\eta_1 c_n + \frac{1}{2}\eta_2 g_n + \eta_3 g'_n,\right.$$

$$\eta_2(a_n + \alpha e_n) + 2\eta_3 e_n, \frac{1}{2}\eta_2(c_n + \alpha g_n) + \eta_3 g_n,$$

$$\left. 2\eta_3 a_n, \eta_3 c_n\right]^{\mathrm{T}}, \quad n \geqslant 1. \tag{187}$$

由公式 (158) 可得常数 $\gamma = 0$. 则 Broer-Kaup-Kupershmidt 族的非线性双可积耦合 (180) 具有下面的 Hamilton 结构

$$\bar{u}_{t_n} = \bar{K}_n(\bar{u}) = \bar{J}\frac{\delta \bar{H}_n}{\delta \bar{u}}, \quad n \geqslant 0, \tag{188}$$

其中 Hamilton 算子

$$\bar{J} = \begin{pmatrix} 0 & 0 & \dfrac{1}{\eta_3} \\[2mm] 0 & \dfrac{2\partial}{\beta\eta_2 + 2\eta_3} & \dfrac{-\eta_2}{\eta_3(\beta\eta_2 + 2\eta_3)} \\[2mm] \dfrac{1}{\eta_3} & \dfrac{-\eta_2}{\eta_3(\beta\eta_2 + 2\eta_3)} & \dfrac{\eta_2^2 - \beta\eta_1\eta_2 - 2\eta_1\eta_3}{2\eta_3(\beta\eta_2 + 2\eta_3)} \end{pmatrix} \otimes \begin{pmatrix} 0 & \partial \\ \partial & 0 \end{pmatrix}, \tag{189}$$

这里 $\otimes$ 表示矩阵的 Kronecker 积, 其中 Hamilton 函数为

$$\bar{H}_n = \int \frac{\eta_1 a_{n+2} + \eta_2 e_{n+2} + 2\eta_3 e'_{n+2}}{n+1}dx. \tag{190}$$

经过复杂的计算可得递推关系

$$\bar{K}_{n+1} = \bar{L}\bar{K}_n, \tag{191}$$

递归算子

$$\bar{L} = \begin{pmatrix} L & 0 & 0 \\ L_1 & L+\alpha L_1 & 0 \\ L_2 & L_1 & L \end{pmatrix}, \tag{192}$$

其中 L 由 (166) 式给出, 且

$$L_1 = \begin{pmatrix} -p_1 - \partial p_1 \partial^{-1} & 0 \\ -2p_2 - \partial p_2 \partial^{-1} & -p_1 \end{pmatrix}, \quad L_2 = \begin{pmatrix} -q_1 - \partial q_1 \partial^{-1} & 0 \\ -2q_2 - \partial q_2 \partial^{-1} & -q_1 \end{pmatrix}.$$

2.5　超 Kaup-Newell 族的非线性可积耦合

2.5.1　超可积耦合

设

$$u_t = K_n(u) \tag{193}$$

是已知的超可积系统, 其对应的线性矩阵谱问题为

$$\varphi_x = U(u,\lambda)\varphi = \begin{pmatrix} U_e & U_{01} \\ U_{02} & 0 \end{pmatrix}\varphi, \tag{194a}$$

$$\varphi_t = V(u,\lambda)\varphi = \begin{pmatrix} V_e & V_{01} \\ V_{02} & 0 \end{pmatrix}\varphi, \tag{194b}$$

其中 U,V 属于 Lie 超代数 $sl(m,n)$, U_e, V_e 是 $m\times m$ 的偶元矩阵, U_{01}, V_{01} 是 $m\times n$ 的奇元矩阵, U_{02}, V_{02} 是 $n\times m$ 的奇元矩阵.

引进扩大的谱矩阵

$$\bar{U}(\bar{u}) = \begin{pmatrix} U_e & U_c & U_{01} \\ 0 & U_e + U_c & 0 \\ U_{02} & -U_{02} & 0 \end{pmatrix}, \tag{195}$$

其中变量 $\bar{u}$ 由原变量 u 和耦合变量 v 构成, 这里 $U_c = U_c(v)$ 是偶元矩阵.

与之对应的辅助谱问题

$$\bar{V}(\bar{u}) = \begin{pmatrix} V_e & V_c & V_{01} \\ 0 & V_e + V_c & 0 \\ V_{02} & -V_{02} & 0 \end{pmatrix}, \tag{196}$$

这里 $V_c = V_c(v)$ 也是偶元矩阵. 由扩大后的零曲率方程

$$\bar{U}_t - \bar{V}_x + [\bar{U}, \bar{V}] = 0, \tag{197}$$

即

$$\begin{cases} U_t - V_x + [U, V] = 0, \\ U_{ct} - V_{cx} + [U_e, V_c] + [U_c, V_e] + [U_c, V_c] - U_{01}V_{02} + V_{01}U_{02} = 0. \end{cases} \tag{198}$$

可导出 Lax 可积方程族

$$\bar{u}_t = \begin{pmatrix} u \\ v \end{pmatrix}_t = \bar{K}_n(\bar{u}) = \begin{pmatrix} K_n(u) \\ S_n(u, v) \end{pmatrix}, \tag{199}$$

称 (199) 是超可积族 (193) 的非线性超可积耦合.

如果存在一个超 Hamilton 算子 $\bar{J}$ 和泛函 $\bar{H}$, 使得

$$\bar{u}_t = \bar{J} \frac{\delta \bar{H}_n}{\delta \bar{u}}, \tag{200}$$

则 (200) 称为超 Hamilton 方程或方程族 (199) 具有超 Hamilton 结构.

定理 2.4 (超迹恒等式)[58]　设 $U = U(u, \lambda) \in G$ 是齐次秩的. 若驻定零曲率方程在相差非零常数倍的意义下有唯一解 $V \in G$, 则对任一满足驻定零曲率方程的齐秩解 $V \in G$ 成立超迹恒等式

$$\frac{\delta}{\delta u} \int \text{Str}(ad_V ad_{U_\lambda}) dx = \lambda^{-\gamma} \frac{\partial}{\partial \lambda} \lambda^\gamma (\text{Str}(ad_V ad_{U_u})), \tag{201}$$

其中 γ 是常数.

2.5.2　超 Kaup-Newell 族

考虑 Lie 超代数 $sl(2,1)$ 的一组基[60]

$$e_1 = \begin{pmatrix} 1 & 0 & 0 \\ 0 & -1 & 0 \\ 0 & 0 & 0 \end{pmatrix}, \quad e_2 = \begin{pmatrix} 0 & 1 & 0 \\ 0 & 0 & 0 \\ 0 & 0 & 0 \end{pmatrix}, \quad e_3 = \begin{pmatrix} 0 & 0 & 0 \\ 1 & 0 & 0 \\ 0 & 0 & 0 \end{pmatrix},$$

$$e_4 = \begin{pmatrix} 0 & 0 & 1 \\ 0 & 0 & 0 \\ 0 & -1 & 0 \end{pmatrix}, \quad e_5 = \begin{pmatrix} 0 & 0 & 0 \\ 0 & 0 & 1 \\ 1 & 0 & 0 \end{pmatrix}, \tag{202}$$

这里 e_1, e_2, e_3 是偶元, e_4, e_5 是奇元. 用 $[\cdot, \cdot]$ 和 $[\cdot, \cdot]_+$ 表示换位子和反换位子, 它们的运算关系为

$$[e_1, e_2] = 2e_2, \quad [e_1, e_3] = -2e_3, \quad [e_2, e_3] = e_1,$$

$$[e_1, e_4] = [e_2, e_5] = e_4, \quad [e_1, e_5] = [e_4, e_3] = -e_5, \tag{203}$$

$$[e_4, e_5]_+ = e_1, \quad [e_4, e_4]_+ = -2e_2, \quad [e_5, e_5]_+ = 2e_3.$$

相应的圈超代数 $\tilde{G}$ 定义如下

$$\tilde{G} = sl(2,1) \otimes C[\lambda, \lambda^{-1}]. \tag{204}$$

超 Kaup-Newell 的谱问题 [60] 为

$$\varphi_x = U(u,\lambda)\varphi, \quad U = \begin{pmatrix} -\lambda & \lambda q & \lambda\alpha \\ r & \lambda & \beta \\ \beta & -\lambda\alpha & 0 \end{pmatrix} = \begin{pmatrix} U_e & U_{01} \\ U_{02} & 0 \end{pmatrix}, \quad u = \begin{pmatrix} q \\ r \\ \alpha \\ \beta \end{pmatrix},$$

(205)

其中 $U_e = \begin{pmatrix} -\lambda & \lambda q \\ r & \lambda \end{pmatrix}, U_{01} = \begin{pmatrix} \lambda\alpha \\ \beta \end{pmatrix}, U_{02} = (\beta, -\lambda\alpha)$, λ 是谱参数,

q, r 是偶变量, α, β 是奇变量.

取驻定零曲率方程

$$W_x = [U, W] \tag{206}$$

的一个解

$$W = \begin{pmatrix} A & \lambda B & \lambda\rho \\ C & -A & \sigma \\ \sigma & -\lambda\rho & 0 \end{pmatrix} = \begin{pmatrix} W_e & W_{01} \\ W_{02} & 0 \end{pmatrix}$$

$$= \sum_{m \geqslant 0} W_m \lambda^{-m} = \sum_{m \geqslant 0} \begin{pmatrix} a_m & \lambda b_m & \lambda\rho_m \\ c_m & -a_m & \sigma_m \\ \sigma_m & -\lambda\rho_m & 0 \end{pmatrix} \lambda^{-m}, \tag{207}$$

其中 $W_e = \begin{pmatrix} A & \lambda B \\ C & -A \end{pmatrix}, W_{01} = \begin{pmatrix} \lambda\rho \\ \sigma \end{pmatrix}, W_{02} = (\sigma, -\lambda\rho)$.

代入驻定零曲率方程 (206) 得

$$a_{mx} = -rb_{m+1} + qc_{m+1} + \beta\rho_{m+1} + \alpha\sigma_{m+1},$$

$$b_{mx} = -2b_{m+1} - 2qa_m - 2\alpha\rho_{m+1},$$

$$c_{mx} = 2ra_m + 2c_{m+1} + 2\beta\sigma_m,$$

$$\rho_{mx} = -\rho_{m+1} - \beta b_m + q\sigma_m - \alpha a_m,$$

$$\sigma_{mx} = \beta a_m - \alpha c_{m+1} + r\rho_{m+1} + \sigma_{m+1},$$

$$b_0 = c_0 = \rho_0 = \sigma_0 = 0, \quad a_0 = 1, \quad b_1 = -q,$$

$$c_1 = -r, \quad \rho_1 = -\alpha, \quad \sigma_1 = -\beta, \quad a_1 = -\frac{1}{2}qr - \alpha\beta, \cdots. \quad (208)$$

令

$$V^{(n)} = \begin{pmatrix} V_e^{(n)} & V_{01}^{(n)} \\ V_{02}^{(n)} & 0 \end{pmatrix}, \quad (209)$$

其中

$$V_e^{(n)} = (\lambda^n W_e)_+ + \begin{pmatrix} -a_n & 0 \\ 0 & a_n \end{pmatrix}, \quad V_{01}^{(n)} = (\lambda^n W_{01})_+, \quad V_{02}^{(n)} = (\lambda^n W_{02})_+.$$

谱问题 (205) 和辅助谱问题 (209) 的相容性条件给出了零曲率方程

$$U_t - V_x^{(n)} + [U, V^{(n)}] = 0. \quad (210)$$

于是可得超 Kaup-Newell 孤子方程族

$$u_t = (b_{nx}, c_{nx} - 2\beta\sigma_n, \beta b_n - q\sigma_n + \rho_{nx}, \sigma_{nx})^{\mathrm{T}}$$

$$= J\frac{\delta H_n}{\delta u}, \quad (211)$$

其中超 Hamilton 算子 J 和超 Hamilton 函数 H_n 为

$$J = \begin{pmatrix} 0 & \partial & 0 & 0 \\ \partial & 0 & -\beta & 0 \\ 0 & \beta & -\dfrac{1}{2}q & -\dfrac{1}{2}\partial \\ 0 & 0 & \dfrac{1}{2}\partial & 0 \end{pmatrix}, \quad H_n = \int \frac{2a_n - qc_n + 2\alpha\sigma_n}{n} dx. \quad (212)$$

若在 (211) 中取 $n = 2$, 则约化为下面的非线性方程

$$\begin{cases} q_t = \left(\dfrac{1}{2}q_x + \dfrac{1}{2}q^2r + q\alpha\beta - \alpha\alpha_x \right)_x, \\ r_t = \left(-\dfrac{1}{2}r_x + \dfrac{1}{2}qr^2 \right)_x + r\alpha\beta_x - r\alpha_x\beta + 2\beta\beta_x, \\ \alpha_t = \left(\alpha_x + \dfrac{1}{2}qr\alpha \right)_x + \dfrac{1}{2}qr_x\alpha + \dfrac{1}{2}q_x\beta + q\beta_x + qr\alpha_x - \alpha\alpha_x\beta, \\ \beta_t = \left(-\beta_x + \dfrac{1}{2}qr\beta - \dfrac{1}{2}r_x\alpha - r\alpha_x \right)_x. \end{cases} \quad (213)$$

2.5.3 超 Kaup-Newell 族非线性可积耦合

引进 $sl(4, 1)$ 的一组新基[68]

$$E_1 = \begin{pmatrix} 1 & 0 & 0 & 0 & 0 \\ 0 & -1 & 0 & 0 & 0 \\ 0 & 0 & 1 & 0 & 0 \\ 0 & 0 & 0 & -1 & 0 \\ 0 & 0 & 0 & 0 & 0 \end{pmatrix}, \quad E_2 = \begin{pmatrix} 0 & 1 & 0 & 0 & 0 \\ 0 & 0 & 0 & 0 & 0 \\ 0 & 0 & 0 & 1 & 0 \\ 0 & 0 & 0 & 0 & 0 \\ 0 & 0 & 0 & 0 & 0 \end{pmatrix},$$

$$E_3 = \begin{pmatrix} 0 & 0 & 0 & 0 & 0 \\ 1 & 0 & 0 & 0 & 0 \\ 0 & 0 & 0 & 0 & 0 \\ 0 & 0 & 1 & 0 & 0 \\ 0 & 0 & 0 & 0 & 0 \end{pmatrix}, \quad E_4 = \begin{pmatrix} 0 & 0 & 0 & 1 & 0 \\ 0 & 0 & 0 & 0 & 0 \\ 0 & 0 & 0 & 1 & 0 \\ 0 & 0 & 0 & 0 & 0 \\ 0 & 0 & 0 & 0 & 0 \end{pmatrix},$$

$$E_5 = \begin{pmatrix} 0 & 0 & 0 & 0 & 0 \\ 0 & 0 & 1 & 0 & 0 \\ 0 & 0 & 0 & 0 & 0 \\ 0 & 0 & 1 & 0 & 0 \\ 0 & 0 & 0 & 0 & 0 \end{pmatrix}, \quad E_6 = \begin{pmatrix} 0 & 0 & 1 & 0 & 0 \\ 0 & 0 & 0 & -1 & 0 \\ 0 & 0 & 1 & 0 & 0 \\ 0 & 0 & 0 & -1 & 0 \\ 0 & 0 & 0 & 0 & 0 \end{pmatrix},$$

$$E_7 = \begin{pmatrix} 0 & 0 & 0 & 0 & 1 \\ 0 & 0 & 0 & 0 & 0 \\ 0 & 0 & 0 & 0 & 0 \\ 0 & 0 & 0 & 0 & 0 \\ 0 & -1 & 0 & 1 & 0 \end{pmatrix}, \quad E_8 = \begin{pmatrix} 0 & 0 & 0 & 0 & 0 \\ 0 & 0 & 0 & 0 & 1 \\ 0 & 0 & 0 & 0 & 0 \\ 0 & 0 & 0 & 0 & 0 \\ 1 & 0 & -1 & 0 & 0 \end{pmatrix}, \quad (214)$$

这里 $E_1, E_2, E_3, E_4, E_5, E_6$ 是偶元, E_7, E_8 是奇元, 它们的运算关系为

$$[E_2, E_1] = [E_4, E_4] = -2E_2, \quad [E_3, E_1] = [E_5, E_5] = 2E_3,$$

$$[E_1, E_4] = [E_2, E_5] = E_4, \quad\quad [E_5, E_1] = [E_3, E_4] = E_5,$$

$$[E_2, E_3] = [E_4, E_5] = E_1, \quad\quad [E_1, E_7] = [E_2, E_8] = E_7,$$

$$[E_1, E_8] = [E_7, E_3] = -E_8, \quad\quad [E_7, E_8]_+ = E_1 - E_6,$$

$$[E_7, E_7]_+ = 2E_4 - 2E_2, \quad\quad [E_8, E_8]_+ = 2E_3 - 2E_5. \quad (215)$$

与 Lie 超代数 $sl(4,1)$ 相关的圈超代数定义如下

$$\bar{G} = sl(4,1) \otimes C[\lambda, \lambda^{-1}]. \tag{216}$$

引进与 Lie 超代数 $sl(4,1)$ 相关的扩大谱矩阵

$$\bar{U}(\bar{u}) = \begin{pmatrix} U_e & U_c & U_{01} \\ 0 & U_e + U_c & 0 \\ U_{02} & -U_{02} & 0 \end{pmatrix}, \quad \bar{u} = \begin{pmatrix} q \\ r \\ \alpha \\ \beta \\ u_1 \\ u_2 \end{pmatrix}, \tag{217}$$

其中 U_e, U_{01} 和 U_{02} 由 (205) 给出, U_c 定义如下

$$U_c(v) = U_c = \begin{pmatrix} 0 & \lambda u_1 \\ u_2 & 0 \end{pmatrix}, \quad v = \begin{pmatrix} u_1 \\ u_2 \end{pmatrix}. \tag{218}$$

设 $\bar{W}$ 是驻定零曲率方程

$$\bar{W}_x = [\bar{U}, \bar{W}] \tag{219}$$

的一个解

$$\bar{W}(\bar{u}) = \begin{pmatrix} W_e & W_c & W_{01} \\ 0 & W_e + W_c & 0 \\ W_{02} & -W_{02} & 0 \end{pmatrix}, \quad W_c = \begin{pmatrix} E & \lambda F \\ G & -E \end{pmatrix}, \tag{220}$$

其中 W_e, W_{01} 和 W_{02} 与 (207) 一样. 由 (219) 可得

$$W_{cx} = [U_e, W_c] + [U_c, W_e] + [U_c, W_c] - U_{01}W_{02} + W_{01}U_{02}. \tag{221}$$

令

$$E = \sum_{m \geqslant 0} e_m \lambda^{-m}, \quad F = \sum_{m \geqslant 0} f_m \lambda^{-m}, \quad G = \sum_{m \geqslant 0} g_m \lambda^{-m}, \tag{222}$$

把 (222) 代入 (221) 中得

$$e_{mx} = qg_{m+1} - rf_{m+1} + u_1 c_{m+1} - u_2 b_{m+1} + u_1 g_{m+1} - u_2 f_{m+1} - \alpha\sigma_{m+1} - \beta\rho_{m+1},$$

$$f_{mx} = -2f_{m+1} - 2qe_m - 2u_1 a_m - 2u_1 e_m + 2\alpha\rho_{m+1},$$

$$g_{mx} = 2g_{m+1} + 2re_m + 2u_2 a_m + 2u_2 e_m - 2\beta\sigma_m,$$

$$f_0 = g_0 = 0, \quad e_0 = \varepsilon, \quad f_1 = -u_1 - (q + u_1)\varepsilon, \quad g_1 = -u_2 - (r + u_2)\varepsilon,$$

$$e_1 = (1 + \varepsilon)\left(-\frac{1}{2}qu_2 - \frac{1}{2}u_1 u_2 - \frac{1}{2}ru_1\right) - \frac{1}{2}\varepsilon qr + \alpha\beta, \cdots. \tag{223}$$

取

$$\bar{V}^{(n)} = \begin{pmatrix} V_e^{(n)} & V_c^{(n)} & V_{01}^{(n)} \\ 0 & V_e^{(n)} + V_c^{(n)} & 0 \\ V_{02}^{(n)} & -V_{02}^{(n)} & 0 \end{pmatrix}, \quad V_c^{(n)} = (\lambda^n W_e)_+ + \begin{pmatrix} a_n & 0 \\ 0 & -a_n \end{pmatrix}. \tag{224}$$

借助扩大的零曲率方程 (197) 得

$$U_{ct} - V_{cx}^{(n)} + [U_e, V_c^{(n)}] + [U_c, V_e^{(n)}] + [U_c, V_c^{(n)}] - U_{01}V_{02}^{(n)} + V_{01}^{(n)}U_{02} = 0. \tag{225}$$

于是, 由 (225) 给出

$$v_t = \begin{pmatrix} u_1 \\ u_2 \end{pmatrix}_t = S_n(u, v) = \begin{pmatrix} f_{nx} \\ g_{nx} + 2\beta\sigma_n \end{pmatrix}. \tag{226}$$

这样, 就得到了超 Kaup-Newell 族 (211) 的非线性可积耦合

$$
\bar{u}_t = \begin{pmatrix} q \\ r \\ \alpha \\ \beta \\ u_1 \\ u_2 \end{pmatrix}_t = \bar{K}(\bar{u}) = \begin{pmatrix} K_n(u) \\ S_n(u,v) \end{pmatrix} = \begin{pmatrix} b_{nx} \\ c_{nx} - 2\beta\sigma_n \\ \beta b_n - q\sigma_n + \rho_{nx} \\ \sigma_{nx} \\ f_{nx} \\ g_{nx} + 2\beta\sigma_n \end{pmatrix}. \quad (227)
$$

2.5.4　超 Hamilton 结构

经过直接的计算可得

$$
\operatorname{Str}\left(\bar{W}\frac{\partial\bar{U}}{\partial\lambda}\right) = -4A - 2E + qG + u_1C + u_1G + 2qC + 2\alpha\sigma,
$$

$$
\operatorname{Str}\left(\bar{W}\frac{\partial\bar{U}}{\partial q}\right) = 2\lambda C + \lambda G, \quad \operatorname{Str}\left(\bar{W}\frac{\partial\bar{U}}{\partial r}\right) = 2\lambda B + \lambda F,
$$

$$
\operatorname{Str}\left(\bar{W}\frac{\partial\bar{U}}{\partial u_1}\right) = \lambda C + \lambda G, \quad \operatorname{Str}\left(\bar{W}\frac{\partial\bar{U}}{\partial u_2}\right) = \lambda B + \lambda F,
$$

$$
\operatorname{Str}\left(\bar{W}\frac{\partial\bar{U}}{\partial\alpha}\right) = -2\lambda\sigma, \qquad \operatorname{Str}\left(\bar{W}\frac{\partial\bar{U}}{\partial\beta}\right) = 2\lambda\rho. \quad (228)
$$

把上面的结果代入超迹恒等式 (201) 得

$$
\frac{\delta}{\delta\bar{u}}\int(-4A - 2E + qG + u_1C + u_1G + 2qC + 2\alpha\sigma)dx = \lambda^\gamma\frac{\partial}{\partial\lambda}\lambda^\gamma \begin{pmatrix} 2\lambda C + \lambda G \\ 2\lambda B + \lambda F \\ -2\lambda\sigma \\ 2\lambda\rho \\ \lambda C + \lambda G \\ \lambda B + \lambda F \end{pmatrix}.
$$

$$
(229)
$$

比较方程 (229) 两端 λ^{-n} 的同次幂系数

$$\frac{\delta}{\delta \bar{u}} \int (-4a_n - 2e_n + qg_n + u_1c_n + u_1g_n + 2qc_n + 2\alpha\sigma_n)dx = (\gamma - n)\begin{pmatrix} 2c_n + g_n \\ 2b_n + f_n \\ -2\sigma_n \\ 2\rho_n \\ c_n + g_n \\ b_n + f_n \end{pmatrix}.$$

$$(230)$$

容易算出常数 $\gamma = 0$, 于是有

$$\frac{\delta \bar{H}_n}{\delta \bar{u}} = \begin{pmatrix} 2c_n + g_n \\ 2b_n + f_n \\ -2\sigma_n \\ 2\rho_n \\ c_n + g_n \\ b_n + f_n \end{pmatrix},$$

$$\bar{H}_n = \int \frac{4a_n + 2e_n - qg_n - u_1c_n - u_1g_n - 2qc_n - 2\alpha\sigma_n}{n} dx. \qquad (231)$$

则超 Kaup-Newell 族的非线性可积耦合 (227) 具有下面的超 Hamilton 结构

$$\bar{u}_t = \bar{K}_n(\bar{u}) = \bar{J}\frac{\delta \bar{H}_n}{\delta \bar{u}}, \quad n \geqslant 1, \qquad (232)$$

其中超 Hamilton 算子

$$
\bar{J} = \begin{pmatrix}
0 & \partial & 0 & 0 & 0 & -\partial \\
\partial & 0 & \beta & 0 & -\partial & 0 \\
0 & \beta & \dfrac{1}{2}q & \dfrac{1}{2}\partial & 0 & -\beta \\
0 & 0 & -\dfrac{1}{2}\partial & 0 & 0 & 0 \\
0 & -\partial & 0 & 0 & 0 & 2\partial \\
-\partial & 0 & -\beta & 0 & 2\partial & 0
\end{pmatrix}.
\tag{233}
$$

经过复杂的计算可得递推关系

$$
\frac{\delta \bar{H}_{n+1}}{\delta \bar{u}} = \bar{L}\frac{\delta \bar{H}_n}{\delta \bar{u}},
\tag{234}
$$

其中递归算子

$$
\bar{L} = \begin{pmatrix}
L_1 & L_2 & L_3 \\
L_4 & L_5 & -L_4 \\
0 & 0 & L_1 + L_3
\end{pmatrix},
\tag{235}
$$

这里

$$
L_1 = \begin{pmatrix}
\dfrac{1}{2}\partial - \dfrac{1}{2}r\partial^{-1}q\partial & -\dfrac{1}{2}r\partial^{-1}r\partial \\
-\dfrac{1}{2}q\partial^{-1}q\partial & -\dfrac{1}{2}\partial - \dfrac{1}{2}q\partial^{-1}r\partial + \alpha\beta
\end{pmatrix},
$$

$$
L_2 = \begin{pmatrix}
\dfrac{1}{2}(\beta + r\beta + r\alpha) & -(r + u_2)\beta \\
q\alpha & \dfrac{1}{2}(\alpha\partial + q\beta)
\end{pmatrix},
$$

$$
L_3 = \begin{pmatrix}
-\dfrac{1}{2}(r + u_2)\partial^{-1}u_1\partial - \dfrac{1}{2}u_2\partial^{-1}q\partial & -\dfrac{1}{2}(r + u_2)\partial^{-1}u_2\partial - \dfrac{1}{2}u_2\partial^{-1}r\partial \\
-\dfrac{1}{2}(q + u_1)\partial^{-1}u_1\partial - \dfrac{1}{2}u_1\partial^{-1}q\partial & -\dfrac{1}{2}(q + u_1)\partial^{-1}u_2\partial - \dfrac{1}{2}u_1\partial^{-1}r\partial - \alpha\beta
\end{pmatrix},
$$

$$L_4 = \begin{pmatrix} -\alpha\partial + \beta\partial^{-1}q\partial & -2r\beta + \beta\partial^{-1}r\partial \\ -\alpha\partial^{-1}q\partial & -2\beta - \alpha\partial^{-1}r\partial \end{pmatrix}, L_5 = \begin{pmatrix} \partial - rq & -r\partial \\ -q & -\partial + \alpha\beta \end{pmatrix}.$$

$$(236)$$

2.5.5　方程族的约化

如果令 $\alpha = \beta = 0$, 则方程族 (232) 可约化成经典 Kaup-Newell 族的非线性可积耦合.

如果在 (232) 中令 $n = 2$, 则可以得到超 Kaup-Newell 族第一个非平凡的非线性方程 (213) 的非线性可积耦合, 有

$$
\begin{cases}
q_t = \left(\dfrac{1}{2}q_x + \dfrac{1}{2}q^2r + q\alpha\beta - \alpha\alpha_x \right)_x, \\[2mm]
r_t = \left(-\dfrac{1}{2}r_x + \dfrac{1}{2}qr^2 \right)_x + r\alpha\beta_x - r\alpha_x\beta + 2\beta\beta_x, \\[2mm]
\alpha_t = \left(\alpha_x + \dfrac{1}{2}qr\alpha \right)_x + \dfrac{1}{2}qr_x\alpha + \dfrac{1}{2}q_x\beta + q\beta_x + qr\alpha_x - \alpha\alpha_x\beta, \\[2mm]
\beta_t = \left(-\beta_x + \dfrac{1}{2}qr\beta - \dfrac{1}{2}r_x\alpha - r\alpha_x \right)_x, \\[2mm]
u_{1t} = \Bigg[\varepsilon\left(\dfrac{1}{2}q_x + \dfrac{1}{2}q^2r \right) - q\alpha\beta + \alpha\alpha_x \\[2mm]
\qquad\quad + (1+\varepsilon)\left(\dfrac{1}{2}u_{1x} + \dfrac{1}{2}q^2u_2 + \dfrac{1}{2}u_1^2u_2 + \dfrac{1}{2}ru_1^2 + qu_1u_2 + qru_1 \right) \Bigg]_x, \\[2mm]
u_{2t} = \Bigg[\varepsilon\left(-\dfrac{1}{2}r_x + \dfrac{1}{2}qr^2 \right) + (1+\varepsilon)\left(-\dfrac{1}{2}u_{2x} + \dfrac{1}{2}r^2u_1 \right. \\[2mm]
\qquad\quad \left. + ru_1u_2 + qru_2 + qu_2^2 + u_1u_2^2 \right) \Bigg]_x + r\alpha_x\beta - r\alpha\beta_x - 2\beta\beta_x.
\end{cases}
$$

$$(237)$$

如果在 (237) 中令 $\varepsilon = 0$, 有

$$
\begin{cases}
q_t = \left(\dfrac{1}{2}q_x + \dfrac{1}{2}q^2 r + q\alpha\beta - \alpha\alpha_x\right)_x, \\[2mm]
r_t = \left(-\dfrac{1}{2}r_x + \dfrac{1}{2}qr^2\right)_x + r\alpha\beta_x - r\alpha_x\beta + 2\beta\beta_x, \\[2mm]
\alpha_t = \left(\alpha_x + \dfrac{1}{2}qr\alpha\right)_x + \dfrac{1}{2}qr_x\alpha + \dfrac{1}{2}q_x\beta + q\beta_x + qr\alpha_x - \alpha\alpha_x\beta, \\[2mm]
\beta_t = \left(-\beta_x + \dfrac{1}{2}qr\beta - \dfrac{1}{2}r_x\alpha - r\alpha_x\right)_x. \\[2mm]
u_{1t} = \left(-q\alpha\beta + \alpha\alpha_x + \dfrac{1}{2}u_{1x} + \dfrac{1}{2}q^2 u_2 + \dfrac{1}{2}u_1^2 u_2 + \dfrac{1}{2}r u_1^2 + q u_1 u_2 + qr u_1\right)_x, \\[2mm]
u_{2t} = \left(-\dfrac{1}{2}u_{2x} + \dfrac{1}{2}r^2 u_1 + r u_1 u_2 + qr u_2 + q u_2^2 + u_1 u_2^2\right)_x \\[2mm]
\qquad + r\alpha_x\beta - r\alpha\beta_x - 2\beta\beta_x.
\end{cases}
\tag{238}
$$

特别地, 如果取 $\varepsilon = -1, u_1 = -q, u_2 = -r$, 则方程 (237) 能约化成方程 (213).

第3章 可积与超可积系统的自相容源与守恒律

本章利用符号计算, 先由可积耦合理论给出 Li 族的非线性可积耦合, 并研究 Li 族非线性可积耦合的自相容源与守恒律. 接着, 给出两类超 Tu 族、超 Guo 族、新 6 分量超孤子族的自相容源与守恒律.

3.1 Li 族非线性可积耦合的自相容源与守恒律

3.1.1 Li 族的非线性可积耦合

Li 族的谱问题及其方程族在文献 [195] 中已有讨论, 基于第 2 章的可积耦合理论, 下面给出 Li 族的非线性可积耦合.

取经典 Lie 代数 G_1 如下

$$G_1 = \text{span}\{e_1, e_2, e_3\}, \tag{1}$$

其中

$$e_1 = \begin{pmatrix} 1 & 0 \\ 0 & -1 \end{pmatrix}, \quad e_2 = \begin{pmatrix} 0 & 1 \\ 1 & 0 \end{pmatrix}, \quad e_3 = \begin{pmatrix} 0 & 1 \\ -1 & 0 \end{pmatrix}. \tag{2}$$

将其扩展成 Lie 代数 G 为

$$G = \text{span}\{E_1, E_2, E_3, E_4, E_5, E_6\}, \tag{3}$$

这里

$$E_1 = \begin{pmatrix} e_1 & 0 \\ 0 & e_1 \end{pmatrix}, \quad E_2 = \begin{pmatrix} e_2 & 0 \\ 0 & e_2 \end{pmatrix}, \quad E_3 = \begin{pmatrix} e_3 & 0 \\ 0 & e_3 \end{pmatrix},$$

$$E_4 = \begin{pmatrix} 0 & 0 \\ e_1 & e_1 \end{pmatrix}, \quad E_5 = \begin{pmatrix} 0 & 0 \\ e_2 & e_2 \end{pmatrix}, \quad E_6 = \begin{pmatrix} 0 & 0 \\ e_3 & e_3 \end{pmatrix}. \tag{4}$$

它们的交换关系如下

$$[E_1, E_2] = 2E_3, \quad [E_1, E_3] = 2E_2, \quad [E_2, E_3] = -2E_1,$$

$$[E_1, E_5] = 2E_6, \quad [E_1, E_6] = 2E_5, \quad [E_2, E_4] = -2E_6,$$

$$[E_2, E_6] = -2E_4, \quad [E_3, E_4] = -2E_5, \quad [E_1, E_4] = [E_3, E_6] = 0,$$

$$[E_4, E_5] = 2E_6, \quad [E_4, E_6] = 2E_5, \quad [E_5, E_6] = -2E_4, \quad [E_3, E_5] = 2E_4. \tag{5}$$

Lie 代数 (3) 相应的圈代数为

$$\tilde{G} = \text{span}\{E_1(n), E_2(n), E_3(n), E_4(n), E_5(n), E_6(n)\}, \tag{6}$$

这里 $E_i(n) = E_i \lambda^n$, $[E_i(m), E_j(n)] = [E_i, E_j]\lambda^{m+n}, 1 \leqslant i, j \leqslant 6, m, n \in Z$.

考虑下面的等谱问题

$$\varphi_x = U(u, \lambda)\varphi,$$

$$U = -E_1(1) + vE_1(0) + uE_2(0) + vE_3(0)$$

$$-E_4(1) + p_2E_4(0) + p_1E_5(0) + p_2E_6(0),$$

$$= \begin{pmatrix} U_1 & 0 \\ U_0 & U_1 + U_0 \end{pmatrix}, \tag{7}$$

其中 λ 是谱参数, U_1 满足族的谱问题[195].

令

$$V = \sum_{m \geqslant 0} [a_m E_1(-m) + b_m E_2(-m) + c_m E_3(-m)$$

$$+ e_m E_4(-m) + f_m E_5(-m) + g_m E_6(-m)], \tag{8}$$

由驻定零曲率方程

$$V_x = [U, V], \tag{9}$$

得

$$a_{mx} = 2vb_m - 2uc_m,$$

$$b_{mx} = -2c_{m+1} + 2vc_m - 2va_m,$$

$$c_{mx} = -2b_{m+1} + 2vb_m - 2ua_m,$$

$$e_{mx} = -2ug_m + 2vf_m - 2p_1c_m + 2p_2b_m - 2p_1g_m + 2p_2f_m,$$

$$f_{mx} = -2g_{m+1} + 2vg_m - 2ve_m + 2p_2c_m - 2p_2a_m + 2p_2g_m - 2p_2e_m,$$

$$g_{mx} = -2f_{m+1} + 2vf_m - 2ue_m + 2p_2b_m - 2p_1a_m + 2p_2f_m - 2p_1e_m,$$

$$a_0 = e_0 = \beta, \quad b_0 = c_0 = f_0 = g_0 = 0, \quad a_1 = 0,$$

$$b_1 = -u\beta, \quad c_1 = -v\beta, \quad e_1 = 0,$$

$$f_1 = -p_1\beta, \quad g_1 = -p_2\beta, \quad a_2 = \frac{1}{2}(v^2 - u^2),$$

$$b_2 = \left(\frac{1}{2}v_x - uv\right)\beta, \quad c_2 = \left(\frac{1}{2}u_x - v^2\right)\beta,$$

$$e_2 = \left(\frac{1}{2}vp_2 - \frac{1}{2}up_1 + \frac{1}{4}u^2 - \frac{1}{4}v^2 - \frac{1}{4}p_1^2 + \frac{1}{4}p_2^2\right)\beta,$$

$$f_2 = \left(\frac{1}{4}p_{2,x} - \frac{1}{4}v_x + \frac{1}{2}uv - \frac{1}{2}vp_1 - \frac{1}{2}up_2 - \frac{1}{2}p_1p_2\right)\beta,$$

$$g_2 = \left(\frac{1}{4}p_{1,x} - \frac{1}{4}u_x + \frac{1}{2}v^2 - \frac{1}{2}p_2^2 - vp_2\right)\beta, \cdots. \tag{10}$$

取

$$V^{(n)} = (\lambda^n V)_+ + \Delta_n,\tag{11}$$

这里修正项 $\Delta_n = -(a_n - c_n)E_1 - (e_n - g_n)E_4$.

借助零曲率方程

$$U_t - V_x^{(n)} + [U, V^{(n)}] = 0,\tag{12}$$

导出新的可积方程族

$$u_t = \begin{pmatrix} u \\ v \\ p_1 \\ p_2 \end{pmatrix}_t = J \begin{pmatrix} b_n \\ a_n - c_n \\ f_n \\ e_n - g_n \end{pmatrix} = J L^n \begin{pmatrix} 0 \\ \beta \\ 0 \\ \beta \end{pmatrix}, \quad n \geqslant 0,\tag{13}$$

这里 Hamilton 算子 J 和递归算子 L 分别为

$$J = \begin{pmatrix} \partial & 0 & 0 & 0 \\ 0 & -\partial & 0 & 0 \\ 0 & 0 & \partial & 0 \\ 0 & 0 & 0 & -\partial \end{pmatrix}, \quad L = \begin{pmatrix} 0 & \frac{1}{2}\partial - u & 0 & 0 \\ \partial^{-1}u\partial + \frac{1}{2}\partial & \partial^{-1}v\partial + v & 0 & 0 \\ 0 & M_1 & 0 & M_2 \\ M_3 & M_4 & M_5 & M_6 \end{pmatrix},$$

$$\tag{14}$$

其中

$$M_1 = -\frac{1}{4}\partial - \frac{1}{2}p_1 + \frac{1}{2}u, \quad M_2 = \frac{1}{4}\partial - \frac{1}{2}p_1 - \frac{1}{2}u,$$

$$M_3 = -\frac{1}{2}\partial^{-1}u - \frac{1}{2}\partial^{-1}p_1 - \partial^{-1}p_1\partial - \frac{1}{4}\partial,$$

$$M_4 = -\frac{1}{2}\partial^{-1}v\partial + \frac{1}{2}\partial^{-1}p_2\partial + \partial^{-1}p_2 u - \frac{1}{2}v + \frac{1}{2}p_2,$$

$$M_5 = \frac{1}{2}\partial^{-1}u\partial + \frac{1}{2}\partial^{-1}p_1\partial + \frac{1}{4}\partial,$$

$$M_6 = -2\partial^{-1}uv - \frac{3}{2}\partial^{-1}p_1 v + \frac{1}{2}\partial^{-1}v\partial + \frac{1}{2}\partial^{-1}p_2\partial - \frac{1}{2}v + \frac{1}{2}p_2.\tag{15}$$

显然, 如果在 (13) 中令 $p_1 = p_2 = 0$, 则 (13) 约化成 Li 族[195]. 所以, 称 (13) 为 Li 族的可积耦合.

若在 (13) 中取 $n = 2$, 则 (13) 约化为

$$\begin{cases} u_t = \left(-\dfrac{1}{2}v_{xx} - u_x v - uv_x\right)\beta, \\[2mm] v_t = \left(\dfrac{1}{2}u_{xx} - 3vv_x + uu_x\right)\beta, \\[2mm] p_{1t} = \left(\dfrac{1}{4}p_{2,x} - \dfrac{1}{4}v_x + \dfrac{1}{2}uv - \dfrac{1}{2}vp_1 - \dfrac{1}{2}up_2 - \dfrac{1}{2}p_1p_2\right)_x \beta, \\[2mm] p_{2t} = \left(\dfrac{1}{4}p_{1,x} - \dfrac{1}{4}u_x + \dfrac{1}{2}v^2 - \dfrac{3}{4}p_2^2 - \dfrac{3}{2}vp_2 + \dfrac{1}{2}up_1 - \dfrac{1}{4}u^2 + \dfrac{1}{4}v^2 + \dfrac{1}{4}p_1^2\right)_x \beta. \end{cases} \tag{16}$$

从上式可以看出, (16) 关于 p_1, p_2 是非线性的. 所以, 称 (13) 是 Li 族的非线性可积耦合.

3.1.2　带自相容源的 Li 族非线性可积耦合

考虑线性谱问题

$$\varphi_x = U(u,\lambda)\varphi, \quad \varphi_t = V(u,\lambda)\varphi, \quad \varphi = (\varphi_1, \varphi_2, \varphi_3, \varphi_4)^{\mathrm{T}}. \tag{17}$$

对其 N 个互异的特征值 $\lambda_j (j = 1, 2, \cdots, N)$, 则上式变为

$$\varphi_x = U(u,\lambda_j)\varphi, \quad \varphi_t = V(u,\lambda_j)\varphi, \quad j = 1, 2, \cdots, N. \tag{18}$$

基于文献 [196] 的结论, 给出下面的等式

$$\frac{\delta H_k}{\delta u} + \sum_{j=1}^{N} \alpha_j \frac{\delta \lambda_j}{\delta u} = 0, \tag{19}$$

这里 α_j 是常数. 从 (18) 式中可得[95]

$$\frac{\delta \lambda_j}{\delta u_i} = \alpha_j \mathrm{Tr}\left(\Psi_j \frac{\partial U(u,\lambda_j)}{\partial u_i}\right) = \alpha_j \mathrm{Tr}(\Psi_j E_i(\lambda_j)), \quad i = 1, 2, \tag{20}$$

其中 Tr 表示矩阵的迹,

$$\Psi_j = \begin{pmatrix} \varphi_{1j}\varphi_{2j} & -\varphi_{1j}^2 & \varphi_{3j}\varphi_{4j} & -\varphi_{3j}^2 \\ \varphi_{2j}^2 & -\varphi_{1j}\varphi_{2j} & \varphi_{4j}^2 & -\varphi_{3j}\varphi_{4j} \\ 0 & 0 & \varphi_{1j}\varphi_{2j} & -\varphi_{1j}^2 \\ 0 & 0 & \varphi_{2j}^2 & -\varphi_{1j}\varphi_{2j} \end{pmatrix}, \quad j = 1, \cdots, N. \quad (21)$$

对于 $i = 3, 4$, 定义如下

$$\frac{\delta \lambda_j}{\delta u_i} = \beta_j \mathrm{Tr}\left(\Psi_{jA}\frac{\partial U_0(u, \lambda_j)}{\partial u_i}\right), \quad (22)$$

这里 β_j 也是常数, 其中

$$U = \begin{pmatrix} U_1 & 0 \\ U_0 & U_1 + U_0 \end{pmatrix}, \quad \Psi_{jA} = \begin{pmatrix} \varphi_{3j}\varphi_{4j} & -\varphi_{3j}^2 \\ \varphi_{4j}^2 & -\varphi_{3j}\varphi_{4j} \end{pmatrix}. \quad (23)$$

由 (20) 和 (22), 可得带自相容源非线性方程的 Hamilton 结构

$$u_t = J\frac{\delta H_n}{\delta u} + J\sum_{j=1}^{N}\frac{\delta \lambda_j}{\delta u}, \quad n = 1, 2, \cdots. \quad (24)$$

对于谱问题 (7), 根据 (20) 和 (22), 则可得

$$\sum_{j=1}^{N}\frac{\delta \lambda_j}{\delta u} = \sum_{j=1}^{N}\begin{pmatrix} \dfrac{\delta \lambda_j}{\delta u} \\ \dfrac{\delta \lambda_j}{\delta v} \\ \dfrac{\delta \lambda_j}{\delta p_1} \\ \dfrac{\delta \lambda_j}{\delta p_2} \end{pmatrix} = \begin{pmatrix} 2(\langle \Phi_2, \Phi_2 \rangle - \langle \Phi_1, \Phi_1 \rangle) \\ 2(\langle \Phi_1, \Phi_1 \rangle + \langle \Phi_2, \Phi_2 \rangle + 2\langle \Phi_1, \Phi_2 \rangle) \\ \langle \Phi_4, \Phi_4 \rangle - \langle \Phi_3, \Phi_3 \rangle \\ \langle \Phi_3, \Phi_3 \rangle + \langle \Phi_4, \Phi_4 \rangle + 2\langle \Phi_3, \Phi_4 \rangle \end{pmatrix}, \quad (25)$$

在 (20) 和 (22) 中分别令 $\alpha_j = 1, \beta_j = 1$, 可得带自相容源 Li 族的非线性可积耦合

$$u_t = \begin{pmatrix} u \\ v \\ p_1 \\ p_2 \end{pmatrix}_t = JL^n \begin{pmatrix} 0 \\ \beta \\ 0 \\ \beta \end{pmatrix} + J \begin{pmatrix} 2(\langle \Phi_2, \Phi_2 \rangle - \langle \Phi_1, \Phi_1 \rangle) \\ 2(\langle \Phi_1, \Phi_1 \rangle + \langle \Phi_2, \Phi_2 \rangle + 2\langle \Phi_1, \Phi_2 \rangle) \\ \langle \Phi_4, \Phi_4 \rangle - \langle \Phi_3, \Phi_3 \rangle \\ \langle \Phi_3, \Phi_3 \rangle + \langle \Phi_4, \Phi_4 \rangle + 2\langle \Phi_3, \Phi_4 \rangle \end{pmatrix}$$

$$= JL^n \begin{pmatrix} 0 \\ \beta \\ 0 \\ \beta \end{pmatrix} + J \begin{pmatrix} 2\sum_{j=1}^{N}(\varphi_{2j}^2 - \varphi_{1j}^2) \\ \sum_{j=1}^{N}(2\varphi_{1j}^2 + \varphi_{2j}^2 + 2\varphi_{1j}\varphi_{2j}) \\ \sum_{j=1}^{N}(\varphi_{4j}^2 - \varphi_{3j}^2) \\ \sum_{j=1}^{N}(\varphi_{3j}^2 + \varphi_{4j}^2 + 2\varphi_{3j}\varphi_{4j}) \end{pmatrix}, \tag{26}$$

这里

$$\varphi_{1jx} = (-\lambda + v)\varphi_{1j} + (u + v)\varphi_{2j},$$

$$\varphi_{2jx} = (u - v)\varphi_{1j} + (\lambda - v)\varphi_{2j},$$

$$\varphi_{3jx} = (-\lambda + p_2)\varphi_{1j} + (p_1 + p_2)\varphi_{2j} + (-2\lambda + v + p_2)\varphi_{3j}$$

$$\quad + (u + v + p_1 + p_2)\varphi_{4j},$$

$$\varphi_{4jx} = (p_1 - p_2)\varphi_{1j} + (\lambda - p_2)\varphi_{2j} + (u - v + p_1 - p_2)\varphi_{3j}$$

$$\quad + (2\lambda - v - p_2)\varphi_{4j}, \quad j = 1, \cdots, N, \tag{27}$$

其中 $\Phi_i = (\varphi_{i1}, \cdots, \varphi_{iN})$, $i = 1, 2, 3, 4$, $\langle \cdot, \cdot \rangle$ 是 R^N 上的标准内积.

取 $n = 2, \beta = 1$, 则 (26) 约化为

$$
\begin{cases}
u_t = -\dfrac{1}{2}v_{xx} - u_x v - u v_x + 2\partial \sum_{j=1}^{N}(\varphi_{2j}^2 - \varphi_{1j}^2), \\[3mm]
v_t = \dfrac{1}{2}u_{xx} - 3vv_x + uu_x - \partial \sum_{j=1}^{N}(2\varphi_{1j}^2 + \varphi_{2j}^2 + 2\varphi_{1j}\varphi_{2j}), \\[3mm]
p_{1t} = \left(\dfrac{1}{4}p_{2,x} - \dfrac{1}{4}v_x + \dfrac{1}{2}uv - \dfrac{1}{2}vp_1 - \dfrac{1}{2}up_2 - \dfrac{1}{2}p_1 p_2\right)_x + \partial \sum_{j=1}^{N}(\varphi_{4j}^2 - \varphi_{3j}^2), \quad (28) \\[3mm]
p_{2t} = \left(\dfrac{1}{4}p_{1,x} - \dfrac{1}{4}u_x + \dfrac{1}{2}v^2 - \dfrac{3}{4}p_2^2 - \dfrac{3}{2}vp_2 + \dfrac{1}{2}up_1 - \dfrac{1}{4}u^2 + \dfrac{1}{4}v^2 + \dfrac{1}{4}p_1^2\right)_x \\[3mm]
\qquad - \partial \sum_{j=1}^{N}(\varphi_{3j}^2 + \varphi_{4j}^2 + 2\varphi_{3j}\varphi_{4j}).
\end{cases}
$$

3.1.3 Li 族非线性可积耦合的守恒律

下面将构造 Li 族非线性可积耦合 (13) 的守恒律. 对于谱问题 (7), 引进变量

$$
M = \frac{\varphi_2}{\varphi_1}, \quad N = \frac{\varphi_3}{\varphi_1}, \quad K = \frac{\varphi_4}{\varphi_1}. \qquad (29)
$$

由谱问题 (7) 可得

$$
\begin{aligned}
M_x &= u - v + 2\lambda M - 2vM - (u+v)M^2, \\
N_x &= -\lambda + p_2 - \lambda N + (p_1 + p_2)M + p_2 N + (u + v + p_1 + p_2)K \\
&\quad - (u+v)NM, \\
K_x &= p_1 - p_2 + 3\lambda K + \lambda M - p_2 M - (2v + p_2)K + (u - v + p_1 - p_2)N \\
&\quad - (u+v)KM.
\end{aligned}
\qquad (30)
$$

把 M, N, K 展成 λ 的级数如下

$$
M = \sum_{j=1}^{\infty} m_j \lambda^{-j}, \quad N = \sum_{j=1}^{\infty} n_j \lambda^{-j}, \quad K = \sum_{j=1}^{\infty} k_j \lambda^{-j}, \qquad (31)
$$

把 (31) 代入 (30) 中, 并比较 λ 的同次幂系数可得

$$m_1 = \frac{1}{2}(v-u), \quad n_1 = p_2, \quad k_1 = \frac{1}{3}(p_2 - p_1) + \frac{1}{6}(u-v),$$

$$m_2 = \frac{1}{4}(v-u)_x + \frac{1}{2}(v^2 - uv),$$

$$n_2 = -p_{2,x} - \frac{1}{3}p_1^2 - \frac{2}{3}up_1 + \frac{2}{3}vp_2 + \frac{4}{3}p_2^2 + \frac{1}{6}u^2 - \frac{1}{6}v^2,$$

$$k_2 = \frac{5}{36}(u-v)_x + \frac{1}{9}(p_2 - p_1)_x - \frac{5}{18}v^2 + \frac{5}{18}uv + \frac{2}{3}vp_2$$
$$- \frac{4}{9}up_2 + \frac{4}{9}p_2^2 - \frac{4}{9}p_1p_2 - \frac{2}{9}vp_1,$$

$$m_3 = \frac{1}{8}(v-u)_{xx} + \frac{1}{8}u^3 - \frac{1}{8}u^2v + \frac{3}{4}vv_x - \frac{1}{2}vu_x - \frac{1}{4}uv_x + \frac{5}{8}v^3 - \frac{5}{8}uv^2,$$

$$n_3 = p_{2,xx} + \frac{5}{9}(p_1u)_x - \frac{5}{9}(p_2v)_x - \frac{32}{9}p_2p_{2,x} - \frac{7}{36}uu_x + \frac{7}{36}vv_x + \frac{5}{9}p_1p_{1,x}$$
$$+ \frac{1}{9}p_1v_x - \frac{1}{9}p_2u_x - \frac{5}{36}uv_x + \frac{1}{9}up_{2,x} + \frac{5}{36}vu_x - \frac{1}{9}vp_{1,x} + \frac{1}{9}p_1p_{2,x}$$
$$- \frac{1}{9}p_2p_{1,x} - \frac{4}{9}p_1uv + \frac{11}{9}p_2v^2 - \frac{14}{9}up_1p_2 + \frac{16}{9}vp_2^2 + \frac{16}{9}p_2^3 - \frac{7}{9}p_2u^2$$
$$- \frac{7}{9}p_2p_1^2 + \frac{5}{18}vu^2 - \frac{5}{18}v^3 - \frac{2}{9}vp_1^2,$$

$$k_3 = \frac{19}{216}(u-v)_{xx} + \frac{1}{27}(p_2 - p_1)_{xx} + \frac{5}{54}(u-v)_x - \frac{47}{108}vv_x + \frac{7}{27}vu_x$$
$$+ \frac{19}{108}uv_x - \frac{4}{27}vp_{2,x} + \frac{7}{27}p_2v_x + \frac{5}{27}up_{2,x} - \frac{5}{27}p_2u_x - \frac{5}{27}p_2p_{1,x}$$
$$+ \frac{5}{27}p_1p_{2,x} - \frac{2}{27}p_1v_x - \frac{4}{27}vp_{1,x} - \frac{103}{216}v^3 + \frac{101}{216}uv^2 + \frac{1}{8}vu^2 + \frac{7}{18}p_2v^2$$
$$- \frac{16}{27}p_2uv - \frac{19}{54}p_2v^2 + \frac{32}{27}vp_2^2 - \frac{16}{27}p_1p_2v - \frac{4}{27}p_1v^2 - \frac{16}{27}up_2^2$$
$$+ \frac{16}{27}p_2^3 - \frac{16}{27}p_1p_2^2 + \frac{2}{9}p_1u^2 + \frac{1}{18}uv^2 + \frac{1}{3}up_1^2 + \frac{1}{9}p_1^3 - \frac{2}{9}uvp_1$$
$$- \frac{2}{9}up_1p_2 - \frac{1}{9}vp_1^2 - \frac{1}{9}p_2p_1^2 - \frac{1}{8}u^3, \cdots \tag{32}$$

及 m_j, n_j, k_j 的递归公式

$$m_{j+1} = \frac{1}{2}m_{j,x} + vm_j + \frac{1}{2}(u+v)\sum_{l=1}^{j-1}m_l m_{j-l},$$

$$n_{j+1} = -n_{j,x} + (p_1 + p_2)m_j + p_2 n_j + (u+v+p_1+p_2)k_j$$

$$-(u+v)\sum_{l=1}^{j-1}m_l n_{j-l},$$

$$k_{j+1} = \frac{1}{3}k_{j,x} - \frac{1}{6}m_{j,x} - \frac{1}{3}vm_j$$

$$+\frac{1}{3}p_2 m_j + \frac{1}{3}(2v+p_2)k_j - \frac{1}{3}(u-v+p_1-p_2)n_j$$

$$-\frac{1}{6}(u+v)\sum_{l=1}^{j-1}m_l m_{j-l} + \frac{1}{3}(u+v)\sum_{l=1}^{j-1}m_l k_{j-l}. \tag{33}$$

由

$$\frac{\partial}{\partial t}[-\lambda + v + (u+v)M] = \frac{\partial}{\partial x}[a + (b+c)M],$$

$$\frac{\partial}{\partial t}[-\lambda + p_2 + (p_1+p_2)M + (-2\lambda + v + p_2)N + (u+v+p_1+p_2)K]$$

$$= \frac{\partial}{\partial x}[e + (f+g)M + (a+e)N + (b+c+f+g)K], \tag{34}$$

其中

$$a = \xi_0 \lambda^2 + \xi_1 \lambda + \frac{1}{2}\xi_0(v^2 - u^2),$$

$$b = -\xi_0 u\lambda + \xi_0\left(-uv + \frac{1}{2}v_x\right) - \xi_1 u,$$

$$c = -\xi_0 v\lambda + \xi_0\left(-v^2 + \frac{1}{2}u_x\right) - \xi_1 v,$$

$$e = \xi_0 \lambda^2 + \xi_1 \lambda + \xi_0\left(\frac{1}{2}vp_2 - \frac{1}{2}up_1 + \frac{1}{4}u^2 - \frac{1}{4}v^2 - \frac{1}{4}p_1^2 + \frac{1}{4}p_2^2\right),$$

$$f = -\xi_0 p_1 \lambda + \xi_0 \left(\frac{1}{4} p_{2,x} - \frac{1}{4} v_x + \frac{1}{2} uv - \frac{1}{2} vp_1 - \frac{1}{2} up_2 - \frac{1}{2} p_1 p_2 \right) - \xi_1 p_1,$$

$$g = -\xi_0 p_2 \lambda + \xi_0 \left(\frac{1}{4} p_{1,x} - \frac{1}{4} u_x + \frac{1}{2} v^2 - \frac{1}{2} p_2^2 - vp_2 \right) - \xi_1 p_2, \tag{35}$$

这里 ξ_0, ξ_1 是积分常数.

设

$$\sigma = -\lambda + v + (u+v)M,$$

$$\theta = a + (b+c)M,$$

$$\rho = -\lambda + p_2 + (p_1 + p_2)M + (-2\lambda + v + p_2)N + (u+v+p_1+p_2)K,$$

$$\delta = e + (f+g)M + (a+e)N + (b+c+f+g)K. \tag{36}$$

则 (34) 可以写成 $\sigma_t = \theta_x$ 和 $\rho_t = \delta_x$, 将 σ, θ, ρ 和 δ 展成 λ 的级数

$$\sigma = -\lambda + v + (u+v)\sum_{j=1}^{\infty} \sigma_j \lambda^{-j}, \quad \theta = \xi_0 \lambda^2 + \xi_1 \lambda + \sum_{j=1}^{\infty} \theta_j \lambda^{-j},$$

$$\rho = -\lambda + p_2 + \sum_{j=1}^{\infty} \rho_j \lambda^{-j}, \quad \delta = \xi_0 \lambda^2 + \xi_1 \lambda + \sum_{j=1}^{\infty} \delta_j \lambda^{-j}. \tag{37}$$

比较 (36) 和 (37) 中 λ 的同次幂系数可得 Li 族非线性可积耦合的无穷多守恒律, 其前两个守恒密度和连带流分别为

$$\sigma_1 = \frac{1}{2}(v^2 - u^2),$$

$$\theta_1 = \xi_0 \left(\frac{1}{2} uu_x - \frac{3}{4} uv_x - \frac{3}{4} vv_x \right) - \frac{1}{2}\xi_1(v^2 - u^2),$$

$$\rho_1 = \frac{1}{2} up_1 + \frac{1}{3} vp_2 - \frac{4}{3} p_2^2 - \frac{1}{6} u^2 + \frac{1}{6} v^2 + \frac{1}{3} p_1^2 + \frac{1}{6} up_1 + 2p_{2,x},$$

$$\delta_1 = \xi_0 \left(2p_{2,xx} + \frac{1}{36} p_1 v_x + \frac{41}{36} p_1 u_x - \frac{41}{36} p_2 v_x - \frac{1}{36} p_2 u_x - \frac{41}{36} vp_{2,x} - \frac{1}{36} vp_{1,x} \right.$$

$$+\frac{13}{36}vv_x - \frac{1}{36}vu_x + \frac{1}{36}up_{2,x} + \frac{41}{36}up_{1,x} - \frac{13}{36}uu_x - \frac{257}{36}p_2p_{2,x}$$

$$+\frac{41}{36}p_1p_{1,x} + \frac{1}{36}p_1p_{2,x} - \frac{1}{36}p_2p_{1,x} + \frac{47}{36}p_2v^2 - \frac{1}{18}vu^2 + \frac{11}{36}vp_1p_2$$

$$+\frac{55}{18}vp_2^2 - \frac{43}{36}p_2u^2 - \frac{53}{18}up_1p_2 + \frac{93}{36}p_2^3 - \frac{3}{4}p_2p_1^2 - \frac{1}{18}vp_1^2 - \frac{4}{9}vp_2^2$$

$$-\frac{1}{9}uvp_1 - \frac{4}{9}p_1p_2^2 + \frac{1}{18}v^3 + \frac{1}{36}uv_x\Big) + \xi_1\Big(-2p_{2,x} + vp_1 - \frac{5}{3}up_1$$

$$+\frac{5}{3}vp_2 - up_2 + \frac{7}{3}p_2^2 + \frac{1}{6}u^2 - \frac{1}{6}v^2 - \frac{1}{3}p_1^2\Big), \cdots . \tag{38}$$

而 $\sigma_j, \theta_j, \rho_j$ 和 δ_j 的递推关系如下

$$\sigma_j = (u+v)m_j,$$

$$\theta_j = -\xi_0(u+v)m_{j+1} + \xi_0\Big(\frac{1}{2}u_x + \frac{1}{2}v_x - uv - v^2\Big)m_j - \xi_1(u+v)m_j,$$

$$\rho_j = (p_1+p_2)m_j - 2n_{j+1} + (v+p_2)n_j + (u+v+p_1+p_2)k_j,$$

$$\delta_j = \xi_0\Big[-(p_1+p_2)m_{j+1} + \Big(\frac{1}{4}p_{2,x} + \frac{1}{4}p_{1,x} - \frac{1}{4}v_x - \frac{1}{4}u_x + \frac{1}{2}uv$$

$$-\frac{1}{2}vp_1 - \frac{1}{2}up_2 - \frac{1}{2}p_1p_2 + \frac{1}{2}v^2 - \frac{1}{2}p_2^2 - p_2v\Big)m_j + 2n_{j+2}$$

$$+\Big(\frac{1}{2}v^2 - \frac{1}{2}u^2 + \frac{1}{2}vp_2 - \frac{1}{2}up_1 + \frac{1}{4}u^2 + \frac{1}{4}p_2^2 - \frac{1}{4}v^2 - \frac{1}{4}p_1^2\Big)n_j$$

$$-(u+v+p_1+p_2)k_{j+1} + \Big(\frac{1}{4}u_x + \frac{1}{4}v_x + \frac{1}{4}p_{1,x} + \frac{1}{4}p_{2,x}$$

$$-\frac{1}{2}uv - \frac{1}{2}v^2 - \frac{1}{2}vp_1 - \frac{1}{2}up_2 - \frac{1}{2}p_1p_2 - \frac{1}{2}p_2^2 - vp_2\Big)\Big]$$

$$+\xi_1[2n_{j+1} - (p_1+p_2)m_j - (u+v+p_1+p_2)k_j], \tag{39}$$

其中 m_j, n_j 和 k_j 可以从 (33) 中推出. 这样就给出了 Li 族非线性可积

耦合 (13) 的无穷多守恒律.

3.2　超 Tu 族的自相容源与守恒律

3.2.1　第一类超 Tu 族

为了便于研究本节内容, 首先回顾一下超 Tu 族[62]. 设 Lie 超代数

$$G = \text{span}\{e_1, e_2, e_3, e_4, e_5\}, \tag{40}$$

其中

$$e_1 = \begin{pmatrix} 1 & 0 & 0 \\ 0 & -1 & 0 \\ 0 & 0 & 0 \end{pmatrix}, \quad e_2 = \begin{pmatrix} 0 & 1 & 0 \\ -1 & 0 & 0 \\ 0 & 0 & 0 \end{pmatrix}, \quad e_3 = \begin{pmatrix} 0 & 1 & 0 \\ 1 & 0 & 0 \\ 0 & 0 & 0 \end{pmatrix},$$

$$e_4 = \begin{pmatrix} 0 & 0 & 1 \\ 0 & 0 & 1 \\ 1 & -1 & 0 \end{pmatrix}, \quad e_5 = \begin{pmatrix} 0 & 0 & -1 \\ 0 & 0 & 1 \\ 1 & 1 & 0 \end{pmatrix}. \tag{41}$$

其交换关系如下

$$[e_1, e_2] = 2e_3, \quad [e_5, e_1] = [e_2, e_5] = [e_3, e_4] = e_4,$$

$$[e_1, e_3] = 2e_2, \quad [e_2, e_3] = 2e_1, \quad [e_4, e_1] = [e_4, e_2] = [e_5, e_3] = e_5,$$

$$[e_4, e_4]_+ = 2(e_1 - e_2), \quad [e_5, e_5]_+ = -2(e_1 + e_2), \quad [e_4, e_5]_+ = 2e_3. \tag{42}$$

与 Lie 超代数 (40) 相关的超 Tu 族的谱问题[62] 为

$$\varphi_x = U\varphi, \quad \varphi_t = V\varphi, \tag{43}$$

这里

$$U = \begin{pmatrix} -\lambda + \frac{1}{2}q & r & u_1 - u_2 \\ r & \lambda - \frac{1}{2}q & u_1 + u_2 \\ u_1 + u_2 & u_2 - u_1 & 0 \end{pmatrix}, \quad V = \begin{pmatrix} a & b+c & d-f \\ c-b & -a & d+f \\ d+f & f-d & 0 \end{pmatrix}, \quad (44)$$

其中 $a = \sum_{m \geqslant 0} a_m \lambda^{-m}, b = \sum_{m \geqslant 0} b_m \lambda^{-m}, c = \sum_{m \geqslant 0} c_m \lambda^{-m}, d = \sum_{m \geqslant 0} d_m \lambda^{-m}, f = \sum_{m \geqslant 0} f_m \lambda^{-m}$, u_1 和 u_2 是费米变量, 它们满足 Grassmann 代数.

由驻定零曲率方程

$$V_x = [U, V], \tag{45}$$

可得

$$a_{mx} = -2rb_m + 2u_1 d_m - 2u_2 f_m,$$

$$b_{mx} = -2c_{m+1} + qc_m - 2ra_m - 2u_1 d_m - 2u_2 f_m,$$

$$c_{mx} = -2b_{m+1} + qb_m + 2u_1 f_m + 2u_2 d_m,$$

$$d_{mx} = u_2 a_m + f_{m+1} - \frac{1}{2}qf_m + rd_m - u_1 c_m - u_2 b_m,$$

$$f_{mx} = u_1 a_m + d_{m+1} - \frac{1}{2}qd_m + u_1 b_m + u_1 c_m - rf_m,$$

$$b_0 = c_0 = d_0 = f_0 = 0, \quad a_0 = -\alpha, \quad b_1 = 0, \quad c_1 = r\alpha,$$

$$d_1 = u_1 \alpha, \quad f_1 = u_2 \alpha, \quad a_1 = 2\alpha \partial^{-1} u_1 u_2, \cdots. \tag{46}$$

取

$$V^{(n)} = \sum_{m=0}^{n} \begin{pmatrix} a_m & b_m + c_m & d_m - f_m \\ c_m - b_m & -a_m & d_m + f_m \\ d_m + f_m & f_m - d_m & 0 \end{pmatrix} \lambda^{n-m} + \frac{c_{n+1}}{r} e_1, \quad (47)$$

从零曲率方程

$$U_{t_n} - V_x^{(n)} + [U, V^{(n)}] = 0, \tag{48}$$

可导出超 Tu 族

$$u_{t_n} = \begin{pmatrix} q \\ r \\ u_1 \\ u_2 \end{pmatrix}_{t_n} = \begin{pmatrix} 0 & 2\partial\frac{1}{r} & 0 & 0 \\ 2\frac{1}{r}\partial & 0 & -\frac{u_2}{r} & -\frac{u_1}{r} \\ 0 & -\frac{u_2}{r} & -\frac{1}{2} & 0 \\ 0 & -\frac{u_1}{r} & 0 & -\frac{1}{2} \end{pmatrix} \begin{pmatrix} \frac{1}{2}a_{n+1} \\ c_{n+1} \\ -2f_{n+1} \\ 2d_{n+1} \end{pmatrix}$$

$$= J \begin{pmatrix} \frac{1}{2}a_{n+1} \\ c_{n+1} \\ -2f_{n+1} \\ 2d_{n+1} \end{pmatrix} = JP_{n+1}, \tag{49}$$

其中

$$P_{n+1} = LP_n,$$

$$L = \begin{pmatrix} \partial^{-1}\frac{q}{2}\partial & \partial^{-1}\frac{r}{2}\partial - 2\partial^{-1}u_1u_2 & -\partial^{-1}\frac{u_1}{2}\partial & -\partial^{-1}\frac{u_2}{2}\partial \\ \frac{1}{2}\partial\frac{1}{r}\partial - 2r & \frac{1}{2}q & \frac{1}{2}u_2 - \frac{1}{4}\partial\frac{u_2}{r} & -\frac{1}{2}u_1 - \frac{1}{4}\partial\frac{u_1}{r} \\ 4u_2 + \frac{2u_2}{r}\partial & -2u_1 & \frac{1}{2}q & -\partial + r - \frac{u_1u_2}{r} \\ -4u_1 + \frac{2u_1}{r}\partial & -2u_2 & -\partial - r - \frac{u_1u_2}{r} & \frac{1}{2}q \end{pmatrix}. \tag{50}$$

借助第 2 章超迹恒等式 (201), 可得超 Tu 族的超 Hamilton 结构

$$u_{t_n} = J\frac{\delta H_n}{\delta u}, \tag{51}$$

其中 $H_n = \int \dfrac{a_{n+2}}{n+1} dx$ 是超 Hamilton 函数.

3.2.2 第一类超 Tu 族的自相容源

考虑线性谱问题

$$\varphi_x = U(u, \lambda)\varphi, \quad \varphi_t = V(u, \lambda)\varphi, \quad \varphi = (\varphi_1, \varphi_2, \varphi_3)^{\mathrm{T}}. \tag{52}$$

设其有 N 个互异的特征值 $\lambda_j(j = 1, 2, \cdots, N)$, 则方程 (52) 变为

$$\varphi_x = U(u, \lambda_j)\varphi, \quad \varphi_t = V(u, \lambda_j)\varphi, \quad j = 1, 2, \cdots, N. \tag{53}$$

基于文献 [196] 的结论, 给出下面的等式

$$\frac{\delta H_k}{\delta u} + \sum_{j=1}^{N} \alpha_j \frac{\delta \lambda_j}{\delta u} = 0, \tag{54}$$

这里 α_j 是常数. 由 (53) 可知

$$\frac{\delta \lambda_j}{\delta u_i} = \frac{1}{3}\mathrm{Str}\left(\Psi_j \frac{\partial U(u, \lambda_j)}{\partial u_i}\right) = \frac{1}{3}\mathrm{Str}(\Psi_j e_i(\lambda_j)), \quad i = 1, 2, 3, 4, 5, \tag{55}$$

其中 Str 表示矩阵的超迹和

$$\Psi_j = \begin{pmatrix} \varphi_{1j}\varphi_{2j} & -\varphi_{1j}^2 & \varphi_{1j}\varphi_{3j} \\ \varphi_{2j}^2 & -\varphi_{1j}\varphi_{2j} & \varphi_{2j}\varphi_{3j} \\ \varphi_{2j}\varphi_{3j} & -\varphi_{1j}\varphi_{3j} & 0 \end{pmatrix}, \quad j = 1, 2, \cdots, N. \tag{56}$$

从 (54) 和 (55), 可得带自相容源方程的超 Hamilton 结构

$$u_t = J\frac{\delta H_n}{\delta u} + J\sum_{j=1}^{N} \frac{\delta \lambda_j}{\delta u}, \quad n = 1, 2, \cdots, \tag{57}$$

对于谱问题 (43), 根据 (55), 可得

$$
\sum_{j=1}^{N} \frac{\delta \lambda_j}{\delta u} = \sum_{j=1}^{N} \begin{pmatrix} \mathrm{Str}\left(\Psi_j \dfrac{\delta U}{\delta q}\right) \\ \mathrm{Str}\left(\Psi_j \dfrac{\delta U}{\delta r}\right) \\ \mathrm{Str}\left(\Psi_j \dfrac{\delta U}{\delta u_1}\right) \\ \mathrm{Str}\left(\Psi_j \dfrac{\delta U}{\delta u_2}\right) \end{pmatrix}
$$

$$
= \begin{pmatrix} \langle \Phi_1, \Phi_2 \rangle \\ \langle \Phi_2, \Phi_2 \rangle - \langle \Phi_1, \Phi_1 \rangle \\ -2\langle \Phi_1, \Phi_3 \rangle + 2\langle \Phi_2, \Phi_3 \rangle \\ -2\langle \Phi_1, \Phi_3 \rangle - 2\langle \Phi_2, \Phi_3 \rangle \end{pmatrix}, \tag{58}
$$

其中 $\Phi_i = (\varphi_{i1}, \cdots, \varphi_{iN})^{\mathrm{T}}(i=1,2,3)$.

由 (57) 可得带自相容源的超 Tu 族

$$
u_{t_n} = \begin{pmatrix} q \\ r \\ u_1 \\ u_2 \end{pmatrix}_{t_n} = J \begin{pmatrix} \frac{1}{2}a_{n+1} \\ c_{n+1} \\ -2f_{n+1} \\ 2d_{n+1} \end{pmatrix} + J \begin{pmatrix} \langle \Phi_1, \Phi_2 \rangle \\ \langle \Phi_2, \Phi_2 \rangle - \langle \Phi_1, \Phi_1 \rangle \\ -2\langle \Phi_1, \Phi_3 \rangle + 2\langle \Phi_2, \Phi_3 \rangle \\ -2\langle \Phi_1, \Phi_3 \rangle - 2\langle \Phi_2, \Phi_3 \rangle \end{pmatrix}. \tag{59}
$$

若在 (59) 中取 $n=1$, 则可得一组带自相容源的超 Tu 族方程

$$
\begin{cases}
q_t = \alpha q_x - 4\alpha u_1 u_2 + 2\partial \dfrac{1}{r} \sum\limits_{j=1}^{N} (\varphi_{2j}^2 - \varphi_{1j}^2), \\[3mm]
r_t = \alpha r_x - 4\alpha u_1 u_2 + 2\dfrac{1}{r}\partial \sum\limits_{j=1}^{N} \varphi_{1j}\varphi_{2j} + 2\dfrac{u_2}{r} \sum\limits_{j=1}^{N} (\varphi_{1j}\varphi_{3j} - \varphi_{2j}\varphi_{3j}) \\[3mm]
\qquad +2\dfrac{u_1}{r} \sum\limits_{j=1}^{N} (\varphi_{1j}\varphi_{3j} + \varphi_{2j}\varphi_{3j}), \\[3mm]
u_{1t} = \alpha u_{1x} - \dfrac{u_2}{r} \sum\limits_{j=1}^{N} (\varphi_{2j}^2 - \varphi_{1j}^2) + \sum\limits_{j=1}^{N} (\varphi_{1j}\varphi_{3j} - \varphi_{2j}\varphi_{3j}), \\[3mm]
u_{2t} = \alpha u_{2x} - \alpha u_1 r + \alpha u_2 r - \dfrac{u_1}{r} \sum\limits_{j=1}^{N} (\varphi_{2j}^2 - \varphi_{1j}^2) + \sum\limits_{j=1}^{N} (\varphi_{1j}\varphi_{3j} + \varphi_{2j}\varphi_{3j}), \\[3mm]
\varphi_{1jx} = \left(-\lambda + \dfrac{q}{2}\right) \varphi_{1j} + r\varphi_{2j} + (u_1 - u_2)\varphi_{3j}, \\[3mm]
\varphi_{2jx} = r\varphi_{1j} + \left(\lambda - \dfrac{q}{2}\right) \varphi_{2j} + (u_1 + u_2)\varphi_{3j}, \qquad j = 1, \cdots, N. \\[3mm]
\varphi_{3jx} = (u_1 + u_2)\varphi_{1j} + (u_2 - u_1)\varphi_{2j},
\end{cases}
\tag{60}
$$

3.2.3 第一类超 Tu 族的守恒律

下面构造超 Tu 族的守恒律. 引进变量

$$
E = \frac{\varphi_2}{\varphi_1}, \quad K = \frac{\varphi_3}{\varphi_1}.
\tag{61}
$$

由 (43) 可得

$$
E_x = r + 2\lambda E - qE + (u_1 + u_2)K - rE^2 - (u_1 - u_2)EK,
$$
$$
K_x = u_1 + u_2 + \lambda K + (u_2 - u_1)E - \frac{1}{2}qK - rKE - (u_1 - u_2)K^2.
\tag{62}
$$

把 E, K 按 λ 的级数展开

$$E = \sum_{j=1}^{\infty} e_j \lambda^{-j}, \quad K = \sum_{j=1}^{\infty} k_j \lambda^{-j}. \tag{63}$$

把 (63) 代入 (62) 中, 并比较 λ 同次幂的系数得

$$e_1 = -\frac{1}{2}r, \quad k_1 = -u_1 - u_2,$$

$$e_2 = -\frac{1}{4}r_x - \frac{1}{4}qr + \frac{1}{2}(u_1 + u_2)^2,$$

$$k_2 = -u_{1x} - u_{2x} + \frac{1}{2}ru_2 - \frac{1}{2}ru_1 - \frac{1}{2}qu_1 - \frac{1}{2}qu_2,$$

$$e_3 = \frac{1}{8}r_{xx} - \frac{1}{8}q_x r - \frac{1}{8}rq^2 - \frac{1}{4}qr_x + uu_x + u_1u_{2x} + u_2u_{1x} + u_2u_{2x} + qu_1u_2,$$

$$k_3 = -u_{1xx} - u_{2xx} - \frac{1}{2}qu_{1x} - \frac{1}{2}qu_{2x} + \frac{3}{4}r_x u_2 - \frac{3}{4}r_x u_1 + \frac{1}{2}ru_{2x}$$

$$-\frac{1}{2}ru_{1x} - \frac{1}{2}q_x u_1 - \frac{1}{2}qu_{1x} - \frac{1}{2}q_x u_2 - \frac{1}{2}qu_{2x} - \frac{1}{2}u_1 qr + \frac{1}{2}u_2 qr - \frac{1}{4}u_1 q^2$$

$$-\frac{1}{4}u_2 q^2 + \frac{1}{2}u_1 r^2 + \frac{1}{2}u_2 r^2, \cdots . \tag{64}$$

而 e_n 和 k_n 的递推公式如下

$$e_{n+1} = \frac{1}{2}e_{nx} + \frac{1}{2}qe_n - \frac{1}{2}(u_1 + u_2)k_n + \frac{1}{2}r\sum_{l=1}^{n-1}e_l e_{n-l} - (u_1 - u_2)\sum_{l=1}^{n-1}e_l k_{n-l},$$

$$k_{n+1} = k_{nx} - (u_2 - u_1)e_n + \frac{1}{2}qk_n + r\sum_{l=1}^{n-1}k_l e_{n-l} + (u_1 - u_2)\sum_{l=1}^{n-1}k_l k_{n-l}. \tag{65}$$

容易算出

$$\frac{\partial}{\partial t}\left[-\lambda + \frac{1}{2}q + rE + (u_1 - u_2)K\right] = \frac{\partial}{\partial x}[a + (b+c)E + (d-f)K], \tag{66}$$

这里

$$a = -m_0\lambda^2 + 2m_0\lambda\partial^{-1}u_1u_2 + m_1\lambda + m_0\left(\frac{1}{2}r^2 - 2\partial^{-1}ru_1u_2 + 2u_1u_2\right),$$

$$b = -\frac{1}{2}m_0r_x + 2m_0u_1u_2,$$

$$c = m_0r\lambda + \frac{1}{2}m_0qr - 2m_0r\partial^{-1}u_1u_2 - m_1r,$$

$$d = m_0u_1\lambda + m_0u_{2x} - 2m_0u_1\partial^{-1}u_1u_2 + \frac{1}{2}m_0qu_1 - m_0u_1r + m_0u_2r - m_1u_1,$$

$$f = m_0u_2\lambda + m_0u_{1x} - 2m_0u_2\partial^{-1}u_1u_2 + \frac{1}{2}m_0qu_2 - m_1u_2. \tag{67}$$

设 $\sigma = -\lambda + \frac{1}{2}q + rE + (u_1 - u_2)K, \theta = a + (b+c)E + (d-f)K,$ 则 (66) 能够写成 $\sigma_t = \theta_x$, 这正是守恒律的标准形式. 把 σ 和 θ 按 λ 的级数展开, 它们分别是守恒密度和流

$$\sigma = -\lambda + \frac{1}{2}q + \sum_{j=1}^{\infty}\sigma_j\lambda^{-j},$$

$$\theta = -m_0\lambda^2 + 2m_0\lambda\partial^{-1}u_1u_2 - 2m_0\partial^{-1}ru_1u_2$$

$$+2m_0u_1u_2 + m_1\lambda + \sum_{j=1}^{\infty}\theta_j\lambda^{-j}, \tag{68}$$

这里 m_0, m_1 是积分常数. 其前两个守恒密度和流是

$$\sigma_1 = -\frac{1}{2}r^2, \quad \theta_1 = m_0\left(-u_1u_{2x} - \frac{1}{2}qr^2 + ru_1u_2 + r^2\partial^{-1}u_1u_2\right) + \frac{1}{2}m_1r^2,$$

$$\sigma_2 = -\frac{1}{4}rr_x - \frac{1}{4}qr^2 - u_1u_{1x} + u_2u_{2x} - u_1u_{2x} + u_2u_{1x} + 2ru_1u_2,$$

$$\theta_2 = m_0\left(-\frac{1}{8}rr_x - \frac{1}{8}q_xr^2 - \frac{1}{4}qrr_x + \frac{1}{8}r_x^2 - \frac{1}{4}q^2r^2 + \frac{1}{2}rr_x\partial^{-1}u_1u_2\right.$$

$$\left.+\frac{1}{2}qr^2\partial^{-1}u_1u_2 + \frac{1}{2}r_xu_1u_2 + \frac{1}{2}q^2u_1u_2 + \frac{1}{2}q_xu_1u_2 - \frac{3}{2}qu_1u_{2x}\right.$$

$$+\frac{5}{2}qru_1u_2 + u_{1x}^2 - u_{2x}^2 - u_1u_{1xx} - u_1u_{2xx} + u_2u_{1xx} + u_2u_{2xx}$$

$$-qu_1u_{1x} + qu_2u_{2x} - r^2u_1u_2 + 2ru_1u_{1x} + 2ru_1u_{2x} + 2qu_2u_{1x}$$

$$-4u_1u_2r\partial^{-1}u_1u_2\Big) + m_1\Big(\frac{1}{4}rr_x + \frac{1}{4}qr^2 - 2ru_1u_2 - u_2u_{1x}$$

$$+u_1u_{1x} - u_2u_{2x} + u_1u_{2x}\Big). \tag{69}$$

而 σ_n 和 θ_n 的递归关系如下

$$\sigma_n = re_n + (u_1 - u_2)k_n,$$

$$\theta_n = m_0\Big(re_{n+1} + \frac{1}{2}qre_n - 2r\partial^{-1}u_1u_2f_n - \frac{1}{2}r_xe_n + 2u_1u_2e_n + u_1k_{n+1}$$

$$-u_2k_{n+1} + u_{2x}k_n - u_{1x}k_n + 2u_2\partial^{-1}u_1u_2k_n - 2u_1\partial^{-1}u_1u_2k_n$$

$$-\frac{1}{2}qu_2k_n + \frac{1}{2}qu_1k_n + ru_2k_n - ru_1k_n\Big) + m_1(-re_n + u_2k_n - u_1k_n), \tag{70}$$

其中 e_n 和 k_n 可以由方程 (65) 给出. 这样, 就得到了超 Tu 族 (49) 的无穷多守恒律.

3.2.4　第二类超 Tu 族

下面考虑另一类 Lie 超代数 G_2, 得

$$e_1 = \begin{pmatrix} 1 & 0 & 0 \\ 0 & -1 & 0 \\ 0 & 0 & 0 \end{pmatrix}, \quad e_2 = \begin{pmatrix} 0 & 1 & 0 \\ -1 & 0 & 0 \\ 0 & 0 & 0 \end{pmatrix}, \quad e_3 = \begin{pmatrix} 0 & 1 & 0 \\ 1 & 0 & 0 \\ 0 & 0 & 0 \end{pmatrix},$$

$$e_4 = \begin{pmatrix} 0 & 0 & 1 \\ 0 & 0 & 0 \\ 0 & -1 & 0 \end{pmatrix}, \quad e_5 = \begin{pmatrix} 0 & 0 & 0 \\ 0 & 0 & 1 \\ 1 & 0 & 0 \end{pmatrix}, \tag{71}$$

有如下的运算关系

$$[e_1, e_2] = 2e_3, \quad [e_1, e_3] = 2e_2, \quad [e_2, e_3] = 2e_1,$$

$$[e_1, e_4] = [e_2, e_5] = [e_3, e_5] = e_4, \quad [e_1, e_5] = [e_2, e_4] = [e_4, e_3] = -e_5,$$

$$[e_4, e_5]_+ = e_1, \quad [e_4, e_4]_+ = -e_2 - e_3, \quad [e_5, e_5]_+ = e_3 - e_2.$$

与 Lie 超代数相关的第二类超 Tu 族的谱问题也被给出[62]

$$\begin{cases} \varphi_x = U\varphi, \\ \varphi_t = V\varphi, \end{cases} \tag{72}$$

其中

$$U = \begin{pmatrix} -\lambda + \dfrac{1}{2}q & r & u_1 \\ r & \lambda - \dfrac{1}{2}q & u_2 \\ u_2 & -u_1 & 0 \end{pmatrix},$$

$$V = \begin{pmatrix} a & b+c & d \\ c-b & -a & f \\ f & -d & 0 \end{pmatrix},$$

且 $a = \sum\limits_{m \geqslant 0} a_m \lambda^{-m}, b = \sum\limits_{m \geqslant 0} b_m \lambda^{-m}, c = \sum\limits_{m \geqslant 0} c_m \lambda^{-m}, d = \sum\limits_{m \geqslant 0} d_m \lambda^{-m}, f = \sum\limits_{m \geqslant 0} f_m \lambda^{-m}.$ u_1 和 u_2 是费米变量, 它们构成 Grassmann 代数, 所以也有 $u_1^2 = u_2^2 = 0, u_1 u_2 = -u_2 u_1.$

解驻定零曲率方程

$$V_x = [U, V],$$

得到

$$
\left\{
\begin{aligned}
&a_{mx} = -2rb_m + u_1 f_m + u_2 d_m, \\
&b_{mx} = -2c_{m+1} + qc_m - 2ra_m - u_1 d_m - u_2 f_m, \\
&c_{mx} = -2b_{m+1} + qb_m - u_1 d_m + u_2 f_m, \\
&d_{mx} = -u_2 c_m - d_{m+1} + \frac{1}{2} q d_m + r f_m - u_1 a_m - u_2 b_m, \\
&f_{mx} = u_2 a_m + f_{m+1} - \frac{1}{2} q f_m + u_1 b_m - u_1 c_m + r d_m, \\
&b_0 = c_0 = d_0 = f_0 = 0, \quad a_0 = -\alpha, \quad b_1 = 0, \quad c_1 = r\alpha, \\
&d_1 = u_1 \alpha, \quad f_1 = u_2 \alpha, \quad a_1 = 2\alpha \partial^{-1} u_1 u_2, \cdots.
\end{aligned}
\right.
\tag{73}
$$

设

$$
\varphi_{t_n} = V^{(n)} \varphi = (\lambda^n V)_+ \varphi,
\tag{74}
$$

其中

$$
V^{(n)} = \sum_{m=0}^{n}
\begin{pmatrix}
a_m & b_m + c_m & d_m \\
c_m - b_m & -a_m & f_m \\
f_m & -d_m & 0
\end{pmatrix}
\lambda^{n-m}.
$$

令

$$
V^{(n)} = V_+^{(n)} + \Delta_n, \quad \Delta_n = \frac{c_{n+1}}{r} e_1.
\tag{75}
$$

把 (75) 代入零曲率方程

$$
U_{t_n} - V_x^{(n)} + [U, V^{(n)}] = 0,
\tag{76}
$$

可得第二类超 Tu 族

$$u_{t_n} = \begin{pmatrix} q \\ r \\ u_1 \\ u_2 \end{pmatrix}_t = \begin{pmatrix} 0 & 2\partial\dfrac{1}{r} & 0 & 0 \\[3mm] 2\dfrac{1}{r}\partial & 0 & \dfrac{u_1}{r} & -\dfrac{u_2}{r} \\[3mm] 0 & \dfrac{u_1}{r} & 0 & -1 \\[3mm] 0 & -\dfrac{u_2}{r} & -1 & 0 \end{pmatrix} \begin{pmatrix} \dfrac{1}{2}a_{n+1} \\[3mm] c_{n+1} \\[3mm] -f_{n+1} \\[3mm] d_{n+1} \end{pmatrix}$$

$$= J \begin{pmatrix} \dfrac{1}{2}a_{n+1} \\[3mm] c_{n+1} \\[3mm] -2f_{n+1} \\[3mm] 2d_{n+1} \end{pmatrix} = JP_{n+1}, \tag{77}$$

其中

$$P_{n+1} = LP_n,$$

$$L = \begin{pmatrix} \partial^{-1}\dfrac{q}{2}\partial - 2\partial^{-1}u_1u_2 & \partial^{-1}\dfrac{r}{2}\partial & -\partial^{-1}\dfrac{u_1}{2}\partial & -\partial^{-1}\dfrac{u_2}{2}\partial \\[3mm] \dfrac{1}{2}\partial\dfrac{1}{r}\partial - 2r & \dfrac{1}{2}q & \dfrac{1}{2}u_2 + \dfrac{1}{4}\partial\dfrac{u_1}{r} & -\dfrac{1}{2}u_1 - \dfrac{1}{4}\partial\dfrac{u_1}{r} \\[3mm] 2u_2 - \dfrac{u_1}{r}\partial & -u_1 & \partial + \dfrac{1}{2}q & r + \dfrac{u_1u_2}{2r} \\[3mm] -2u_1 + \dfrac{u_2}{r}\partial & -u_2 & -r + \dfrac{u_1u_2}{2r} & -\partial + \dfrac{1}{2}q \end{pmatrix}.$$

根据 Lie 超代数上的超迹恒等式 (201), 计算可得

$$\frac{\delta H_{n+1}}{\delta u} = \left(\frac{1}{2}a_{n+1}, c_{n+1}, -f_{n+1}, d_{n+1}\right)^{\mathrm{T}}, \quad H_{n+1} = \int \frac{a_{n+2}}{n+1}dx, \ n \geqslant 0. \tag{78}$$

当 $n = 1$, 方程族 (77) 能够约化成下面的超方程组

$$
\begin{cases}
q_t = \alpha q_x - 4\alpha u_1 u_2, \\
r_t = \alpha r_x, \\
u_{1t} = \alpha u_{1x}, \\
u_{2t} = \alpha u_{2x}.
\end{cases}
\tag{79}
$$

3.2.5　第二类超 Tu 族的自相容源

下面, 将构建第二类超 Tu 族的自相容源. 考虑线性系统

$$
\begin{pmatrix} \varphi_{1j} \\ \varphi_{2j} \\ \varphi_{3j} \end{pmatrix}_x = U \begin{pmatrix} \varphi_{1j} \\ \varphi_{2j} \\ \varphi_{3j} \end{pmatrix}, \quad
\begin{pmatrix} \varphi_{1j} \\ \varphi_{2j} \\ \varphi_{3j} \end{pmatrix}_t = V \begin{pmatrix} \varphi_{1j} \\ \varphi_{2j} \\ \varphi_{3j} \end{pmatrix}.
\tag{80}
$$

由方程 (54), 设

$$
\frac{\delta H_n}{\delta u} = \sum_{j=1}^{N} \frac{\delta \lambda_j}{\delta u},
$$

得到 $\dfrac{\delta \lambda_j}{\delta u}$

$$
\sum_{j=1}^{N} \frac{\delta \lambda_j}{\delta u} = \sum_{j=1}^{N} \begin{pmatrix} \mathrm{Str}\left(\Psi_j \dfrac{\delta U}{\delta q}\right) \\ \mathrm{Str}\left(\Psi_j \dfrac{\delta U}{\delta r}\right) \\ \mathrm{Str}\left(\Psi_j \dfrac{\delta U}{\delta u_1}\right) \\ \mathrm{Str}\left(\Psi_j \dfrac{\delta U}{\delta u_2}\right) \end{pmatrix} = \begin{pmatrix} \langle \Phi_1, \Phi_2 \rangle \\ \langle \Phi_2, \Phi_2 \rangle - \langle \Phi_1, \Phi_1 \rangle \\ 2\langle \Phi_2, \Phi_3 \rangle \\ -2\langle \Phi_1, \Phi_3 \rangle \end{pmatrix},
$$

其中 $\Phi_i = (\varphi_{i1}, \cdots, \varphi_{iN})^{\mathrm{T}}(i = 1, 2, 3)$.

根据方程 (57), 第二类超 Tu 族的自相容源方程也被给出

$$u_{t_n} = \begin{pmatrix} q \\ r \\ u_1 \\ u_2 \end{pmatrix}_{t_n} = J \begin{pmatrix} \dfrac{1}{2}a_{n+1} \\ c_{n+1} \\ -f_{n+1} \\ d_{n+1} \end{pmatrix} + J \begin{pmatrix} \langle \Phi_1, \Phi_2 \rangle \\ \langle \Phi_2, \Phi_2 \rangle - \langle \Phi_1, \Phi_1 \rangle \\ 2\langle \Phi_2, \Phi_3 \rangle \\ -2\langle \Phi_1, \Phi_3 \rangle \end{pmatrix}, \tag{81}$$

取 $n = 1$, 则得到一组第二类超 Tu 族的自相容源

$$\begin{cases} q_t = \alpha q_x - 4\alpha u_1 u_2 + 2\partial \dfrac{1}{r} \sum_{j=1}^{N} (\varphi_{2j}^2 - \varphi_{1j}^2), \\[3mm] r_t = \alpha r_x + 2\dfrac{1}{r}\partial \sum_{j=1}^{N} \varphi_{1j}\varphi_{2j} + 2\dfrac{u_1}{r} \sum_{j=1}^{N} \varphi_{2j}\varphi_{3j} + 2\dfrac{u_2}{r} \sum_{j=1}^{N} \varphi_{1j}\varphi_{3j}, \\[3mm] u_{1t} = \alpha u_{1x} + \dfrac{u_1}{r} \sum_{j=1}^{N} (\varphi_{2j}^2 - \varphi_{1j}^2) + 2\sum_{j=1}^{N} \varphi_{1j}\varphi_{3j}, \\[3mm] u_{2t} = \alpha u_{2x} - \dfrac{u_2}{r} \sum_{j=1}^{N} (\varphi_{2j}^2 - \varphi_{1j}^2) - 2\sum_{j=1}^{N} \varphi_{2j}\varphi_{3j}, \\[3mm] \varphi_{1jx} = \left(-\lambda + \dfrac{q}{2}\right) \varphi_{1j} + r\varphi_{2j} + u_1\varphi_{3j}, \\[3mm] \varphi_{2jx} = r\varphi_{1j} + \left(\lambda - \dfrac{q}{2}\right) \varphi_{2j} + u_2\varphi_{3j}, \qquad j = 1, \cdots, N. \\[3mm] \varphi_{3jx} = u_2\varphi_{1j} - u_1\varphi_{2j}, \end{cases} \tag{82}$$

3.2.6 第二类超 Tu 族的守恒律

下面考虑第二类超 Tu 族的守恒律, 引入变量

$$E = \frac{\varphi_2}{\varphi_1}, \quad K = \frac{\varphi_3}{\varphi_1}. \tag{83}$$

从方程 (52) 和方程 (72), 有

$$E_x = r + 2\lambda E - qE + u_2 K - rE^2 - u_1 EK,$$

$$K_x = u_2 + \lambda K - u_1 E - \frac{1}{2}qK - rKE - u_1 K^2. \tag{84}$$

把 E, K 按 λ 的级数展开

$$E = \sum_{j=1}^{\infty} e_j \lambda^{-j}, \quad K = \sum_{j=1}^{\infty} k_j \lambda^{-j}. \tag{85}$$

把方程 (85) 代入方程 (84) 中, 并比较 λ 同次幂的系数, 可得

$$\begin{cases} e_1 = -\dfrac{1}{2}r, \quad k_1 = -u_2, \\[2mm] e_2 = -\dfrac{1}{4}r_x - \dfrac{1}{4}qr, \\[2mm] k_2 = -u_{2x} - \dfrac{1}{2}ru_1 - \dfrac{1}{2}qu_2, \\[2mm] e_3 = -\dfrac{1}{8}r_{xx} - \dfrac{1}{8}q_x r - \dfrac{1}{8}rq^2 - \dfrac{1}{4}qr_x + \dfrac{1}{2}u_2 u_{2x} + \dfrac{1}{2}ru_1 u_2 + \dfrac{1}{8}r^3, \\[2mm] k_3 = -u_{2xx} - \dfrac{3}{4}r_x u_1 - \dfrac{1}{2}ru_{1x} - \dfrac{1}{2}q_x u_2 - qu_{2x} - \dfrac{1}{2}qru_1 \\[2mm] \qquad - \dfrac{1}{4}q^2 u_2 + \dfrac{1}{2}r^2 u_2, \cdots. \end{cases} \tag{86}$$

并得到 e_n 和 k_n 的递推公式

$$e_{n+1} = \frac{1}{2}e_{nx} + \frac{1}{2}qe_n - \frac{1}{2}u_2 k_n + \frac{1}{2}r\sum_{l=1}^{n-1} e_l e_{n-l} + \frac{1}{2}u_1 \sum_{l=1}^{n-1} e_l k_{n-l},$$

$$k_{n+1} = k_{nx} + u_1 e_n + \frac{1}{2}qk_n + r\sum_{l=1}^{n-1} k_l e_{n-l} + u_1 \sum_{l=1}^{n-1} k_l k_{n-l}. \tag{87}$$

由于

$$\frac{\partial}{\partial t}\left(-\lambda + \frac{1}{2}q + rE + u_1 K\right) = \frac{\partial}{\partial x}[a + (b+c)E + dK], \tag{88}$$

其中

$$a = -m_0\lambda^2 + 2m_0\lambda\partial^{-1}u_1u_2 + m_0$$
$$\left(\frac{1}{2}r^2 + \partial^{-1}qu_1u_2 + u_1u_2 - 4\partial^{-1}u_1u_2\partial^{-1}u_1u_2\right),$$
$$b = m_1\lambda + \frac{1}{2}qm_1 - \frac{1}{2}m_0r_x,$$
$$c = m_0r\lambda + \frac{1}{2}m_0qr - 2m_0r\partial^{-1}u_1u_2,$$
$$d = m_0u_1\lambda - m_0u_{1x} + \frac{1}{2}m_0qu_1 - 2m_0u_1\partial^{-1}u_1u_2 - m_1u_2,$$
$$f = m_0u_2\lambda + m_0u_{2x} + \frac{1}{2}m_0qu_2 - 2m_0u_2\partial^{-1}u_1u_2 - m_1u_1.$$

设 $\sigma = -\lambda + \frac{1}{2}q + rE + u_1K, \theta = a + (b+c)E + dK$. 则方程 (88) 能够写成 $\sigma_t = \theta_x$, 这正是守恒律形式. 把 σ 和 θ 按 λ 的系数级数展开, 它们分别称为守恒密度和流

$$\sigma = -\lambda + \frac{1}{2}q + \sum_{j=1}^{\infty}\sigma_j\lambda^{-j},$$
$$\theta = -m_0\lambda^2 + 2m_0\lambda\partial^{-1}u_1u_2 + m_0\partial^{-1}qu_1u_2 - 4m_0\partial^{-1}u_1u_2\partial^{-1}u_1u_2$$
$$-\frac{1}{2}m_1r + \sum_{j=1}^{\infty}\theta_j\lambda^{-j}, \tag{89}$$

其中 m_0, m_1 是积分常数. 前两个守恒密度和流是

$$\sigma_1 = -\frac{1}{2}r^2 - u_1u_2,$$
$$\theta_1 = m_0\left(-u_1u_{2x} - \frac{1}{2}qr^2 - qu_1u_2 + r^2\partial^{-1}u_1u_2\right.$$
$$\left. + u_2u_{1x} + 2u_1u_2\partial^{-1}u_1u_2\right) + m_1\left(-\frac{1}{4}r_x - \frac{1}{2}qr\right),$$

$$\sigma_2 = -\frac{1}{4}rr_x - \frac{1}{4}qr^2 - u_1u_{2x} - \frac{1}{2}qu_1u_2,$$

$$\theta_2 = m_0\Bigg(-\frac{1}{8}rr_{xx} - \frac{1}{8}q_xr^2 + r^2u_1u_2 + \frac{1}{2}ru_2u_{2x} + \frac{1}{8}r^4 + \frac{1}{8}r_x^2 - u_1u_{2xx}$$

$$-\frac{1}{4}q^2u_1u_2 + u_{1x}u_{2x} - \frac{1}{2}qu_1u_{2x} + \frac{1}{2}ru_1u_{1x} + \frac{1}{2}qu_2u_{1x} - \frac{1}{4}q^2u_1u_2$$

$$+\frac{1}{2}rr_x\partial^{-1}u_1u_2 + \frac{1}{2}qr^2\partial^{-1}u_1u_2 + 2u_1u_{2x}\partial^{-1}u_1u_2 + qu_1u_2\partial^{-1}u_1u_2\Bigg)$$

$$+m_1\left(-\frac{1}{8}r_{xx} - \frac{1}{8}q_xr - \frac{3}{8}qr_x - \frac{1}{4}q^2r + \frac{3}{2}u_2u_{2x} + ru_1u_2 + \frac{1}{8}r^3\right).$$

并得 σ_n 和 θ_n 的递归关系是

$$\begin{cases} \sigma_n = re_n + u_1k_n, \\[2mm] \theta_n = m_0\Bigg(re_{n+1} - \frac{1}{2}r_xe_n + \frac{1}{2}qre_n - 2r\partial^{-1}u_1u_2e_n + u_1k_{n+1} - u_{1x}k_n \\[2mm] \qquad\quad -2u_1\partial^{-1}u_1u_2k_n + \frac{1}{2}qu_1k_n\Bigg) + m_1\left(e_{n+1} - u_2k_n + \frac{q}{2}e_n\right). \end{cases} \tag{90}$$

其中 e_n 和 k_n 能够由方程 (87) 给出. 方程 (77) 的无限守恒律能够由方程 (84)–(90) 容易地给出.

3.3　超 Guo 族的自相容源与守恒律

3.3.1　超 Guo 族

与 Lie 超代数相关的超 Guo 族的等谱问题[66] 为

$$\begin{cases} \varphi_x = U\varphi, \\[2mm] \varphi_t = V\varphi, \end{cases} \tag{91}$$

其中

$$U = \frac{1}{2}\begin{pmatrix} \lambda^{-1} & q+r & \alpha \\ q-r & -\lambda^{-1} & \beta \\ \beta & -\alpha & 0 \end{pmatrix}, \quad V = \frac{1}{2}\begin{pmatrix} A & B+C & \rho \\ B-C & -A & \delta \\ \delta & -\rho & 0 \end{pmatrix},$$

以及 $A = \sum_{m\geqslant 0} A_m \lambda^m$, $B = \sum_{m\geqslant 0} B_m \lambda^m$, $C = \sum_{m\geqslant 0} C_m \lambda^m$, $\rho = \sum_{m\geqslant 0} \rho_m \lambda^m$, $\delta = \sum_{m\geqslant 0} \delta_m \lambda^m$. α 和 β 是费米变量, 它们满足Grassmann 代数. 因此, 有 $\alpha\beta = -\beta\alpha, \alpha^2 = 0, \beta^2 = 0$.

由驻定零曲率方程

$$V_x = [U, V],$$

可得

$$\begin{cases} A_{m+1x} = rB_{m+1} - qC_{m+1} + \dfrac{1}{2}\beta\rho_{m+1} + \dfrac{1}{2}\alpha\delta_{m+1}, \\[2mm] B_{m+1} = qA_m + C_{mx} + \dfrac{1}{2}\alpha\rho_m + \dfrac{1}{2}\beta\delta_m, \\[2mm] C_{m+1} = rA_m + B_{mx} + \dfrac{1}{2}\alpha\rho_m - \dfrac{1}{2}\beta\delta_m, \\[2mm] \rho_{m+1} = \alpha A_m + \beta B_m + \beta C_m + 2\rho_{mx} - q\delta_m - r\delta_m, \\[2mm] \delta_{m+1} = \beta A_m - \alpha B_m + \alpha C_m + q\rho_m - r\rho_m - 2\delta_{mx}, \\[2mm] B_0 = C_0 = \rho_0 = \delta_0 = 0, A_0 = \xi, B_1 = q\xi, C_1 = r\xi, \\[2mm] \rho_1 = \alpha\xi, \delta_1 = \beta\xi, A_1 = 0, \cdots. \end{cases} \tag{92}$$

下面考虑辅助谱问题

$$\varphi_{tn} = V^{(n)}\varphi = (\lambda^{-n}V)_{-}\varphi, \tag{93}$$

其中

$$V^{(n)} = \sum_{m=0}^{n} \frac{1}{2} \begin{pmatrix} A_m & B_m + C_m & \rho_m \\ B_m - C_m & -A_m & \delta_m \\ \delta_m & -\rho_m & 0 \end{pmatrix} \lambda^{-n+m},$$

考虑

$$V^{(n)} = V_-^{(n)} + \Delta_n, \quad \Delta_n = 0, \tag{94}$$

把 (94) 代入零曲率方程

$$U_{t_n} - V_x^{(n)} + [U, V^{(n)}] = 0, \tag{95}$$

得到了超 Guo 族

$$u_{t_n} = \begin{pmatrix} q \\ r \\ \alpha \\ \beta \end{pmatrix}_{t_n} = \begin{pmatrix} 0 & -1 & 0 & 0 \\ 1 & 0 & 0 & 0 \\ 0 & 0 & 0 & -\frac{1}{2} \\ 0 & 0 & -\frac{1}{2} & 0 \end{pmatrix} \begin{pmatrix} B_{n+1} \\ -C_{n+1} \\ \delta_{n+1} \\ -\rho_{n+1} \end{pmatrix} = J \begin{pmatrix} B_{n+1} \\ -C_{n+1} \\ \delta_{n+1} \\ -\rho_{n+1} \end{pmatrix} = JP_{n+1}, \tag{96}$$

其中

$$P_{n+1} = LP_n,$$

$$L = \begin{pmatrix} q\partial^{-1}r & -\partial+q\partial^{-1}q & \frac{1}{2}\beta+\frac{1}{2}q\partial^{-1}\alpha & -\frac{1}{2}\alpha-\frac{1}{2}q\partial^{-1}\beta \\ -\partial-r\partial^{-1}r & -r\partial^{-1}q & \frac{1}{2}\beta-\frac{1}{2}r\partial^{-1}\alpha & \frac{1}{2}\alpha+\frac{1}{2}r\partial^{-1}\beta \\ -\alpha+\beta\partial^{-1}r & -\alpha+\beta\partial^{-1}q & -2\partial+\frac{1}{2}\beta\partial^{-1}\alpha & -\frac{1}{2}\beta\partial^{-1}\beta-q+r \\ -\beta-\alpha\partial^{-1}r & \beta-\alpha\partial^{-1}q & -\frac{1}{2}\alpha\partial^{-1}\alpha+q+r & 2\partial+\frac{1}{2}\alpha\partial^{-1}\beta \end{pmatrix},$$

根据 Lie 代数上的第 2 章超迹恒等式 (201), 通过直接计算可得

$$\frac{\delta H_n}{\delta u} = (B_{n+1}, -C_{n+1}, \delta_{n+1}, -\rho_{n+1})^{\mathrm{T}}, \quad H_n = \int -\frac{A_{n+2}}{n+1} dx, \quad n \geqslant 0.$$

$$(97)$$

当取 $n = 2, \xi = 1$, 方程族 (96) 能够约化成超孤子方程的非线性可积耦合

$$\begin{cases} q_{t_2} = r_{xx} + \alpha\alpha_x + \beta\beta_x - \dfrac{1}{2}q^2 r + \dfrac{1}{2}r^3 - r\alpha\beta, \\[2mm] r_{t_2} = q_{xx} + \alpha\alpha_x - \beta\beta_x - \dfrac{1}{2}q^3 + \dfrac{1}{2}qr^2 - q\alpha\beta, \\[2mm] \alpha_{t_2} = 2\alpha_{xx} + \dfrac{1}{2}q_x\beta + q\beta_x + \dfrac{1}{2}r_x\beta + r\beta_x - \dfrac{1}{4}q^2\alpha + \dfrac{1}{4}r^2\alpha, \\[2mm] \beta_{t_2} = -2\beta_{xx} - \dfrac{1}{2}q_x\alpha - q\alpha_x + \dfrac{1}{2}r_x\alpha + r\alpha_x + \dfrac{1}{4}q^2\beta - \dfrac{1}{4}r^2\beta \end{cases}$$

$$(98)$$

和

$$V^{(2)} = \frac{1}{2} \begin{pmatrix} \lambda^{-2} - \dfrac{1}{2}q^2 + \dfrac{1}{2}r^2 - \alpha\beta & (q+r)\lambda^{-1} + q_x + r_x & \alpha\lambda^{-1} + 2\alpha_x \\[3mm] (q-r)\lambda^{-1} - q_x + r_x & -\lambda^{-2} + \dfrac{1}{2}q^2 - \dfrac{1}{2}r^2 + \alpha\beta & \beta\lambda^{-1} - 2\beta_x \\[3mm] \beta\lambda^{-1} - 2\beta_x & -\alpha\lambda^{-1} - 2\alpha_x & 0 \end{pmatrix}.$$

$$(99)$$

3.3.2 超 Guo 族的自相容源

下面考虑超 Guo 族的自相容源. 考虑线性系统

$$\begin{pmatrix} \varphi_{1j} \\ \varphi_{2j} \\ \varphi_{3j} \end{pmatrix}_x = U \begin{pmatrix} \varphi_{1j} \\ \varphi_{2j} \\ \varphi_{3j} \end{pmatrix}, \quad \begin{pmatrix} \varphi_{1j} \\ \varphi_{2j} \\ \varphi_{3j} \end{pmatrix}_t = V \begin{pmatrix} \varphi_{1j} \\ \varphi_{2j} \\ \varphi_{3j} \end{pmatrix}.$$

$$(100)$$

由方程 (94), 令

$$\frac{\delta H_n}{\delta u} = \sum_{j=1}^{N} \frac{\delta \lambda_j}{\delta u},$$

可得下面的 $\dfrac{\delta \lambda_j}{\delta u}$

$$\sum_{j=1}^{N} \frac{\delta \lambda_j}{\delta u} = \sum_{j=1}^{N} \begin{pmatrix} \mathrm{Str}\left(\Psi_j \dfrac{\delta U}{\delta q}\right) \\[2mm] \mathrm{Str}\left(\Psi_j \dfrac{\delta U}{\delta r}\right) \\[2mm] \mathrm{Str}\left(\Psi_j \dfrac{\delta U}{\delta \alpha}\right) \\[2mm] \mathrm{Str}\left(\Psi_j \dfrac{\delta U}{\delta \beta}\right) \end{pmatrix}$$

$$= \begin{pmatrix} -\dfrac{1}{2}\langle \Phi_1, \Phi_1\rangle + \dfrac{1}{2}\langle \Phi_2, \Phi_2\rangle \\[2mm] \dfrac{1}{2}\langle \Phi_1, \Phi_1\rangle + \dfrac{1}{2}\langle \Phi_2, \Phi_2\rangle \\[2mm] \langle \Phi_2, \Phi_3\rangle \\[2mm] -\langle \Phi_1, \Phi_3\rangle \end{pmatrix},$$

其中 $\Phi_i = (\varphi_{i1}, \cdots, \varphi_{iN})^{\mathrm{T}} (i = 1, 2, 3)$.

根据方程 (94), 超 Guo 族的自相容源如下

$$u_{t_n} = \begin{pmatrix} q \\ r \\ \alpha \\ \beta \end{pmatrix}_{t_n} = J \begin{pmatrix} B_{n+1} \\ -C_{n+1} \\ \delta_{n+1} \\ -\rho_{n+1} \end{pmatrix} + J \begin{pmatrix} -\dfrac{1}{2}\langle \Phi_1, \Phi_1\rangle + \dfrac{1}{2}\langle \Phi_2, \Phi_2\rangle \\[2mm] \dfrac{1}{2}\langle \Phi_1, \Phi_1\rangle + \dfrac{1}{2}\langle \Phi_2, \Phi_2\rangle \\[2mm] \langle \Phi_2, \Phi_3\rangle \\[2mm] -\langle \Phi_1, \Phi_3\rangle \end{pmatrix}.$$

$$\tag{101}$$

当取 $n = 2, \xi = 1$, 可得到一组超 Guo 族的自相容源

$$
\left\{
\begin{aligned}
& q_{t_2} = r_{xx} + \alpha\alpha_x + \beta\beta_x - \frac{1}{2}q^2 r + \frac{1}{2}r^3 - r\alpha\beta - \frac{1}{2}\sum_{j=1}^{N}\varphi_{1j}^2 - \frac{1}{2}\sum_{j=1}^{N}\varphi_{2j}^2, \\
& r_{t_2} = q_{xx} + \alpha\alpha_x - \beta\beta_x - \frac{1}{2}q^3 + \frac{1}{2}qr^2 - q\alpha\beta - \frac{1}{2}\sum_{j=1}^{N}\varphi_{1j}^2 + \frac{1}{2}\sum_{j=1}^{N}\varphi_{2j}^2, \\
& \alpha_{t_2} = 2\alpha_{xx} + \frac{1}{2}q_x\beta + q\beta_x + \frac{1}{2}r_x\beta + r\beta_x - \frac{1}{4}q^2\alpha + \frac{1}{4}r^2\alpha + \frac{1}{2}\sum_{j=1}^{N}\varphi_{1j}\varphi_{3j}, \\
& \beta_{t_2} = -2\beta_{xx} - \frac{1}{2}q_x\alpha - q\alpha_x + \frac{1}{2}r_x\alpha + r\alpha_x + \frac{1}{4}q^2\beta - \frac{1}{4}r^2\beta - \frac{1}{2}\sum_{j=1}^{N}\varphi_{2j}\varphi_{3j}, \\
& \varphi_{1jx} = \frac{1}{2}\lambda^{-1}\varphi_{1j} + \frac{1}{2}(q+r)\varphi_{2j} + \frac{1}{2}\alpha\varphi_{3j}, \\
& \varphi_{2jx} = \frac{1}{2}(q-r)\varphi_{1j} - \frac{1}{2}\lambda^{-1}\varphi_{2j} + \frac{1}{2}\beta\varphi_{3j}, \quad j = 1, \cdots, N. \\
& \varphi_{3jx} = \frac{1}{2}\beta\varphi_{1j} - \frac{1}{2}\alpha\varphi_{2j},
\end{aligned}
\right.
\tag{102}
$$

当取 $\alpha = \beta = 0$, 方程 (102) 能够约化成经典 Guo 族的自相容源

$$
\left\{
\begin{aligned}
& q_{t_2} = r_{xx} - \frac{1}{2}q^2 r + \frac{1}{2}r^3 - \frac{1}{2}\sum_{j=1}^{N}\varphi_{1j}^2 - \frac{1}{2}\sum_{j=1}^{N}\varphi_{2j}^2, \\
& r_{t_2} = q_{xx} - \frac{1}{2}q^3 + \frac{1}{2}qr^2 - \frac{1}{2}\sum_{j=1}^{N}\varphi_{1j}^2 + \frac{1}{2}\sum_{j=1}^{N}\varphi_{2j}^2, \\
& \varphi_{1jx} = \frac{1}{2}\lambda^{-1}\varphi_{1j} + \frac{1}{2}(q+r)\varphi_{2j}, \\
& \varphi_{2jx} = \frac{1}{2}(q-r)\varphi_{1j} - \frac{1}{2}\lambda^{-1}\varphi_{2j}, \quad j = 1, \cdots, N.
\end{aligned}
\right.
\tag{103}
$$

3.3.3 超 Guo 族的守恒律

下面考虑超 Guo 族的守恒律, 引入变量

$$F = \frac{\varphi_1}{\varphi_3}, \quad K = \frac{\varphi_2}{\varphi_3}. \tag{104}$$

由方程 (91) 和方程 (93), 可得

$$F_x = \frac{1}{2}[\alpha + \lambda^{-1}F + (q+r)K - \beta F^2 + \alpha FK],$$

$$K_x = \frac{1}{2}[\beta - \lambda^{-1}K + (q-r)F - \beta KF + \alpha K^2]. \tag{105}$$

把 F, K 按 λ 的级数展开

$$F = \sum_{j=1}^{\infty} f_j \lambda^j, \quad K = \sum_{j=1}^{\infty} k_j \lambda^j. \tag{106}$$

把方程 (106) 代入方程 (105) 中, 并比较 λ 同次幂的系数得

$$f_1 = -\alpha, \quad k_1 = \beta, f_2 = -2\alpha_x - q\beta - r\beta, \quad k_2 = -2\beta_x - q\alpha + r\alpha,$$

$$f_3 = -4\alpha_{xx} - 2q_x\beta - 2r_x\beta + q^2\alpha - r^2\alpha + 2\alpha^2\beta,$$

$$k_3 = 4\beta_{xx} + 2q_x\alpha - 2r_x\alpha - q^2\beta + r^2\beta + 2\beta^2\alpha, \cdots. \tag{107}$$

f_n 和 k_n 的递推公式如下

$$f_{n+1} = 2f_{nx} - (q+r)k_n + \beta \sum_{l=1}^{n-1} f_l f_{n-l} - \alpha \sum_{l=1}^{n-1} f_l k_{n-l},$$

$$k_{n+1} = -2k_{nx} + (q-r)f_n - \beta \sum_{l=1}^{n-1} k_l f_{n-l} + \alpha \sum_{l=1}^{n-1} k_l k_{n-l}. \tag{108}$$

由 $\dfrac{\partial}{\partial t}\dfrac{\varphi_{1x}}{\varphi_3} = \dfrac{\partial}{\partial x}\dfrac{\varphi_{1t}}{\varphi_3}$, 可得系统 (96) 的守恒律

$$\frac{\partial}{\partial t}[\alpha + \lambda^{-1}F + (q+r)K] = \frac{\partial}{\partial x}[\rho + AF + (B+C)K], \tag{109}$$

其中

$$A = m_0\lambda^{-2} + m_1\lambda^{-1} + m_0\left(-\frac{1}{2}q^2 + \frac{1}{2}r^2 - \alpha\beta\right),$$

$$B = m_0q\lambda^{-1} + m_0r_x + m_1q,$$

$$C = m_0r\lambda^{-1} + m_0q_x + m_1r,$$

$$\rho = m_0\alpha\lambda^{-1} + 2m_0\alpha_x + m_1\alpha.$$

设 $\sigma = \alpha + \lambda^{-1}F + (q+r)K, \theta = \rho + AF + (B+C)K$, 则方程 (109) 能够写成 $\sigma_t = \theta_x$, 这正是守恒律的标准形式. 把 σ 和 θ 按 λ 的系数级数展开, 它们分别叫守恒密度和流

$$\sigma = \sum_{j=1}^{\infty}\sigma_j\lambda^j, \quad \theta = \alpha + \sum_{j=1}^{\infty}\theta_j\lambda^j, \tag{110}$$

其中 m_0, m_1 是积分常数. 其中前两个守恒密度和流是

$$\sigma_1 = -2\alpha_x,$$

$$\theta_1 = m_0\left(-4\alpha_{xx} - q_x\beta - r_x\beta - 2q\beta_x - 2r\beta_x + 3\alpha^2\beta - qr\alpha + \frac{1}{2}q^2\alpha\right.$$
$$\left. -\frac{1}{2}r^2\alpha\right) + m_1(-2\alpha_x),$$

$$\sigma_2 = -4\alpha_{xx} - 2q_x\beta - 2r_x\beta - 2q\beta_x - 2r\beta_x + 2\alpha^2\beta,$$

$$\theta_2 = m_0\left(-8\alpha_{xxx} - 4q_{xx}\beta - 4r_{xx}\beta - 6q_x\beta_x - 6r_x\beta_x + 4qq_x\alpha\right.$$

$$+2\alpha^2\beta + 16\alpha\alpha_x\beta - 4rr_x\alpha + 3q^2\alpha_x - 3r^2\alpha_x + qr_x\alpha + rq_x\alpha$$

$$-qq_x\alpha + rr_x\alpha + 6q\alpha\beta^2 - \frac{1}{2}qr^2\beta - \frac{1}{2}r^3\beta - 2qr_x\alpha + 4r\alpha\beta^2$$

$$\left.-2q\alpha\beta^2 - q\alpha^3 + r\alpha^3 + \frac{1}{2}q^3\beta + \frac{1}{2}rq^2\beta\right)$$

$$+m_1(-4\alpha_{xx} - 2q_x\beta - 2r_x\beta - 2q\beta_x - 2r\beta_x + 2\alpha^2\beta).$$

σ_n 和 θ_n 的递归关系如下

$$
\begin{cases}
\sigma_n = f_{n+1} + (q+r)k_n, \\[2mm]
\theta_n = m_0\left(f_{n+2} - \dfrac{1}{2}q^2 f_n + \dfrac{1}{2}r^2 f_n - \alpha\beta f_n + qk_{n+1} + rk_{n+1}\right. \\[2mm]
\qquad\left. +q_x k_n + r_x k_n\right) + m_1(f_{n+1} + qk_n + rk_n),
\end{cases}
\tag{111}
$$

f_n 和 k_n 能够由方程 (108) 给出. 方程 (96) 的无限守恒律能够由方程 (105)—(111) 容易地给出.

3.4　新 6 分量超孤子族的自相容源与守恒律

3.4.1　新 6 分量超孤子族

基于谱问题的一个孤子族[191]

$$
\begin{pmatrix} \varphi_1 \\ \varphi_2 \end{pmatrix}_x = \frac{1}{2}\begin{pmatrix} \lambda^{-1} & u_1 + u_2 \\ u_1 - u_2 & -\lambda^{-1} \end{pmatrix}\begin{pmatrix} \varphi_1 \\ \varphi_2 \end{pmatrix},
\tag{112}
$$

并且一个孤子族的超扩展可以由超谱矩阵来构造[197]

$$
\begin{pmatrix} \varphi_1 \\ \varphi_2 \\ \varphi_3 \end{pmatrix}_x = \frac{1}{2}\begin{pmatrix} \lambda^{-1} & u_1 + u_2 & u_3 \\ u_1 - u_2 & -\lambda^{-1} & u_4 \\ u_4 & -u_3 & 0 \end{pmatrix}\begin{pmatrix} \varphi_1 \\ \varphi_2 \\ \varphi_3 \end{pmatrix},
\tag{113}
$$

其中 u_3, u_4 和 φ_3 是费米场, 当 $u_3 = u_4 = 0$ 时可以约化为 (112).

基于 Lie 超代数 G, 有

$$
e_1 = \frac{1}{2}\begin{pmatrix} 1 & 0 & 0 \\ 0 & -1 & 0 \\ 0 & 0 & 0 \end{pmatrix}, \quad e_2 = \frac{1}{2}\begin{pmatrix} 0 & 1 & 0 \\ 1 & 0 & 0 \\ 0 & 0 & 0 \end{pmatrix}, \quad e_3 = \frac{1}{2}\begin{pmatrix} 0 & 1 & 0 \\ -1 & 0 & 0 \\ 0 & 0 & 0 \end{pmatrix},
$$

$$e_4 = \frac{1}{2}\begin{pmatrix} 0 & 0 & 1 \\ 0 & 0 & 0 \\ 0 & -1 & 0 \end{pmatrix}, \quad e_5 = \frac{1}{2}\begin{pmatrix} 0 & 0 & 0 \\ 0 & 0 & 1 \\ 1 & 0 & 0 \end{pmatrix}, \tag{114}$$

其中 e_1, e_2, e_3 为偶元, e_4, e_5 为奇元, 满足下面的交换关系

$$[e_1, e_2] = 2e_2, \quad [e_1, e_3] = -2e_3, \quad [e_2, e_3] = e_1, \quad [e_1, e_4] = [e_2, e_5] = e_4,$$

$$[e_1, e_5] = [e_4, e_3] = -e_5, \quad [e_4, e_5]_+ = e_1, \quad [e_4, e_4]_+ = -2e_2, \quad [e_5, e_5]_+ = 2e_3.$$

考虑 3×3 矩阵谱问题

$$\begin{cases} \varphi_x = U\varphi, \\ \varphi_t = V\varphi, \end{cases} \tag{115}$$

其中

$$U = \frac{1}{2}\begin{pmatrix} \lambda^{-1} & u_1 + u_2 & u_3 \\ u_1 - u_2 & -\lambda^{-1} & u_4 \\ u_6 & u_5 & 0 \end{pmatrix}, \quad V = \frac{1}{2}\begin{pmatrix} A+G & B+C & \delta \\ B-C & -A+G & \rho \\ \varepsilon & \tau & G \end{pmatrix},$$

并且 $A = \sum_{m \geqslant 0} a_m \lambda^m$, $B = \sum_{m \geqslant 0} b_m \lambda^m$, $C = \sum_{m \geqslant 0} c_m \lambda^m$, $G = \sum_{m \geqslant 0} g_m \lambda^m$, $\delta = \sum_{m \geqslant 0} \delta_m \lambda^m$, $\rho = \sum_{m \geqslant 0} \rho_m \lambda^m$, $\varepsilon = \sum_{m \geqslant 0} \varepsilon_m \lambda^m$, $\tau = \sum_{m \geqslant 0} \tau_m \lambda^m$. 当 u_3, u_4, u_5 和 u_6 是费米变量时, 它们构成 Grassmann 代数.

由驻定零曲率方程

$$V_x = [U, V],$$

可得

$$a_{mx} = u_2 b_m - u_1 c_m + \frac{1}{4}u_3 \varepsilon_m - \frac{1}{4}u_4 \tau_m - \frac{1}{4}u_5 \rho_m + \frac{1}{4}u_6 \delta_m,$$

$$b_{mx} = c_{m+1} - u_2 a_m + \frac{1}{4} u_3 \tau_m + \frac{1}{4} u_4 \varepsilon_m + \frac{1}{4} u_5 \delta_m + \frac{1}{4} u_6 \rho_m,$$

$$c_{mx} = b_{m+1} - u_1 a_m + \frac{1}{4} u_3 \tau_m - \frac{1}{4} u_4 \varepsilon_m + \frac{1}{4} u_5 \delta_m - \frac{1}{4} u_6 \rho_m,$$

$$g_{mx} = \frac{1}{2} u_3 \varepsilon_m + \frac{1}{2} u_4 \tau_m + \frac{1}{2} u_5 \rho_m + \frac{1}{2} u_6 \delta_m,$$

$$\delta_{mx} = \frac{1}{2} \delta_{m+1} + \frac{1}{2}(u_1 + u_2)\rho_m - \frac{1}{2} u_3 a_m - \frac{1}{2} u_4(b_m + c_m),$$

$$\rho_{mx} = -\frac{1}{2}\rho_{m+1} + \frac{1}{2}(u_1 - u_2)\delta_m - \frac{1}{2} u_3(b_m - c_m) + \frac{1}{2} u_4 a_m,$$

$$\tau_{mx} = \frac{1}{2}\tau_{m+1} - \frac{1}{2}(u_1 + u_2)\varepsilon_m - \frac{1}{2} u_5 a_m + \frac{1}{2} u_6(b_m + c_m),$$

$$\varepsilon_{mx} = -\frac{1}{2}\varepsilon_{m+1} - \frac{1}{2}(u_1 - u_2)\tau_m + \frac{1}{2} u_5(b_m - c_m) + \frac{1}{2} u_6 a_m. \tag{116}$$

取初值

$$a_0 = 1, \quad b_0 = c_0 = \delta_0 = \rho_0 = \tau_0 = \varepsilon_0, \quad g_0 = -\alpha = \text{const.} \tag{117}$$

由递推关系 (116), 可得前几项为

$$a_1 = 0, \quad b_1 = u_1, \quad c_1 = u_2, \quad \delta_1 = u_3, \quad \rho_1 = u_4, \quad \tau_1 = u_5,$$

$$\varepsilon_1 = u_6, \quad g_1 = 0, \quad a_2 = u_2^2 - u_1^2 - u_3 u_6 - u_4 u_5, \quad b_2 = u_{2x},$$

$$c_2 = u_{1x}, \quad \delta_2 = 2u_{3x}, \quad \rho_2 = -2u_{4x}, \tau_2 = 2u_{5x}, \quad \varepsilon_2 = -2u_{6x},$$

$$g_2 = u_4 u_5 - u_3 u_6, \cdots.$$

考虑辅助谱问题

$$\varphi_{t_n} = V^{(n)}\varphi = (\lambda^{-n}V)_-\varphi, \tag{118}$$

其中

$$V^{(n)} = \sum_{m=0}^{n} \frac{1}{2} \begin{pmatrix} a_m + g_m & b_m + c_m & \delta_m \\ b_m - c_m & -a_m + g_m & \rho_m \\ \varepsilon_m & \tau_m & g_m \end{pmatrix} \lambda^{-n+m}.$$

将 (118) 式代入零曲率方程

$$U_{t_n} - V_x^{(n)} + [U, V^{(n)}] = 0, \tag{119}$$

得到一个新 6 分量超孤子族

$$u_{t_n} = \begin{pmatrix} u_1 \\ u_2 \\ u_3 \\ u_4 \\ u_5 \\ u_6 \end{pmatrix}_{t_n} = \begin{pmatrix} 0 & -1 & 0 & 0 & 0 & 0 \\ 1 & 0 & 0 & 0 & 0 & 0 \\ 0 & 0 & 0 & 0 & 0 & 1 \\ 0 & 0 & 0 & 0 & -1 & 0 \\ 0 & 0 & 0 & -1 & 0 & 0 \\ 0 & 0 & 1 & 0 & 0 & 0 \end{pmatrix}$$

$$\cdot \begin{pmatrix} b_{n+1} \\ -c_{n+1} \\ -\frac{1}{2}\varepsilon_{n+1} \\ -\frac{1}{2}\tau_{n+1} \\ \frac{1}{2}\rho_{n+1} \\ \frac{1}{2}\delta_{n+1} \end{pmatrix} = J \begin{pmatrix} b_{n+1} \\ -c_{n+1} \\ -\frac{1}{2}\varepsilon_{n+1} \\ -\frac{1}{2}\tau_{n+1} \\ \frac{1}{2}\rho_{n+1} \\ \frac{1}{2}\delta_{n+1} \end{pmatrix}. \tag{120}$$

当 $n=2$ 时, 方程族 (120) 可以约化为二阶超非线性可积耦合方程

$$
\begin{cases}
u_{1t_2} = \dfrac{1}{2}u_{2xx} + u_2^3 - u_2u_1^2 - u_2u_3u_6 - u_2u_4u_5 - \dfrac{1}{2}u_3u_{5x} \\
\quad + \dfrac{1}{2}u_4u_{6x} - \dfrac{1}{2}u_5u_{3x} + \dfrac{1}{2}u_6u_{4x}, \\
u_{2t_2} = \dfrac{1}{2}u_{1xx} - u_1^3 + u_1u_2^2 - u_1u_3u_6 - u_1u_4u_5 - \dfrac{1}{2}u_3u_{5x} \\
\quad - \dfrac{1}{2}u_4u_{6x} - \dfrac{1}{2}u_5u_{3x} - \dfrac{1}{2}u_6u_{4x}, \\
u_{3t_2} = 2u_{3xx} + (u_1+u_2)u_{4x} + \dfrac{1}{2}u_3u_2^2 - \dfrac{1}{2}u_3u_1^2 - \dfrac{1}{2}u_3u_4u_5 \\
\quad + \dfrac{1}{2}u_4u_{1x} + \dfrac{1}{2}u_4u_{2x}, \\
u_{4t_2} = -2u_{4xx} - (u_1-u_2)u_{3x} + \dfrac{1}{2}u_4u_3u_6 + \dfrac{1}{2}u_3(u_1-u_2)_x \\
\quad - \dfrac{1}{2}u_4u_2^2 + \dfrac{1}{2}u_4u_1^2, \\
u_{5t_2} = 2u_{5xx} - (u_1+u_2)u_{6x} + \dfrac{1}{2}u_5u_2^2 - \dfrac{1}{2}u_5u_1^2 \\
\quad - \dfrac{1}{2}u_5u_3u_6 - \dfrac{1}{2}u_6(u_1+u_2)_x, \\
u_{6t_2} = -2u_{6xx} + (u_1-u_2)u_{5x} - \dfrac{1}{2}u_6u_2^2 + \dfrac{1}{2}u_6u_1^2 \\
\quad + \dfrac{1}{2}u_6u_4u_5 - \dfrac{1}{2}u_5(u_1-u_2)_x.
\end{cases}
\tag{121}
$$

令 $u_3=-u_5$, $u_4=u_6$, 方程 (121) 约化为二阶超孤子方程[197]

$$
\begin{cases}
u_{1t_2} = \dfrac{1}{2}u_{2xx} + u_2^3 - u_2u_1^2 + u_3u_{3x} + u_4u_{4x} - 2u_2u_3u_4, \\
u_{2t_2} = \dfrac{1}{2}u_{1xx} - u_1^3 + u_1u_2^2 + u_3u_{3x} - u_4u_{4x} - 2u_1u_3u_4, \\
u_{3t_2} = 2u_{3xx} + \dfrac{1}{2}u_3(u_2^2-u_1^2) + \dfrac{1}{2}u_4(u_1+u_2)_x + (u_1+u_2)u_{4x}, \\
u_{4t_2} = -2u_{4xx} + \dfrac{1}{2}u_4(u_1^2-u_2^2) - \dfrac{1}{2}u_3(u_1-u_2)_x - (u_1-u_2)u_{3x}.
\end{cases}
\tag{122}
$$

3.4.2 超 Hamilton 结构

下面, 将通过超迹恒等式[58] 建立新 6 分量超孤子族的超 Hamilton 结构

$$\frac{\delta}{\delta u}\int \mathrm{Str}(ad_V ad_{U_\lambda})dx = \lambda^{-\gamma}\frac{\partial}{\partial\lambda}\lambda^\gamma \mathrm{Str}(ad_V ad_{U_\lambda}), \tag{123}$$

其中常数 γ 为

$$\gamma = -\frac{\lambda}{2}\frac{d}{d\lambda}\ln|\mathrm{Str}(VV)|. \tag{124}$$

通过直接计算得

$$\mathrm{Str}\left(V\frac{\partial U}{\partial\lambda}\right) = -\frac{1}{2}\lambda^{-2}A, \quad \mathrm{Str}\left(V\frac{\partial U}{\partial u_1}\right) = \frac{1}{2}B,$$

$$\mathrm{Str}\left(V\frac{\partial U}{\partial u_2}\right) = -\frac{1}{2}C, \quad \mathrm{Str}\left(V\frac{\partial U}{\partial u_3}\right) = -\frac{1}{4}\varepsilon, \quad \mathrm{Str}\left(V\frac{\partial U}{\partial u_4}\right) = -\frac{1}{4}\tau,$$

$$\mathrm{Str}\left(V\frac{\partial U}{\partial u_5}\right) = \frac{1}{4}\rho, \quad \mathrm{Str}\left(V\frac{\partial U}{\partial u_6}\right) = \frac{1}{4}\delta. \tag{125}$$

将上面结果代入超迹恒等式 (123) 得

$$\frac{\delta}{\delta u}\int\left(-\frac{A}{2\lambda^2}\right)dx = \lambda^{-\gamma}\frac{\partial}{\partial\lambda}\lambda^\gamma\left(\frac{1}{2}B, -\frac{1}{2}C, -\frac{1}{4}\varepsilon, -\frac{1}{4}\tau, \frac{1}{4}\rho, \frac{1}{4}\delta\right)^{\mathrm{T}}. \tag{126}$$

比较方程方程 (126) 两端 λ^{n+2} 的系数得

$$\frac{\delta}{\delta u}\int\left(-\frac{a_{n+2}}{2}\right)dx$$

$$=(\gamma+n+1)\left(\frac{1}{2}b_{n+1}, -\frac{1}{2}c_{n+1}, -\frac{1}{4}\varepsilon_{n+1}, -\frac{1}{4}\tau_{n+1}, \frac{1}{4}\rho_{n+1}, \frac{1}{4}\delta_{n+1}\right)^{\mathrm{T}}. \tag{127}$$

通过公式 (124) 计算得 $\gamma = 0$. 因此

$$\frac{\delta H_n}{\delta u} = \left(b_{n+1}, -c_{n+1}, -\frac{1}{2}\varepsilon_{n+1}, -\frac{1}{2}\tau_{n+1}, \frac{1}{2}\rho_{n+1}, \frac{1}{2}\delta_{n+1}\right)^{\mathrm{T}},$$

$$H_n = \int\frac{a_{n+2}}{n+1}dx, \quad n \geqslant 0. \tag{128}$$

由递推方程 (116), 可得方程族的递归算子 L 满足

$$\frac{\delta H_n}{\delta u} = L\frac{\delta H_{n-1}}{\delta u},\qquad(129)$$

其中

$$L = \begin{pmatrix} L_1 & L_2 & L_3 \\ L_4 & L_5 & L_6 \\ L_7 & L_8 & L_9 \end{pmatrix}, \quad L_1 = \begin{pmatrix} u_1\partial^{-1}u_2 & -\partial + u_1\partial^{-1}u_1 \\ -\partial - u_2\partial^{-1}u_2 & -u_2\partial^{-1}u_1 \end{pmatrix},$$

$$L_2 = \begin{pmatrix} -\frac{1}{2}u_4 - \frac{1}{2}u_1\partial^{-1}u_3 & \frac{1}{2}u_3 + \frac{1}{2}u_1\partial^{-1}u_4 \\ -\frac{1}{2}u_4 + \frac{1}{2}u_2\partial^{-1}u_3 & -\frac{1}{2}u_3 - \frac{1}{2}u_2\partial^{-1}u_4 \end{pmatrix},$$

$$L_3 = \begin{pmatrix} \frac{1}{2}u_6 - \frac{1}{2}u_1\partial^{-1}u_5 & -\frac{1}{2}u_5 + \frac{1}{2}u_1\partial^{-1}u_6 \\ \frac{1}{2}u_6 + \frac{1}{2}u_2\partial^{-1}u_5 & \frac{1}{2}u_5 - \frac{1}{2}u_2\partial^{-1}u_6 \end{pmatrix},$$

$$L_4 = \begin{pmatrix} -\frac{1}{2}u_5 - \frac{1}{2}u_6\partial^{-1}u_2 & -\frac{1}{2}u_5 - \frac{1}{2}u_6\partial^{-1}u_1 \\ \frac{1}{2}u_6 - \frac{1}{2}u_5\partial^{-1}u_2 & -\frac{1}{2}u_6 - \frac{1}{2}u_5\partial^{-1}u_1 \end{pmatrix},$$

$$L_5 = \begin{pmatrix} -2\partial + \frac{1}{4}u_6\partial^{-1}u_3 & u_2 - u_1 - \frac{1}{4}u_6\partial^{-1}u_4 \\ u_1 + u_2 + \frac{1}{4}u_5\partial^{-1}u_3 & 2\partial - \frac{1}{4}u_5\partial^{-1}u_4 \end{pmatrix},$$

$$L_6 = \begin{pmatrix} \frac{1}{4}u_6\partial^{-1}u_5 & -\frac{1}{4}u_6\partial^{-1}u_6 \\ \frac{1}{4}u_5\partial^{-1}u_5 & -\frac{1}{4}u_5\partial^{-1}u_6 \end{pmatrix},$$

$$L_7 = \begin{pmatrix} -\frac{1}{2}u_3 + \frac{1}{2}u_4\partial^{-1}u_2 & -\frac{1}{2}u_3 + \frac{1}{2}u_4\partial^{-1}u_1 \\ \frac{1}{2}u_4 + \frac{1}{2}u_3\partial^{-1}u_2 & -\frac{1}{2}u_4 + \frac{1}{2}u_3\partial^{-1}u_1 \end{pmatrix},$$

$$L_8 = \begin{pmatrix} -\dfrac{1}{4}u_4\partial^{-1}u_3 & \dfrac{1}{4}u_4\partial^{-1}u_4 \\ -\dfrac{1}{4}u_3\partial^{-1}u_3 & \dfrac{1}{4}u_3\partial^{-1}u_4 \end{pmatrix},$$

$$L_9 = \begin{pmatrix} -2\partial - \dfrac{1}{4}u_4\partial^{-1}u_5 & u_1 - u_2 + \dfrac{1}{4}u_4\partial^{-1}u_6 \\ -u_1 - u_2 - \dfrac{1}{4}u_3\partial^{-1}u_5 & 2\partial + \dfrac{1}{4}u_3\partial^{-1}u_6 \end{pmatrix}.$$

因此, 新超孤子族 (120) 具有下面的超 Hamilton 结构

$$u_{t_n} = K_n(u) = J\frac{\delta H_n}{\delta u}, \quad n \geqslant 0. \tag{130}$$

3.4.3 新 6 分量超孤子族的自相容源

考虑线性系统

$$\begin{pmatrix} \varphi_{1j} \\ \varphi_{2j} \\ \varphi_{3j} \end{pmatrix}_x = U \begin{pmatrix} \varphi_{1j} \\ \varphi_{2j} \\ \varphi_{3j} \end{pmatrix}, \quad \begin{pmatrix} \varphi_{1j} \\ \varphi_{2j} \\ \varphi_{3j} \end{pmatrix}_t = V \begin{pmatrix} \varphi_{1j} \\ \varphi_{2j} \\ \varphi_{3j} \end{pmatrix}. \tag{131}$$

基于文献 [196] 的结论, 可得以下方程

$$\frac{\delta H_k}{\delta u} + \sum_{j=1}^{N} \alpha_j \frac{\delta \lambda_j}{\delta u} = 0, \tag{132}$$

其中 α_j 是常数, 决定一个流的有限维不变量

$$\frac{\delta H_n}{\delta u} = L\frac{\delta H_{n-1}}{\delta u} = \cdots = L^n\frac{\delta H_0}{\delta u}, \quad n = 1, 2, \cdots,$$
$$\frac{\delta}{\delta u} = \left(\frac{\delta}{\delta u_1}, \cdots, \frac{\delta}{\delta u_6}\right)^{\mathrm{T}}. \tag{133}$$

由 (132) 式, 可知

$$\frac{\delta \lambda_j}{\delta u_i} = \frac{1}{3}\mathrm{Str}\left(\Psi_j\frac{\partial U(u, \lambda_j)}{\delta u_i}\right), \quad i = 1, 2, \cdots, 6, \tag{134}$$

其中 Str 代表矩阵的迹

$$\Psi_j = \begin{pmatrix} \varphi_{1j}\varphi_{2j} & -\varphi_{1j}^2 & \varphi_{1j}\varphi_{3j} \\ \varphi_{2j}^2 & -\varphi_{1j}\varphi_{2j} & \varphi_{2j}\varphi_{3j} \\ \varphi_{2j}\varphi_{3j} & -\varphi_{1j}\varphi_{3j} & 0 \end{pmatrix}, \quad j = 1, 2, \cdots, N. \tag{135}$$

基于方程 (132), 对于系统 (120), 设

$$\frac{\delta H_n}{\delta u} = \sum_{j=1}^{N} \frac{\delta \lambda_j}{\delta u}, \tag{136}$$

可得 $\dfrac{\delta \lambda_j}{\delta u}$ 为

$$\sum_{j=1}^{N} \frac{\delta \lambda_j}{\delta u_i} = \sum_{j=1}^{N} \begin{pmatrix} \operatorname{Str}\left(\Psi_j \dfrac{\delta U}{\delta u_1}\right) \\ \operatorname{Str}\left(\Psi_j \dfrac{\delta U}{\delta u_2}\right) \\ \operatorname{Str}\left(\Psi_j \dfrac{\delta U}{\delta u_3}\right) \\ \operatorname{Str}\left(\Psi_j \dfrac{\delta U}{\delta u_4}\right) \\ \operatorname{Str}\left(\Psi_j \dfrac{\delta U}{\delta u_5}\right) \\ \operatorname{Str}\left(\Psi_j \dfrac{\delta U}{\delta u_6}\right) \end{pmatrix} = \begin{pmatrix} -\dfrac{1}{2}\langle \Phi_1, \Phi_1 \rangle + \dfrac{1}{2}\langle \Phi_2, \Phi_2 \rangle \\ \dfrac{1}{2}\langle \Phi_1, \Phi_1 \rangle + \dfrac{1}{2}\langle \Phi_2, \Phi_2 \rangle \\ -\dfrac{1}{2}\langle \Phi_2, \Phi_3 \rangle \\ \dfrac{1}{2}\langle \Phi_1, \Phi_3 \rangle \\ \dfrac{1}{2}\langle \Phi_2, \Phi_3 \rangle \\ \dfrac{1}{2}\langle \Phi_1, \Phi_3 \rangle \end{pmatrix},$$

其中 $\Phi_i = (\varphi_{i1}, \cdots, \varphi_{iN})^{\mathrm{T}}(i = 1, 2, 3).$

因此, 带自相容源的新 6 分量可积超孤子族为

$$u_{t_n} = \begin{pmatrix} u_1 \\ u_2 \\ u_3 \\ u_4 \\ u_5 \\ u_6 \end{pmatrix}_{t_n} = J\frac{\delta H_n}{\delta u_i} + J\sum_{j=1}^{N} \frac{\delta \lambda_j}{\delta u_i}$$

$$= J \begin{pmatrix} b_{n+1} \\ -c_{n+1} \\ -\dfrac{1}{2}\varepsilon_{n+1} \\ \dfrac{1}{2}\tau_{n+1} \\ \dfrac{1}{2}\rho_{n+1} \\ \dfrac{1}{2}\delta_{n+1} \end{pmatrix} + J \begin{pmatrix} -\dfrac{1}{2}\langle \Phi_1, \Phi_1 \rangle + \dfrac{1}{2}\langle \Phi_2, \Phi_2 \rangle \\ \dfrac{1}{2}\langle \Phi_1, \Phi_1 \rangle + \dfrac{1}{2}\langle \Phi_2, \Phi_2 \rangle \\ -\dfrac{1}{2}\langle \Phi_2, \Phi_3 \rangle \\ \dfrac{1}{2}\langle \Phi_1, \Phi_3 \rangle \\ \dfrac{1}{2}\langle \Phi_2, \Phi_3 \rangle \\ \dfrac{1}{2}\langle \Phi_1, \Phi_3 \rangle \end{pmatrix}. \tag{137}$$

当 $n = 2$ 时, 可得带自相容源的超孤子方程如下

$$\begin{cases} u_{1t_2} = \dfrac{1}{2}u_{2xx} + u_2^3 - u_2 u_1^2 - u_2 u_3 u_6 - u_2 u_4 u_5 - \dfrac{1}{2}u_3 u_{5x} + \dfrac{1}{2}u_4 u_{6x} \\ \qquad\quad - \dfrac{1}{2}u_5 u_{3x} + \dfrac{1}{2}u_6 u_{4x} - \dfrac{1}{2}\sum\limits_{j=1}^{N}(\varphi_{1j}^2 + \varphi_{2j}^2), \\[2mm] u_{2t_2} = \dfrac{1}{2}u_{1xx} - u_1^3 + u_1 u_2^2 - u_1 u_3 u_6 - u_1 u_4 u_5 - \dfrac{1}{2}u_3 u_{5x} - \dfrac{1}{2}u_4 u_{6x} \\ \qquad\quad - \dfrac{1}{2}u_5 u_{3x} - \dfrac{1}{2}u_6 u_{4x} - \dfrac{1}{2}\sum\limits_{j=1}^{N}(\varphi_{1j}^2 - \varphi_{2j}^2), \\[2mm] u_{3t_2} = 2u_{3xx} + (u_1 + u_2)u_{4x} + \dfrac{1}{2}u_3 u_2^2 - \dfrac{1}{2}u_3 u_1^2 - \dfrac{1}{2}u_3 u_4 u_5 + \dfrac{1}{2}u_4 u_{1x} \\ \qquad\quad + \dfrac{1}{2}u_4 u_{2x} + \dfrac{1}{2}\sum\limits_{j=1}^{N}\varphi_{1j}\varphi_{3j}, \\[2mm] u_{4t_2} = -2u_{4xx} - (u_1 - u_2)u_{3x} + \dfrac{1}{2}u_4 u_3 u_6 + \dfrac{1}{2}u_3(u_1 - u_2)_x \\ \qquad\quad - \dfrac{1}{2}u_4 u_2^2 + \dfrac{1}{2}u_4 u_1^2 - \dfrac{1}{2}\sum\limits_{j=1}^{N}\varphi_{2j}\varphi_{3j}, \\[2mm] u_{5t_2} = 2u_{5xx} - (u_1 + u_2)u_{6x} + \dfrac{1}{2}u_5 u_2^2 - \dfrac{1}{2}u_5 u_1^2 - \dfrac{1}{2}u_5 u_3 u_6 \\ \qquad\quad - \dfrac{1}{2}u_6(u_1 + u_2)_x - \dfrac{1}{2}\sum\limits_{j=1}^{N}\varphi_{1j}\varphi_{3j}, \\[2mm] u_{6t_2} = -2u_{6xx} + (u_1 - u_2)u_{5x} - \dfrac{1}{2}u_6 u_2^2 + \dfrac{1}{2}u_6 u_1^2 + \dfrac{1}{2}u_6 u_4 u_5 \\ \qquad\quad - \dfrac{1}{2}u_5(u_1 - u_2)_x - \dfrac{1}{2}\sum\limits_{j=1}^{N}\varphi_{2j}\varphi_{3j}, \end{cases} \tag{138}$$

其中 $\Phi_i = (\varphi_{i1}, \cdots, \varphi_{iN})^{\mathrm{T}} (i = 1, 2, 3)$ 满足

$$
\begin{cases}
\varphi_{1jx} = \dfrac{1}{2}\lambda^{-1}\varphi_{1j} + \dfrac{1}{2}(u_1 + u_2)\varphi_{2j} + \dfrac{1}{2}u_3\varphi_{3j}, \\[2mm]
\varphi_{2jx} = \dfrac{1}{2}(u_1 - u_2)\varphi_{1j} - \dfrac{1}{2}\lambda^{-1}\varphi_{2j} + \dfrac{1}{2}u_4\varphi_{3j}, \quad j = 1, \cdots, N. \\[2mm]
\varphi_{3jx} = \dfrac{1}{2}u_6\varphi_{1j} + \dfrac{1}{2}u_5\varphi_{2j},
\end{cases}
\tag{139}
$$

3.4.4 新 6 分量超孤子族的守恒律

下面将构造新 6 分量超孤子族的守恒律, 引进变量

$$
E = \frac{\varphi_2}{\varphi_1}, \quad K = \frac{\varphi_3}{\varphi_1}.
\tag{140}
$$

由 (115) 式, 可得

$$
E_x = \frac{1}{2}(u_1 - u_2) - \lambda^{-1}E + \frac{1}{2}u_4 K - \frac{1}{2}(u_1 + u_2)E^2 - \frac{1}{2}u_3 EK,
$$
$$
K_x = \frac{1}{2}u_6 + \frac{1}{2}u_5 E - \frac{1}{2}\lambda^{-1}K - \frac{1}{2}(u_1 + u_2)KE + \frac{1}{2}u_3 K^2.
\tag{141}
$$

把 E, K 展成 λ 的多项式

$$
E = \sum_{j=1}^{\infty} e_j \lambda^j, \quad K = \sum_{j=1}^{\infty} k_j \lambda^j.
\tag{142}
$$

将 (142) 代入 (141) 式, 比较 λ 的同次幂系数得

$$
e_1 = \frac{1}{2}(u_1 - u_2), \quad k_1 = u_6, \quad e_2 = \frac{1}{2}(u_2 - u_1)x + \frac{1}{2}u_4 u_6,
$$
$$
k_2 = -2u_{6x} + \frac{1}{2}u_5(u_1 - u_2),
$$
$$
e_3 = -\frac{1}{2}(u_2 - u_1)_{xx} - \frac{1}{2}u_{4x}u_6 - \frac{3}{2}u_4 u_{6x} + \frac{1}{4}(u_1 - u_2)u_4 u_5,
$$
$$
k_3 = 4u_{6xx} + \frac{3}{2}(u_2 - u_1)_x u_5 - (u_1 - u_2)u_{5x} + \frac{1}{2}u_5 u_4 u_6, \cdots,
\tag{143}
$$

e_j 和 k_j 的递推公式为

$$e_{j+1} = -e_{jx} + \frac{1}{2}u_4 k_j - \frac{1}{2}(u_1 + u_2)\sum_{l=1}^{j-1} e_l e_{j-l} - \frac{1}{2}u_3 \sum_{l=1}^{j-1} e_l k_{j-l},$$

$$k_{j+1} = -2k_{jx} + u_5 e_j - (u_1 + u_2)\sum_{l=1}^{j-1} k_l e_{j-l} + u_3 \sum_{l=1}^{j-1} k_l k_{j-l}, \quad j \geqslant 2.$$

$$\tag{144}$$

由于

$$\frac{\partial}{\partial t}\left[\frac{1}{2}\lambda^{-1} + \frac{1}{2}(u_1 + u_2)E + \frac{1}{2}u_3 K\right]$$

$$= \frac{\partial}{\partial x}\left[\frac{1}{2}(A + G) + \frac{1}{2}(B + C)E + \frac{1}{2}\delta K\right], \tag{145}$$

设 $\theta = \frac{1}{2}\lambda^{-1} + \frac{1}{2}(u_1 + u_2)E + \frac{1}{2}u_3 K$, $\nu = \frac{1}{2}(A + G) + \frac{1}{2}(B + C)E + \frac{1}{2}\delta K$.

则方程 (145) 可写为 $\theta_t = \nu_x$, 这正是守恒律的标准形式. 由 (121) 式可得

$$A = \lambda^{-2} + u_2^2 - u_1^2 - u_3 u_6 - u_4 u_5,$$

$$B = u_1 \lambda^{-1} + u_{2x},$$

$$C = u_2 \lambda^{-1} + u_{1x},$$

$$G = -\alpha \lambda^{-2} + u_4 u_5 - u_3 u_6,$$

$$\delta = u_3 \lambda^{-1} + 2u_{3x}. \tag{146}$$

把 θ 和 ν 展成 λ 的级数

$$\theta = \frac{1}{2}\lambda^{-1} + \sum_{j=1}^{\infty} \theta_j \lambda^j, \ \nu = \frac{1}{2}(1 - \alpha)\lambda^{-2} + \frac{1}{2}(u_2^2 - u_1^2 - 2u_3 u_6) + \sum_{j=1}^{\infty} \nu_j \lambda^j,$$

$$\tag{147}$$

方程 (121) 的前两项守恒密度和流为

$$\theta_1 = \frac{1}{4}(u_1 + u_2)^2 + \frac{1}{2}u_3u_6,$$

$$\nu_1 = \frac{1}{4}(u_1 + u_2)(u_2 - u_1)_x + \frac{1}{4}(u_1 + u_2)u_4u_6 + \frac{1}{4}(u_1 + u_2)_x(u_1 - u_2)$$

$$+\frac{1}{4}(u_1 - u_2)u_3u_5 + u_{3x}u_6 - u_3u_{6x},$$

$$\theta_2 = \frac{1}{4}(u_1 + u_2)(u_2 - u_1)_x + \frac{1}{4}(u_1 + u_2)u_4u_6 + \frac{1}{4}(u_1 - u_2)u_3u_5 - u_3u_{6x},$$

$$\nu_2 = \frac{1}{4}(u_1 + u_2)_x(u_{2x} - u_{1x} + u_4u_6) + u_{3x}\left(\frac{1}{2}u_1u_5 - \frac{1}{2}u_2u_5 - 2u_{6x}\right)$$

$$+\frac{1}{4}(u_1 + u_2)\left[(u_1 - u_2)_{xx} - u_{4x}u_6 - 3u_4u_{6x} + \frac{1}{2}(u_1 - u_2)u_4u_5\right]$$

$$+\frac{1}{2}u_3\left[4u_{6xx} + \frac{1}{2}u_5u_4u_6 + \frac{3}{2}u_5(u_2 - u_1)_x - (u_1 - u_2)u_{5x}\right]. \qquad (148)$$

这里 θ_j 的 ν_j 递归关系为

$$\theta_j = \frac{1}{2}(u_1 + u_2)e_j + \frac{1}{2}u_3k_j,$$

$$\nu_j = \frac{1}{2}(u_1 + u_2)e_{j+1} + \frac{1}{2}(u_1 + u_2)_xe_j + \frac{1}{2}u_3k_{j+1} + u_{3x}k_j, \qquad (149)$$

其中 e_j 和 k_j 由 (144) 式给出. 于是可得 (121) 式的两个守恒律为

$$\theta_{1t} = \nu_{1x}, \quad \theta_{2t} = \nu_{2x}, \qquad (150)$$

其中 $\theta_1, \nu_1, \theta_2$ 和 ν_2 由 (148) 式给出. 这样, 方程族 (120) 的无穷守恒律可容易地给出.

第 4 章　分数阶可积与超可积系统

近年来, 分数阶导数和积分成为国际上研究的热点, 它能更精确地描述物理学中的非线性现象. 例如, 布朗运动[198]、统计力学[199]、复杂介质中的动力学[200] 等. 寻找新的可积与超可积系统是孤立子理论中的一项重要而有意义的工作. 屠规彰用 Lie 代数和迹恒等式来构造可积系统及其 Hamilton 结构[28], 胡星标提出由超迹恒等式构造超可积系统及其超 Hamilton 结构[57], 于是很多的可积与超可积系统被得到[59-62]. 如何把分数阶理论推广到可积系统中去呢? 于发军给出分数阶耦合 Boussinesq 和 KdV 方程族[78], 吴国成和张盛给出了广义 Tu 公式, 得到了分数阶 AKNS 族及其 Hamilton 结构[79], 夏铁成和王惠给出了分数阶超迹恒等式, 并成功构造了分数阶超 AKNS 族及其超 Hamilton 结构[80].

本章内容有四节. 4.1 节介绍了分数阶可积系统. 4.2 节借助符号计算来研究分数阶可积系统, 由广义分数阶变分恒等式给出了 Kaup-Newell 族的分数阶可积耦合及其 Hamilton 结构. 4.3 节利用符号计算研究了 Kaup-Newell 族的分数阶非线性双可积耦合, 并求出了 Kaup-Newell 族双可积耦合的分数阶 Hamilton 结构. 4.4 节结合符号计算来研究分数阶超可积系统, 首先, 用超迹恒等式得到了分数阶超 Broer-Kaup-Kupershmidt 族及其超 Hamilton 结构. 其次, 给出了分数阶超 Broer-Kaup-Kupershmidt 族的非线性可积耦合及其超 Hamilton 结构.

4.1　分数阶可积系统

4.1.1　分数阶导数的定义与性质

关于分数阶导数有两类: 局域分数阶导数和非局域分数阶导数. 最常用的非局域分数阶导数是 Caputo 导数 [201], 但它要求所给的函数是可微的, 所以具有一定的局限性. 局域分数阶导数有几种: Cresson 分数阶导数 [202]、修正 Riemann-Liouville 导数 [203]、Chen 分数阶导数 [204] 等. Kolwankar 和 Gangal[205,206] 定义了如下的局域分数阶导数.

定义 4.1　设 $f(x)$ 是 R 上的连续函数, 则 $f(x)$ 的 α 阶导数为

$$D_{x+}^\alpha f(x) = \lim_{y \to x^+} \frac{1}{\Gamma(1-\alpha)} \frac{d}{dy} \int_x^y \frac{f(\xi) - f(x)}{(y-\xi)^\alpha} d\xi \quad (0 < \alpha < 1). \quad (1)$$

Chen 等 [207] 给出了下面的关系式

$$D_{x+}^\alpha f(x) = \lim_{y \to x^+} \frac{\Gamma(1+\alpha)(f(y) - f(x))}{(y-x)^\alpha} \quad (0 < \alpha < 1). \quad (2)$$

其主要性质如下.

性质 4.1 (广义积的 Leibniz 法则)　设 $f(x), g(x)$ 是 R 上的 α 阶可微函数, 则有

$$D_x^\alpha(f(x)g(x)) = g(x)D_x^\alpha f(x) + f(x)D_x^\alpha g(x). \quad (3)$$

证明　由 (2) 可得

$$D_x^\alpha(f(x)g(x)) = \lim_{y \to x^+} \frac{\Gamma(1+\alpha)[f(y)g(y) - f(x)g(x)]}{(y-x)^\alpha}$$

$$= \lim_{y \to x^+} \frac{\Gamma(1+\alpha)[f(y)g(y) - f(x)g(y) + f(x)g(y) - f(x)g(x)]}{(y-x)^\alpha}$$

$$= \lim_{y \to x^+} \frac{\Gamma(1+\alpha)[f(y) - f(x)]g(y)}{(y-x)^\alpha}$$

$$\quad + \lim_{y \to x^+} \frac{\Gamma(1+\alpha)[g(y) - g(x)]f(x)}{(y-x)^\alpha}$$

$$= g(x)D_x^\alpha f(x) + f(x)D_x^\alpha g(x). \tag{4}$$

性质 4.2 (广义 Newton-Leibniz 公式)   令 $_0I_x^\alpha$ 表示 Riemann-Liouville 积分, 形式如下

$$_0I_x^\alpha f(x) = \frac{1}{\Gamma(\alpha+1)} \int_0^x f(\xi)(d\xi)^\alpha \quad (0 < \alpha < 1), \tag{5}$$

于是有广义 Newton-Leibniz 公式

$$_0I_x^\alpha D_x^\alpha f(x) = f(x) - f(0) \quad (0 < \alpha < 1). \tag{6}$$

性质 4.3 (分步积分公式)   设 $f(x), g(x)$ 是 R 上的 α 阶可微函数, 由式 (1) 和 (2) 可知

$$_0I_x^\alpha[g(x)D_x^\alpha f(x)] = f(x)g(x)|_0^x - {_0I_x^\alpha}[f(x)D_x^\alpha g(x)]. \tag{7}$$

性质 4.4 (分数阶变分导数)   从 Jumarie 变分导数 [208]、Almeida 分数变分法 [209] 和 Yang 分数可微函数的变分原理 [210], 给出分数阶变分导数

$$\frac{\delta L}{\delta y} = \frac{\partial L}{\partial y} + \sum_{k=1}^{\infty} (-1)^k (D_x^\alpha)^k \frac{\partial L}{\partial (D_x^\alpha)^k y}, \tag{8}$$

其中 k 是正整数.

性质 4.1—性质 4.4 可以用类似的方法讨论, 其证明过程略.

4.1.2   广义分数阶变分恒等式

令 G 是 s-维的 Lie 代数

$$G = \text{span}\{e_1, e_2, \cdots, e_s\}, \tag{9}$$

相应的圈代数 $\tilde{G}$ 如下

$$e_i(m) = e_i\lambda^m, \quad [e_i(m), e_j(n)] = [e_i, e_j]\lambda^{m+n},$$
$$i = 1, 2, \cdots, s, \quad m = 0, \pm 1, \pm 2, \cdots. \tag{10}$$

定义 4.2   设 $U = U(u, \lambda)$ (V) 是一 $n \times n$ 矩阵, 其中 n 是正整数. 称 U (V) 是 α 阶可微是指 U (V) 中的每个分量是 α 阶可微.

在圈代数 $\tilde{G}$ 中, 考虑下面的分数阶等谱问题

$$D_x^\alpha \phi = U\phi, \quad \lambda_t = 0, \tag{11a}$$
$$D_t^\beta \phi = V\phi, \quad U, V \in \tilde{G}. \tag{11b}$$

由 (11) 的相容性条件给出分数阶零曲率方程

$$D_t^\beta U - D_x^\alpha V + [U, V] = 0. \tag{12}$$

对于给定的谱矩阵 $U = U(\lambda, u_i) = \sum_{i=1}^s u_i e_i$, 为了保持 U 是齐秩的, 需要定义恰当的秩 $\text{rank}(\lambda)$ 和 $\text{rank}(u_i)$, 因此定义

$$\text{rank}(U) = \text{rank}\left(\frac{\partial^\alpha}{\partial x^\alpha}\right) = \alpha = \text{const.} \tag{13}$$

令

$$V = \sum_{m \geqslant 0} V_m \lambda^{-m}, \quad V_m = \sum_{i=1}^s V_{mi} e_i \in \tilde{G}, \tag{14}$$

假定 $\mathrm{rank}(V_m)$ 是已知的, 设 $\mathrm{rank}(V_m\lambda^{-m})$ 是一常数, 即

$$\mathrm{rank}(V) = \mathrm{rank}(V_m\lambda^{-m}) = b = \mathrm{const}, \quad m \geqslant 0. \tag{15}$$

设 V_1 和 V_2 是分数阶驻定零曲率方程

$$D_x^\alpha V = [U, V] \tag{16}$$

的任意两个同秩解, 则它们具有线性关系

$$V_1 = \gamma V_2, \quad \gamma = \mathrm{const.} \tag{17}$$

定义 Lie 代数 G 上的广义双线性形式 $\langle \cdot, \cdot \rangle$, 满足:

(i) 对称性

$$\langle A, B \rangle = \langle B, A \rangle. \tag{18}$$

(ii) 双线性

$$\langle \alpha A + \beta B, C \rangle = \alpha \langle A, C \rangle + \beta \langle B, C \rangle. \tag{19}$$

(iii) 可交换性

$$\langle A, [B, C] \rangle = \langle [A, B], C \rangle. \tag{20}$$

引入泛函

$$W = \langle V, U_\lambda \rangle + \langle \wedge, D_x^\alpha V - [U, V] \rangle, \tag{21}$$

其中 U_λ 表示 U 对 λ 的偏导数, U 和 V 如 (11) 所示, $\wedge \in \tilde{G}$ 待定.

在局域分数阶导数的意义下, 泛函 $\langle A, B \rangle$ 的梯度 $\nabla_B \langle A, B \rangle$ 定义如下

$$\langle \nabla_B \langle A, B \rangle, V \rangle = D_\epsilon^\alpha \langle A, B + \epsilon V \rangle |_{\epsilon=0}, \quad A, B, V \in \tilde{G}. \tag{22}$$

易知

$$\nabla_B \langle A, B \rangle = A, \quad \nabla_B \langle A, D_x^\alpha B \rangle = -D_x^\alpha A, \tag{23}$$

对于泛函 W 变分的计算, 给出下面的约束条件

$$\begin{aligned} \nabla_\vee W &= U_\lambda - D_x^\alpha \wedge + [U, \wedge] = 0, \\ \nabla_\wedge W &= D_x^\alpha V - [U, V] = 0. \end{aligned} \tag{24}$$

于是有

$$\frac{\delta}{\delta u} \langle V, U_\lambda \rangle = \frac{\delta W}{\delta u}, \tag{25}$$

其中 $\dfrac{\delta}{\delta u}$ 是关于位势 u 的变分导数. 由可交换性 (20), 可得

$$\frac{\delta}{\delta u} \langle V, U_\lambda \rangle = \frac{\delta W}{\delta u} = \left\langle V, \frac{\delta U_\lambda}{\delta u} \right\rangle + \left\langle [\wedge, V], \frac{\delta U}{\delta u} \right\rangle, \tag{26}$$

利用 (24) 和 Jacobi 等式, 有

$$\begin{aligned} D_x^\alpha[\wedge, V] &= [D_x^\alpha \wedge, V] + [\wedge, D_x^\alpha V] \\ &= [U_\lambda + [U, \wedge], V] + [\wedge, [U, V]] \\ &= [U_\lambda, V] + [V, [\wedge, U]] + [\wedge, [U, V]] \\ &= [U_\lambda, V] + [U, [\wedge, V]], \end{aligned} \tag{27}$$

从 (24) 可得

$$D_x^\alpha(V_\lambda) = [U_\lambda, V] + [U, V_\lambda]. \tag{28}$$

因此, $Z = [\wedge, V] - V_\lambda$ 满足

$$D_x^\alpha Z = [U, Z]. \tag{29}$$

由 (17) 中解的唯一性和 $\mathrm{rank}(Z) = \mathrm{rank}(V_\lambda) = \mathrm{rank}\left(\frac{1}{\lambda} V\right)$, 则存在一常数 γ

$$[\wedge, V] - V_\lambda = Z = \frac{\gamma}{\lambda} V, \tag{30}$$

其中 $\dfrac{1}{\lambda}V$ 是 (16) 的解.

最后 (26) 能写成下面形式

$$
\begin{aligned}
\frac{\delta}{\delta u}\langle V, U_\lambda\rangle &= \left\langle V, \frac{\partial U_\lambda}{\partial u}\right\rangle + \left\langle V_\lambda, \frac{\partial U}{\partial u}\right\rangle + \frac{\gamma}{\lambda}\left\langle V, \frac{\partial U}{\partial u}\right\rangle \\
&= \frac{\partial}{\partial \lambda}\left\langle V, \frac{\partial U}{\partial u}\right\rangle + \left(\lambda^{-\gamma}\frac{\partial}{\partial \lambda}\lambda^\gamma\right)\left\langle V, \frac{\partial U}{\partial u}\right\rangle \\
&= \lambda^{-\gamma}\frac{\partial}{\partial \lambda}\left(\lambda^\gamma\left\langle V, \frac{\partial U}{\partial u}\right\rangle\right).
\end{aligned}
\tag{31}
$$

定理 4.1 (广义分数阶变分恒等式)[211]   如果 $U \in \tilde{G}$ 是齐秩的, $\langle\cdot,\cdot\rangle$ 是矩阵 Lie 代数下非退化对称的广义双线性形式. 假设驻定零曲率方程 (16) 在相差非零常数倍意义下的解是唯一的. 那么, 对于任意满足驻定零曲率方程的齐秩解成立广义分数阶变分恒等式

$$
\frac{\delta}{\delta u}\langle V, U_\lambda\rangle = \lambda^{-\gamma}\frac{\partial}{\partial \lambda}\left(\lambda^\gamma\left\langle V, \frac{\partial U}{\partial u}\right\rangle\right),
\tag{32}
$$

其中 γ 是常数.

4.2 Kaup-Newell 族的分数阶可积耦合及其 Hamilton 结构

4.2.1 Kaup-Newell 族的分数阶可积耦合

取 Lie 代数 G 如第 2 章 (100) 所示

$$
G = \mathrm{span}\{g_1, g_2, g_3, g_4, g_5, g_6\},
\tag{33}
$$

其中

$$
g_1 = \begin{pmatrix} e_1 & 0 \\ 0 & e_1 \end{pmatrix}, \quad
g_2 = \begin{pmatrix} e_2 & 0 \\ 0 & e_2 \end{pmatrix}, \quad
g_3 = \begin{pmatrix} e_3 & 0 \\ 0 & e_3 \end{pmatrix},
$$

$$g_4 = \begin{pmatrix} 0 & e_1 \\ 0 & e_1 \end{pmatrix}, \quad g_5 = \begin{pmatrix} 0 & e_2 \\ 0 & e_2 \end{pmatrix}, \quad g_6 = \begin{pmatrix} 0 & e_3 \\ 0 & e_3 \end{pmatrix},$$

这里 e_1, e_2, e_3 由第 2 章 (98) 给出. 其交换子定义为

$$[a, b] = ab - ba, \quad a, b \in G, \tag{34}$$

有

$$[g_1, g_2] = 2g_3, \quad [g_1, g_3] = 2g_2, \quad [g_2, g_3] = -2g_1, \quad [g_1, g_5] = 2g_6,$$

$$[g_1, g_6] = 2g_5, \quad [g_2, g_4] = -2g_6, \quad [g_2, g_6] = -2g_4,$$

$$[g_3, g_4] = -2g_5, \quad [g_3, g_5] = 2g_4, \quad [g_4, g_5] = 2g_6, \tag{35}$$

$$[g_4, g_6] = 2g_5, \quad [g_5, g_6] = -2g_4, \quad [g_1, g_4] = [g_3, g_6] = 0.$$

Lie 代数 (33) 相应的圈代数如下

$$\tilde{G} = \mathrm{span}\{g_1(n), g_2(n), g_3(n), g_4(n), g_5(n), g_6(n)\}, \tag{36}$$

这里 $g_i(n) = g_i \lambda^n$, $[g_i(m), g_j(n)] = [g_i, g_j]\lambda^{m+n}, 1 \leqslant i, j \leqslant 6, m, n \in Z.$

由圈代数 (36), 考虑下面的等谱问题 [212]

$$U = -g_1(1) + qg_2(1) + rg_3(0) + u_1g_5(1) + u_2g_6(0), \tag{37}$$

其中 λ 是谱参数, 以及

$$V = \sum_{m \geqslant 0} [V_{1m}g_1(-m) + V_{2m}g_2(1-m) + V_{3m}g_3(-m) + V_{4m}g_4(-m)$$

$$+ V_{5m}g_5(1-m) + V_{6m}g_6(-m)]. \tag{38}$$

由此解驻定零曲率方程

$$D_x^\alpha V = [U, V], \tag{39}$$

给出

$$V_{1mx}^{\alpha} = qV_{3m+1} - rV_{2m+1},$$

$$V_{2mx}^{\alpha} = -2V_{2m+1} - 2qV_{1m},$$

$$V_{3mx}^{\alpha} = 2V_{3m+1} + 2rV_{1m},$$

$$V_{4mx}^{\alpha} = qV_{6m+1} - rV_{5m+1} + u_1V_{3m+1} + u_1V_{6m+1} - u_2V_{2m+1} - u_2V_{5m+1},$$

$$V_{5mx}^{\alpha} = -2V_{5m+1} - 2qV_{4m} - 2u_1V_{1m} - 2u_1V_{4m},$$

$$V_{6mx}^{\alpha} = 2V_{6m+1} + 2rV_{4m} + 2u_2V_{1m} + 2u_2V_{4m},$$

$$V_{20} = V_{30} = V_{40} = V_{50} = V_{60} = 0, \quad V_{10} = 1, \quad V_{21} = -q,$$

$$V_{31} = -r, V_{41} = -\frac{1}{2}(qu_2 + ru_1 + u_1u + 2), V_{51} = -u_1, V_{61} = -u_2, \cdots.$$

$$(40)$$

取

$$V^{(n)} = (\lambda^n V)_+ + \Delta_n, \quad \Delta_n = -V_{1n}g_1(0) - V_{4n}g_4(0). \tag{41}$$

借助分数阶零曲率方程

$$D_t^{\beta} U - D_x^{\alpha} V^{(n)} + [U, V^{(n)}] = 0, \tag{42}$$

导出分数阶非线性可积耦合方程族

$$U_t^{\beta} = \begin{pmatrix} q_t^{\beta} \\ r_t^{\beta} \\ u_{1t}^{\beta} \\ u_{2t}^{\beta} \end{pmatrix} = J \begin{pmatrix} \xi_1 V_{3n} + \xi_2 V_{6n} \\ \xi_1 V_{2n} + \xi_2 V_{5n} \\ \xi_2(V_{3n} + V_{6n}) \\ \xi_2(V_{2n} + V_{5n}) \end{pmatrix} = JL^{n-1} \begin{pmatrix} -\xi_1 r - \xi_2 u_2 \\ -\xi_1 q - \xi_2 u_1 \\ -\xi_2(r + u_2) \\ -\xi_2(q + u_1) \end{pmatrix},$$

$$(43)$$

其中 Hamilton 算子 J 和递归算子 L 分别为

$$J = \frac{1}{\xi_1 - \xi_2} \begin{pmatrix} 0 & D_x^\alpha & 0 & -D_x^\alpha \\ D_x^\alpha & 0 & -D_x^\alpha & 0 \\ 0 & -D_x^\alpha & 0 & D_x^\alpha \dfrac{\xi_1}{\xi_2} \\ -D_x^\alpha & 0 & D_x^\alpha \dfrac{\xi_1}{\xi_2} & 0 \end{pmatrix},$$

$$L = \begin{pmatrix} M_1 & M_2 & M_5 & M_6 \\ M_3 & M_4 & M_7 & M_8 \\ 0 & 0 & M_1 & M_2 \\ 0 & 0 & M_3 & M_4 \end{pmatrix},$$

$$M_1 = -\frac{1}{2} r D_x^{-\alpha} q D_x^\alpha + \frac{1}{2} D_x^\alpha, \quad M_2 = -\frac{1}{2} r D_x^{-\alpha} r D_x^\alpha,$$

$$M_3 = -\frac{1}{2} q D_x^{-\alpha} q D_x^\alpha, \quad M_4 = -\frac{1}{2} q D_x^{-\alpha} r D_x^\alpha - \frac{1}{2} D_x^\alpha,$$

$$M_5 = (r + u_2) D_x^{-\alpha} u_1 D_x^\alpha + u_2 D_x^{-\alpha} q D_x^\alpha,$$

$$M_6 = (r + u_2) D_x^{-\alpha} u_2 D_x^\alpha + u_2 D_x^{-\alpha} r D_x^\alpha,$$

$$M_7 = (q + u_1) D_x^{-\alpha} u_1 D_x^\alpha + u_1 D_x^{-\alpha} q D_x^\alpha,$$

$$M_8 = (q + u_1) D_x^{-\alpha} u_2 D_x^\alpha + u_1 D_x^{-\alpha} r D_x^\alpha. \tag{44}$$

当取 $n = 2$ 时, 则方程族 (43) 约化为 Kaup-Newell 方程的分数阶可积耦合

$$\begin{cases} D_t^\beta q = \dfrac{1}{2} D_x^\alpha D_x^\alpha q + \dfrac{1}{2} D_x^\alpha (q^2 r), \\ D_t^\beta r = -\dfrac{1}{2} D_x^\alpha D_x^\alpha r + \dfrac{1}{2} D_x^\alpha (q r^2), \\ D_t^\beta u_1 = \dfrac{1}{2} D_x^\alpha D_x^\alpha u_1 + \dfrac{1}{2} D_x^\alpha (q^2 u_2 + r u_1^2 + u_1^2 u_2 + 2 q r u_1 + 2 q u_1 u_2), \\ D_t^\beta u_2 = -\dfrac{1}{2} D_x^\alpha D_x^\alpha u_2 + \dfrac{1}{2} D_x^\alpha (r^2 u_1 + q u_2^2 + u_1 u_2^2 + 2 q r u_2 + 2 r u_1 u_2). \end{cases} \tag{45}$$

如果令 $\alpha = \beta = 1$, 则 (45) 能约化成经典 Kaup-Newell 方程的可积耦合

$$\begin{cases} q_t = \dfrac{1}{2}q_{xx} + \dfrac{1}{2}(q^2r)_x, \\[2mm] r_t = -\dfrac{1}{2}r_{xx} + \dfrac{1}{2}(qr^2)_x, \\[2mm] u_{1t} = \dfrac{1}{2}u_{1xx} + \dfrac{1}{2}(q^2u_2 + ru_1^2 + u_1^2u_2 + 2qru_1 + 2qu_1u_2)_x, \\[2mm] u_{2t} = -\dfrac{1}{2}u_{2xx} + \dfrac{1}{2}(r^2u_1 + qu_2^2 + u_1u_2^2 + 2qru_2 + 2ru_1u_2)_x. \end{cases} \quad (46)$$

显然, 如果取 $u_1 = u_2 = 0$, 则 (46) 能约化成经典 Kaup-Newell 方程. 因此, 称 (43) 给出了 Kaup-Newell 族的分数阶可积耦合.

4.2.2 Hamilton 结构

下面应用广义分数阶变分恒等式来构造 Kaup-Newell 族分数阶可积耦合的 Hamilton 结构. 在 Lie 代数 R^6 意义下, U 和 V 被 σ 映成下面形式,

$$U = (-\lambda, \lambda q, r, 0, \lambda u_1, u_2)^{\mathrm{T}}, \quad V = (V_1, \lambda V_2, V_3, V_4, \lambda V_5, V_6)^{\mathrm{T}}, \quad (47)$$

其中 $V_i = \sum_{m \geqslant 0} V_{im}\lambda^{-m}, i = 1, \cdots, 6$, 映射 σ 如第 2 章 (129) 所示. 直接计算给出

$$\langle V, U_q \rangle = \lambda\xi_1 V_3 + \lambda\xi_2 V_6, \quad \langle V, U_r \rangle = \lambda\xi_1 V_2 + \lambda\xi_2 V_5,$$

$$\langle V, U_{u_1} \rangle = \lambda\xi_2(V_3 + V_6), \quad \langle V, U_{u_2} \rangle = \lambda\xi_2(V_2 + V_5), \quad (48)$$

$$\langle V, U_\lambda \rangle = \xi_1(-2V_1 + qV_3) + \xi_2(u_1V_3 - 2V_4 + qV_6 + u_1V_6).$$

由广义分数阶迹变分恒等式 (32) 得

$$\frac{\delta}{\delta u}[\xi_1(-2V_1 + qV_3) + \xi_2(u_1V_3 - 2V_4 + qV_6 + u_1V_6)]$$

$$=\lambda^{-\gamma}\frac{\partial}{\partial\lambda}\lambda^{\gamma}\begin{pmatrix} \lambda\xi_1V_3 + \lambda\xi_2V_6 \\ \lambda\xi_1V_2 + \lambda\xi_2V_5 \\ \lambda\xi_2(V_3 + V_6)\lambda\xi_2(V_2 + V_5) \end{pmatrix}. \tag{49}$$

比较方程两端 λ^{-n} 的同次幂系数得

$$\frac{\delta}{\delta u}[\xi_1(-2V_{1n} + qV_{3n}) + \xi_2(u_1V_{3n} - 2V_{4n} + qV_{6n} + u_1V_{6n})]$$

$$= (\gamma - n + 1)\begin{pmatrix} \xi_1V_{3n} + \xi_2V_{6n} \\ \xi_1V_{2n} + \xi_2V_{5n} \\ \xi_2(V_{3n} + V_{6n}) \\ \xi_2(V_{2n} + V_{5n}) \end{pmatrix}. \tag{50}$$

容易算出 $\gamma = 0$. 于是有

$$\frac{\delta[\xi_1(2V_{1n} - qV_{3n}) + \xi_2(2V_{4n} - u_1V_{3n} - qV_{6n} - u_1V_{6n})/(n-1)]}{\delta u}$$

$$=\begin{pmatrix} \xi_1V_{3n} + \xi_2V_{6n} \\ \xi_1V_{2n} + \xi_2V_{5n} \\ \xi_2(V_{3n} + V_{6n}) \\ \xi_2(V_{2n} + V_{5n}) \end{pmatrix}. \tag{51}$$

因此, Kaup-Newell 族分数阶非线性可积耦合 (43) 具有 Hamilton 结构

$$U_t^{\beta} = \begin{pmatrix} q_t^{\beta} \\ r_t^{\beta} \\ u_{1t}^{\beta} \\ u_{2t}^{\beta} \end{pmatrix} = J\frac{\delta H_n}{\delta u}, \tag{52}$$

其中 $H_n = \dfrac{\xi_1(2V_{1n} - qV_{3n}) + \xi_2(2V_{4n} - u_1V_{3n} - qV_{6n} - u_1V_{6n})}{n-1}$ 是分数阶

Hamilton 函数.

4.3 分数阶 Kaup-Newell 族的双可积耦合

及其 Hamilton 结构

4.3.1 分数阶 Kaup-Newell 族

分数阶 Kaup-Newell 族的谱问题为[213]

$$D_x^\alpha \varphi = U(u, \lambda)\varphi, \quad U = \begin{pmatrix} -\lambda & \lambda q \\ r & \lambda \end{pmatrix}, \quad u = \begin{pmatrix} q \\ r \end{pmatrix}. \tag{53}$$

设

$$W = \begin{pmatrix} a & \lambda b \\ c & -a \end{pmatrix} = \sum_{m \geqslant 0} W_m \lambda^{-m} = \sum_{m \geqslant 0} \begin{pmatrix} a_m & \lambda b_m \\ c_m & -a_m \end{pmatrix} \lambda^{-m}, \tag{54}$$

由驻定零曲率方程

$$D_x^\alpha W = [U, W], \tag{55}$$

可得

$$\begin{cases} D_x^\alpha a_m = -rb_{m+1} + qc_{m+1}, \\ D_x^\alpha b_m = -2b_{m+1} - 2qa_m, \\ D_x^\alpha c_m = 2ra_m + 2c_{m+1}, \\ b_0 = c_0 = 0, a_0 = 1, b_1 = -q, c_1 = -r, a_1 = -\dfrac{1}{2}qr, \\ b_2 = \dfrac{1}{2}D_x^\alpha q + \dfrac{1}{2}q^2 r, c_2 = -\dfrac{1}{2}D_x^\alpha r + \dfrac{1}{2}qr^2, \\ a_2 = \dfrac{1}{4}rD_x^\alpha q - \dfrac{1}{4}qD_x^\alpha r + \dfrac{3}{8}q^2 r^2, \cdots. \end{cases} \tag{56}$$

令

$$V^{(n)} = (\lambda^n W)_+ + \Delta_n, \tag{57}$$

其中修正项 $\Delta_n = -a_n e_1$. 借助分数阶零曲率方程

$$D_{t_n}^\beta U - D_x^\alpha V^{(n)} + [U, V^{(n)}] = 0, \tag{58}$$

导出分数阶 Kaup-Newell 族

$$D_{t_n}^\beta u = K_n(u) = (D_x^\alpha b_n, D_x^\alpha c_n)^{\mathrm{T}}$$

$$= J\frac{\delta H_n}{\delta u}, \quad n \geqslant 1, \tag{59}$$

其中 Hamilton 算子 J、Hamilton 函数和递归算子 L 分别为

$$J = \begin{pmatrix} 0 & D_x^\alpha \\ D_x^\alpha & 0 \end{pmatrix}, \quad H_n = \frac{2a_n - qc_n}{n},$$

$$L = \begin{pmatrix} -\frac{1}{2}D_x^\alpha - \frac{1}{2}D_x^\alpha q D_x^{-\alpha} r & -\frac{1}{2}D_x^\alpha q D_x^{-\alpha} q \\ -\frac{1}{2}D_x^\alpha r D_x^{-\alpha} r & \frac{1}{2}D_x^\alpha - \frac{1}{2}D_x^\alpha r D_x^{-\alpha} q \end{pmatrix}. \tag{60}$$

当 $n = 2$ 时, 方程族 (59) 能约化为二阶的分数阶 Kaup-Newell 方程

$$\begin{cases} D_{t_2}^\beta q = D_x^\alpha \left(\frac{1}{2}D_x^\alpha q + \frac{1}{2}q^2 r \right), \\ D_{t_2}^\beta r = D_x^\alpha \left(-\frac{1}{2}D_x^\alpha r + \frac{1}{2}qr^2 \right). \end{cases} \tag{61}$$

4.3.2　分数阶双可积耦合

引入扩大的谱问题

$$\bar{U}(\bar{u}) = \begin{pmatrix} U & U_1 & U_2 \\ 0 & U + \xi U_1 & U_1 \\ 0 & 0 & U \end{pmatrix}, \quad \bar{u} = \begin{pmatrix} q \\ r \\ p_1 \\ p_2 \\ w_1 \\ w_2 \end{pmatrix}, \tag{62}$$

其中 U 如 (53) 式定义, 耦合的谱矩阵 U_1 和 U_2 分别为

$$U_1 = U_1(u_1) = \begin{pmatrix} 0 & \lambda p_1 \\ p_2 & 0 \end{pmatrix}, \quad u_1 = \begin{pmatrix} p_1 \\ p_2 \end{pmatrix},$$

$$U_2 = U_2(u_2) = \begin{pmatrix} 0 & \lambda w_1 \\ w_2 & 0 \end{pmatrix}, \quad u_2 = \begin{pmatrix} w_1 \\ w_2 \end{pmatrix}. \tag{63}$$

为了解扩大的驻定零曲率方程, 令

$$\bar{W}(\bar{u}) = \begin{pmatrix} W & W_1 & W_2 \\ 0 & W + \xi W_1 & W_1 \\ 0 & 0 & W \end{pmatrix}, \tag{64}$$

其中 W 如 (54) 式定义, 且 W_1 和 W_2 分别为

$$W_1 = \begin{pmatrix} e & \lambda f \\ g & -e \end{pmatrix},$$

$$\tag{65}$$

$$W_2 = \begin{pmatrix} e' & \lambda f' \\ g' & -e' \end{pmatrix}.$$

设

$$e = \sum_{m \geqslant 0} e_m \lambda^{-m}, \quad f = \sum_{m \geqslant 0} f_m \lambda^{-m}, \quad g = \sum_{m \geqslant 0} g_m \lambda^{-m},$$

$$\tag{66}$$

$$e' = \sum_{m \geqslant 0} e'_m \lambda^{-m}, \quad f' = \sum_{m \geqslant 0} f'_m \lambda^{-m}, \quad g' = \sum_{m \geqslant 0} g'_m \lambda^{-m},$$

解方程

$$D_x^\alpha W = [U, W], \tag{67}$$

得

$$
\begin{cases}
D_x^\alpha e_m = qg_{m+1} - rf_{m+1} + p_1c_{m+1} - p_2b_{m+1} + \beta p_1 g_{m+1} - \beta p_2 f_{m+1}, \\
D_x^\alpha f_m = -2f_{m+1} - 2qe_m - 2p_1a_m - 2\beta p_1 e_m, \\
D_x^\alpha g_m = 2g_{m+1} + 2re_m + 2u_2a_m + 2p_2e_m, \\
D_x^\alpha e'_m = qg'_{m+1} - rf'_{m+1} + w_1c_{m+1} - w_2b_{m+1} + p_1g_{m+1} - p_2f_{m+1}, \\
D_x^\alpha f'_m = -2f'_{m+1} - 2qe'_m - 2w_1a_m - 2p_1e_m, \\
D_x^\alpha g'_m = 2g'_{m+1} + 2re'_m + 2w_2a_m + 2p_2e_m.
\end{cases} \tag{68}
$$

取初值

$$
f_0 = g_0 = f'_0 = g'_0 = 0, \quad e_0 = e'_0 = 1, \tag{69}
$$

利用递推关系 (68), 得

$$
f_1 = -q - (1+\beta)p_1, \quad g_1 = -r - (1+\beta)p_2,
$$

$$
e_1 = -\frac{1}{2}(qr + qp_2 + \beta qp_2 + p_1r + \beta p_1r - \beta p_1p_2 - \beta^2 p_1p_2),
$$

$$
f'_1 = -q - w_1 - p_1, \quad g'_1 = -r - w_2 - p_2,
$$

$$
e'_1 = -\frac{1}{2}(qr + qw_2 + qp_2 + w_1r + p_1r + p_1p_2 + \beta p_1p_2), \cdots. \tag{70}
$$

令

$$
\bar{V}^{(n)} = \begin{pmatrix}
V^{(n)} & V_1^{(n)} & V_2^{(n)} \\
0 & V^{(n)} + \xi V_1^{(n)} & V_1^{(n)} \\
0 & 0 & V^{(n)}
\end{pmatrix}, \tag{71}
$$

其中 $V^{(n)}$ 如 (57) 式所示, 且 $V_1^{(n)}$ 和 $V_2^{(n)}$ 分别为

$$
V_1^{(n)} = (\lambda^n W_1)_+ + \Delta_1, \quad V_2^{(n)} = (\lambda^n W_2)_+ + \Delta_2, \tag{72}
$$

这里修正项 $\Delta_1 = -e_n e_1, \Delta_2 = -e'_n e_1$. 由扩大的分数阶零曲率方程 $D^\beta_{t_n} \bar{U} - D^\alpha_x \bar{V}^{(n)} + [\bar{U}, \bar{V}^{(n)}] = 0$, 得

$$D^\beta_{t_n} \bar{v} = S_n(\bar{v}) = \begin{pmatrix} S_{1n}(u, u_1) \\ S_{2n}(u, u_1, u_2) \end{pmatrix}, \qquad (73)$$

其中

$$S_{1n}(u, u_1) = \begin{pmatrix} D^\alpha_x f_n \\ D^\alpha_x g_n \end{pmatrix},$$

$$S_{2n}(u, u_1, u_2) = \begin{pmatrix} D^\alpha_x f'_n \\ D^\alpha_x g'_n \end{pmatrix}. \qquad (74)$$

可得分数阶 Kaup-Newell 族的双可积耦合

$$D^\beta_{t_n} \bar{u} = \begin{pmatrix} D^\beta_{t_n} q \\ D^\beta_{t_n} r \\ D^\beta_{t_n} p_1 \\ D^\beta_{t_n} p_2 \\ D^\beta_{t_n} w_1 \\ D^\beta_{t_n} w_2 \end{pmatrix} = \bar{K}_n(\bar{u}) = \begin{pmatrix} K_n(u) \\ S_{1n}(u, u_1) \\ S_{2n}(u, u_1, u_2) \end{pmatrix}$$

$$= \begin{pmatrix} D^\alpha_x b_n \\ D^\alpha_x c_n \\ D^\alpha_x f_n \\ D^\alpha_x g_n \\ D^\alpha_x f'_n \\ D^\alpha_x g'_n \end{pmatrix}, \quad n \geqslant 1. \qquad (75)$$

当 $n = 2$ 时, 可得 (61) 式的第一个非线性双可积耦合

$$
\begin{cases}
D_{t_2}^{\beta}q = D_x^{\alpha}\left(\dfrac{1}{2}D_x^{\alpha}q + \dfrac{1}{2}q^2 r\right), \\[2mm]
D_{t_2}^{\beta}r = D_x^{\alpha}\left(-\dfrac{1}{2}D_x^{\alpha}r + \dfrac{1}{2}qr^2\right), \\[2mm]
D_{t_2}^{\beta}p_1 = \dfrac{1}{2}D_x^{\alpha}[D_x^{\alpha}q + qrp_1 + (1+\beta)D_x^{\alpha}p_1 + (q + \beta P_1) \\[2mm]
\qquad\qquad \cdot(qr + qp_2 + \beta qp_2 + p_1 r + \beta p_1 r + \beta p_1 p_2 + \beta^2 p_1 p_2)], \\[2mm]
D_{t_2}^{\beta}p_2 = -\dfrac{1}{2}D_x^{\alpha}[D_x^{\alpha}r - qrp_2 + (1+\beta)D_x^{\alpha}p_2 + (r + \beta p_2) \\[2mm]
\qquad\qquad \cdot(qr + qp_2 + \beta qp_2 + p_1 r + \beta p_1 r + \beta p_1 p_2 + \beta^2 p_1 p_2)], \\[2mm]
D_{t_2}^{\beta}w_1 = D_x^{\alpha}\left[\dfrac{1}{2}D_x^{\alpha}(q + w_1 + p_1) + \dfrac{1}{2}q^2(r + w_2 + p_2)\right. \\[2mm]
\qquad \left. + \dfrac{1}{2}p_1^2(r + \beta r + \beta p_2 + \beta^2 p_2) + qr(p_1 + w_1) + (1+\beta)qp_1 p_2\right], \\[2mm]
D_{t_2}^{\beta}w_2 = D_x^{\alpha}\left[-\dfrac{1}{2}(r + w_2 + p_2) + \dfrac{1}{2}r^2(q + w_1 + p_1)\right. \\[2mm]
\qquad \left. + \dfrac{1}{2}p_2^2(q + \beta q + \beta p_1 + \beta^2 p_1) + qr(w_2 + p_2) + (1+\beta)p_1 p_2 r\right].
\end{cases}
\tag{76}
$$

4.3.3　分数阶 Hamilton 结构

为了构造分数阶非线性双可积耦合的 Hamilton 结构, 下面计算 Lie 代数上非退化、对称和不变的双线性形式

$$
\bar{g} = \left(\left.\begin{pmatrix} A_1 & A_2 & A_3 \\ 0 & A_1 + \xi A_2 & A_2 \\ 0 & 0 & A_1 \end{pmatrix}\right| A_1, A_2, A_3 \in \tilde{sl}(2)\right).
\tag{77}
$$

通常, 利用下面的映射将 Lie 代数 $\bar{g}$ 变换成向量形式

$$
\sigma : \bar{g} \longrightarrow R^9, \quad A \longmapsto (a_1, \cdots, a_9)^{\mathrm{T}} \in R^9,
\tag{78}
$$

其中

$$A = \begin{pmatrix} A_1 & A_2 & A_3 \\ 0 & A_1 + \xi A_2 & A_2 \\ 0 & 0 & A_1 \end{pmatrix} \in \bar{g},$$

$$A_i = \begin{pmatrix} a_{3i-2} & a_{3i-1} \\ a_{3i} & -a_{3i-2} \end{pmatrix}, \quad i = 1, 2, 3. \tag{79}$$

Lie 代数 $\bar{g}$ 上的双线性形式 [194] 如下

$$\begin{aligned} \langle A, B \rangle_{\bar{g}} &= \eta_1 \left(a_1 b_1 + \frac{1}{2} a_2 b_3 + \frac{1}{2} a_3 b_2 \right) \\ &+ \eta_2 \left[a_1 b_4 + \frac{1}{2} a_2 b_6 + \frac{1}{2} a_3 b_5 + a_4 (b_1 + \xi b_4) \right. \\ &\left. + \frac{1}{2} a_5 (b_3 + \xi b_6) + \frac{1}{2} a_6 (b_2 + \xi b_5) \right] \\ &+ \eta_3 [2 a_1 b_7 + a_2 b_9 + a_3 b_8 + 2 a_4 b_4 \\ &+ a_5 b_6 + a_6 b_5 + 2 a_7 b_1 + a_8 b_3 + a_9 b_2], \end{aligned} \tag{80}$$

其中分块矩阵 A 和 B 如 (79) 式所定义, η_1, η_2, η_3 是常数.

通过直接的计算可得

$$\begin{aligned} \left\langle \bar{W} \frac{\partial \bar{U}}{\partial \lambda} \right\rangle &= \frac{1}{2} \eta_1 (-2a + cq) + \frac{1}{2} \eta_2 (c p_1 - 2e + gq + \beta g p_1) \\ &\quad + \eta_3 (c w_1 + g p_1 - 2e' + q g'), \\ \left\langle \bar{W} \frac{\partial \bar{U}}{\partial q} \right\rangle &= \frac{1}{2} \eta_1 c \lambda + \frac{1}{2} \eta_2 g \lambda + \eta_3 g' \lambda, \end{aligned}$$

$$\left\langle \bar{W}\frac{\partial \bar{U}}{\partial r}\right\rangle = \frac{1}{2}\eta_1 b\lambda + \frac{1}{2}\eta_2 f\lambda + \eta_3 f'\lambda, \quad \left\langle \bar{W}\frac{\partial \bar{U}}{\partial w_1}\right\rangle = \eta_3 c\lambda,$$

$$\left\langle \bar{W}\frac{\partial \bar{U}}{\partial p_1}\right\rangle = \frac{1}{2}\eta_2 c\lambda + \frac{1}{2}\beta\eta_2 g\lambda + \eta_3 g\lambda,$$

$$\left\langle \bar{W}\frac{\partial \bar{U}}{\partial p_2}\right\rangle = \frac{1}{2}\eta_2 b\lambda + \frac{1}{2}\beta\eta_2 f\lambda + \eta_3 f\lambda, \quad \left\langle \bar{W}\frac{\partial \bar{U}}{\partial w_2}\right\rangle = \eta_3 b\lambda. \quad (81)$$

利用相应的分数阶变分恒等式 (32), 可得

$$\frac{\delta}{\delta\bar{u}}\frac{\frac{1}{2}\eta_1(2a_n-qc_n)+\frac{1}{2}\eta_2(2e_n-p_1c_n-qg_n-\beta p_1g_n)+\eta_3(2e'_n-w_1c_n-p_1g_n-qg'_n)}{n}$$

$$= \left(\frac{1}{2}\eta_1 c_n+\frac{1}{2}\eta_2 g_n+\eta_3 g'_n, \frac{1}{2}\eta_1 b_n+\frac{1}{2}\eta_2 f_n+\eta_3 f'_n, \frac{1}{2}\eta_2 c_n+\frac{1}{2}\beta\eta_2 g_n+\eta_3 g_n,\right.$$

$$\left. \frac{1}{2}\eta_2 b_n+\frac{1}{2}\beta\eta_2 f_n+\eta_3 f_n, \eta_3 c_n, \eta_3 b_n\right)^{\mathrm{T}}, \quad n\geqslant 1. \quad (82)$$

易得常数 $\gamma = 0$. 因此分数阶 Kaup-Newell 族具有如下的 Hamilton 结构

$$D^{\beta}_{t_n}\bar{u} = \bar{K}_n(\bar{u}) = \bar{J}\frac{\delta \bar{H}_n}{\delta \bar{u}}, \quad n\geqslant 0, \quad (83)$$

其中 Hamilton 算子为

$$\bar{J} = \begin{pmatrix} 0 & 0 & \dfrac{1}{\eta_3} \\[2mm] 0 & \dfrac{2D^{\alpha}_x}{\beta\eta_2+2\eta_3} & \dfrac{-\eta_2}{\eta_3(\beta\eta_2+2\eta_3)} \\[2mm] \dfrac{1}{\eta_3} & \dfrac{-\eta_2}{\eta_3(\beta\eta_2+2\eta_3)} & \dfrac{\eta_2^2-\beta\eta_1\eta_2-2\eta_1\eta_3}{2\eta_3(\beta\eta_2+2\eta_3)} \end{pmatrix} \otimes \begin{pmatrix} 0 & D^{\alpha}_x \\ D^{\alpha}_x & 0 \end{pmatrix},$$

$$(84)$$

这里 $\otimes$ 表示矩阵的 Kronecker 积, 分数阶 Hamilton 函数为

$$\bar{H}_n = \frac{\frac{1}{2}\eta_1(2a_n-qc_n)+\frac{1}{2}\eta_2(2e_n-p_1c_n-qg_n-\beta p_1g_n)+\eta_3(2e_n'-w_1c_n-p_1g_n-qg_n')}{n}.$$

(85)

通过计算, 可得递推关系如下

$$\bar{K}_{n+1} = \bar{L}\bar{K}_n,$$

(86)

其中递推算子 $\bar{L}$ 为

$$\bar{L} = \begin{pmatrix} L & 0 & 0 \\ L_1 & L+\xi L_1 & 0 \\ L_2 & L_1 & L \end{pmatrix},$$

(87)

其中 L 如 (60) 式定义, 并且

$$L_1 = -\frac{1}{2}\begin{pmatrix} D_x^\alpha q D_x^{-\alpha}p_2+D_x^\alpha p_1 D_x^{-\alpha}(r+\beta p_2) \\ D_x^\alpha r D_x^{-\alpha}p_2+D_x^\alpha p_2 D_x^{-\alpha}(r+\beta p_2) \end{pmatrix}$$

$$\begin{pmatrix} D_x^\alpha q D_x^{-\alpha}p_1+D_x^\alpha p_1 D_x^{-\alpha}(q+\beta p_1) \\ D_x^\alpha r D_x^{-\alpha}p_1+D_x^\alpha p_2 D_x^{-\alpha}(q+\beta p_1) \end{pmatrix},$$

$$L_2 = -\frac{1}{2}\begin{pmatrix} D_x^\alpha q D_x^{-\alpha}w_2 + D_x^\alpha w_1 D_x^{-\alpha}r + D_x^\alpha p_1 D_x^{-\alpha}p_2 \\ D_x^\alpha r D_x^{-\alpha}w_2 + D_x^\alpha w_2 D_x^{-\alpha}r + D_x^\alpha p_2 D_x^{-\alpha}p_2 \end{pmatrix}$$

$$\begin{pmatrix} D_x^\alpha q D_x^{-\alpha}w_1 + D_x^\alpha w_1 D_x^{-\alpha}q + D_x^\alpha p_1 D_x^{-\alpha}p_1 \\ D_x^\alpha r D_x^{-\alpha}w_1 + D_x^\alpha w_2 D_x^{-\alpha}q + D_x^\alpha p_2 D_x^{-\alpha}p_1 \end{pmatrix}.$$

4.4　分数阶超可积系统

4.4.1　分数阶超迹恒等式

设 G 是一非退化的矩阵 Lie 代数, $\tilde{G}$ 是相应的圈代数. 考虑下面的分数阶矩阵谱问题

$$D_x^\alpha \phi = U\phi, \quad D_t^\beta \phi = V\phi, \tag{88}$$

由 (88) 的相容性条件给出广义零曲率方程

$$D_t^\beta U - D_x^\alpha V + [U,V] = 0. \tag{89}$$

设 $V = \sum_{m\geqslant 0} V_m \lambda^{-m}, (V_m)_\lambda = 0, m \geqslant 0$, 是下面驻定零曲率方程的一个解

$$-D_x^\alpha V + [U,V] = 0, \tag{90}$$

如果 V 中每一项都具有相同的秩, 从而

$$\mathrm{rank}(V) = \mathrm{rank}\left(\frac{\partial^\beta}{\partial t^\beta}\right) = \xi. \tag{91}$$

若 V_1 和 V_2 是 (90) 的两个同秩解, 则它们具有线性关系

$$V_1 = \gamma V_2, \quad \gamma = \mathrm{const.} \tag{92}$$

下面引进矩阵圈 Lie 超代数 $\tilde{G}$ 上的超迹, 满足

(i) 对称性

$$\mathrm{Str}(ad_a ad_b) = \mathrm{Str}(ad_b ad_a), \quad a,b \in \tilde{G}. \tag{93}$$

(ii) Lie 积不变性

$$\text{Str}(ad_a ad_{[b,c]}) = \text{Str}(ad_{[a,b]} ad_c), \quad a, b, c \in \tilde{G}, \tag{94}$$

这里 ad_a 为 $a \in \tilde{G}$ 的伴随表示, 其定义如下

$$ad_a b = [a, b], \quad b \in \tilde{G}, \tag{95}$$

而 $[\cdot, \cdot]$ 表示 $\tilde{G}$ 上的 Lie 超括号.

引进泛函

$$W = \int [\text{Str}(ad_V ad_{U_\lambda}) + \text{Str}(ad_\Lambda ad_{D_x^\alpha V - [U,V]})]dx, \tag{96}$$

这里 $U_\lambda = \dfrac{\partial U}{\partial \lambda}$, U, V 如 (88) 所示, $\Lambda \in \tilde{G}$ 待定.

定义泛函 R 关于 a 的梯度 $\nabla_a R \in G$ 为

$$\int \text{Str}(ad_{\nabla_a R} ad_b)dx = D_\epsilon^\alpha R(a + \epsilon b)|_{\epsilon=0}, \quad b \in G. \tag{97}$$

为了计算泛函 W 的变分, 给出下面的约束条件

$$\nabla_V W = U_\lambda - D_x^\alpha \Lambda + [U, \Lambda],$$

$$\nabla_\Lambda W = D_x^\alpha V - [U, V]. \tag{98}$$

所以

$$\frac{\delta}{\delta u} \int \text{Str}(ad_V ad_{U_\lambda})dx = \frac{\delta W}{\delta u}. \tag{99}$$

基于不变性 (94), 可得

$$\frac{\delta}{\delta u} \int \text{Str}(ad_V ad_{U_\lambda})dx = \frac{\delta W}{\delta u} = \text{Str}(ad_V ad_{\frac{\partial U_\lambda}{\partial u}}) + \text{Str}\left(ad_{[\Lambda,V]} ad_{\frac{\partial U}{\partial u}}\right),$$

$$\tag{100}$$

由约束条件 (98) 和 Jacobi 恒等式, 有

$$
\begin{aligned}
D_x^\alpha [\Lambda, V] &= [D_x^\alpha \Lambda, V] + [\Lambda, D_x^\alpha V] \\
&= [U_\lambda + [U, \Lambda], V] + [\Lambda, [U, V]] \\
&= [U_\lambda, V] + [V, [\Lambda, U]] + [\Lambda, [U, V]] \\
&= [U_\lambda, V] + [U, [\Lambda, V]],
\end{aligned}
\tag{101}
$$

以及

$$
D_x^\alpha V = [U_\lambda, V] + [U, V_\lambda].
\tag{102}
$$

这样, $Z = [\Lambda, V] - V_\lambda$ 满足

$$
D_x^\alpha Z = [U, Z].
\tag{103}
$$

由唯一性条件 (92) 和 $\mathrm{rank}(Z) = \mathrm{rank}(V_\lambda) = \mathrm{rank}\left(\dfrac{1}{\lambda}V\right)$, 可知存在常数 γ

$$
[\Lambda, V] - V_\lambda = \frac{\gamma}{\lambda}V,
\tag{104}
$$

于是, (100) 可以写为

$$
\begin{aligned}
\frac{\delta}{\delta u}\int \mathrm{Str}(ad_V ad_{U_\lambda})dx &= \mathrm{Str}(ad_V ad_{\frac{\partial U_\lambda}{\partial u}}) + \mathrm{Str}(ad_{V_\lambda} ad_{\frac{\partial U}{\partial u}}) + \frac{\gamma}{\lambda}\mathrm{Str}(ad_V ad_{\frac{\partial U}{\partial u}}) \\
&= \frac{\partial}{\partial \lambda}\mathrm{Str}(ad_V ad_{\frac{\partial U}{\partial u}}) + \left(\lambda^{-\gamma}\frac{\partial}{\partial \lambda}\lambda^\gamma\right)(\mathrm{Str}(ad_V ad_{\frac{\partial U}{\partial u}})) \\
&= \lambda^{-\gamma}\frac{\partial}{\partial \lambda}\lambda^\gamma(\mathrm{Str}(ad_V ad_{\frac{\partial U}{\partial u}})).
\end{aligned}
\tag{105}
$$

定理 4.2 (分数阶超迹恒等式)[80]　　如果 $U \in \tilde{G}$ 是齐秩的 n 阶矩阵, 假设驻定零曲率方程 (90) 在相差非零常数倍意义下的解是唯一的, 那么, 对于任意满足驻定零曲率方程的齐秩解成立分数阶超迹恒等式

$$\frac{\delta}{\delta u}\int \mathrm{Str}(ad_V ad_{U_\lambda})dx = \lambda^{-\gamma}\frac{\partial}{\partial \lambda}\lambda^{\gamma}(\mathrm{Str}(ad_V ad_{\frac{\partial U}{\partial u}})), \tag{106}$$

其中 γ 是常数.

4.4.2 分数阶超 Broer-Kaup-Kupershmidt 族

设 G 是一 Lie 超代数 $G = \{e_1, e_2, e_3, e_4, e_5\}$, 其中 e_1, e_2, e_3 是偶元, e_4, e_5 是奇元. 它们的交换与反交换关系如下

$$[a, b] = ab - (-1)^{p(a)p(b)}ba, \tag{107}$$

即

$$[e_1, e_2] = 2e_2, \quad [e_1, e_3] = -2e_3, \quad [e_2, e_3] = e_1, \quad [e_1, e_4] = e_4,$$

$$[e_1, e_5] = -e_5, \quad [e_2, e_4] = 0, \quad [e_2, e_5] = e_4, \quad [e_3, e_4] = e_5, \tag{108}$$

$$[e_3, e_5] = 0, \quad [e_4, e_4]_+ = -2e_2, \quad [e_4, e_5]_+ = e_1, \quad [e_5, e_5]_+ = 2e_3.$$

考虑分数阶超 Broer-Kaup-Kupershmidt 的谱问题

$$D_x^\alpha \phi = U\phi, \quad D_t^\beta \phi = V\phi,$$

$$U = \begin{pmatrix} \lambda + r & s & u_1 \\ 1 & -\lambda - r & u_2 \\ u_2 & -u_1 & 0 \end{pmatrix}, \quad V = \begin{pmatrix} A & B & \rho \\ C & -A & \sigma \\ \sigma & -\rho & 0 \end{pmatrix},$$

$$u = \begin{pmatrix} r \\ s \\ u_1 \\ u_2 \end{pmatrix} \text{表示位势}, \tag{109}$$

其中 λ 是谱参数, $A = \sum_{m\geqslant 0}A_m\lambda^{-m}, B = \sum_{m\geqslant 0}B_m\lambda^{-m}, C = \sum_{m\geqslant 0}C_m\cdot\lambda^{-m}, \rho = \sum_{m\geqslant 0}\rho_m\lambda^{-m}, \sigma = \sum_{m\geqslant 0}\sigma_m\lambda^{-m}, r, s$ 是偶变量, u_1, u_2 是奇变量, A_m, B_m, C_m 是偶变量, ρ_m, σ_m 是奇变量.

由驻定零曲率方程 (90) 得

$$D_x^\alpha A_m = sC_m + u_1\sigma_m - B_m + u_2\rho_m,$$

$$D_x^\alpha B_m = 2B_{m+1} + 2rB_m - 2sA_m - 2u_1\rho_m,$$

$$D_x^\alpha C_m = -2C_{m+1} - 2rC_m + 2A_m + 2u_2\sigma_m,$$

$$D_x^\alpha \rho_m = \rho_{m+1} + r\rho_m + s\sigma_m - u_1A_m - u_2B_m,$$

$$D_x^\alpha \sigma_m = -\sigma_{m+1} - r\sigma_m + \rho_m - u_1C_m + u_2A_m.$$

$$A_0 = 1, \quad B_0 = C_0 = \rho_0 = \sigma_0 = A_1 = 0, \quad B_1 = s, \quad C_1 = r,$$

$$\rho_1 = u_1, \quad \sigma_1 = u_2, \quad A_2 = \frac{1}{2}s - u_1u_2, \quad B_2 = \frac{1}{2}D_x^\alpha s - rs,$$

$$C_2 = -r, \quad \rho_2 = D_x^\alpha u_1 - ru_1, \quad \sigma_2 = -D_x^\alpha u_2 - ru_2, \cdots. \tag{110}$$

设

$$V^{(n)} = (\lambda^n V)_+ + \Delta_n, \quad \Delta_n = -C_{n+1}e_1. \tag{111}$$

解分数阶零曲率方程

$$D_t^\beta U - D_x^\alpha V^{(n)} + [U, V^{(n)}] = 0, \tag{112}$$

得分数阶超 Broer-Kaup-Kupershmidt 族

$$D_t^\beta u = \begin{pmatrix} D_t^\beta r \\ D_t^\beta s \\ D_t^\beta u_1 \\ D_t^\beta u_2 \end{pmatrix} = \begin{pmatrix} 0 & D_x^\alpha & 0 & 0 \\ D_x^\alpha & 0 & u_1 & -u_2 \\ 0 & u_1 & 0 & -\frac{1}{2} \\ 0 & -u_2 & -\frac{1}{2} & 0 \end{pmatrix} \begin{pmatrix} -2A_{n+1} \\ -C_{n+1} \\ 2\sigma_{n+1} \\ -2\rho_{n+1} \end{pmatrix}$$

$$= J \begin{pmatrix} -2A_{n+1} \\ -C_{n+1} \\ 2\sigma_{n+1} \\ -2\rho_{n+1} \end{pmatrix} = JP_{n+1}, \tag{113}$$

其中

$$P_{n+1} = LP_n,$$

$$L = \begin{pmatrix} \frac{1}{2}D_x^\alpha - D_x^{-\alpha}rD_x^\alpha & -s - D_x^{-\alpha}sD_x^\alpha & D_x^{-\alpha}u_1 D_x^\alpha + \frac{1}{2}u_1 & D_x^{-\alpha}u_2 D_x^\alpha - \frac{1}{2}u_2 \\ \frac{1}{2} & -\frac{1}{2}D_x^\alpha - r & \frac{1}{2}u_2 & 0 \\ -u_2 & 2u_1 & -r - D_x^\alpha & -1 \\ u_1 - u_2 D_x^\alpha & 2su_2 & s + \frac{1}{2}u_1 u_2 & D_x^\alpha - r \end{pmatrix}.$$

$$(114)$$

下面借助超迹恒等式来建立分数阶超 Broer-Kaup-Kupershmidt 族的分数阶超 Hamilton 结构.

对 $\forall a = a_1 E_1 + a_2 E_2 + a_3 E_3 + a_4 E_4 + a_5 E_5 \in G$, 有

$$ad_a = \begin{pmatrix} 0 & -a_3 & a_2 & a_5 & a_4 \\ -2a_2 & 2a_1 & 0 & -2a_4 & 0 \\ 2a_3 & 0 & -2a_1 & 0 & 2a_5 \\ -a_4 & -a_5 & 0 & a_1 & a_2 \\ a_5 & 0 & -a_4 & a_3 & -a_1 \end{pmatrix}, \quad (115)$$

定义超迹如下

$$\text{Str}(c) = c_{11} + c_{22} - c_{33}, \quad c = ab, \quad a, b \in \tilde{G}, \quad (116)$$

这里 ab 是 a 与 b 的矩阵积, 于是有 Killing 公式

$$\text{Str}(ad_a ad_b) = 3\text{Str}(ab), \quad a, b \in G. \quad (117)$$

直接计算可得

$$\mathrm{Str}(ad_V ad_{U_\lambda}) = 6A, \quad \mathrm{Str}(ad_V ad_{\frac{\partial U}{\partial r}}) = 6A,$$

$$\mathrm{Str}(ad_V ad_{\frac{\partial U}{\partial s}}) = 3C, \quad \mathrm{Str}(ad_V ad_{\frac{\partial U}{\partial u_1}}) = -6\sigma, \quad \mathrm{Str}(ad_V ad_{\frac{\partial U}{\partial u_2}}) = 6\rho. \tag{118}$$

根据超迹恒等式 (106), 有

$$\frac{\delta}{\delta u} \int 2A dx = \lambda^{-\gamma} \frac{\partial}{\partial \lambda} \lambda^{\gamma} (2A, C, -2\sigma, 2\rho)^{\mathrm{T}}. \tag{119}$$

比较上式两端 λ^{-n-1} 的同次幂系数得

$$\frac{\delta}{\delta u} \int 2A_{n+1} dx = (-n + \gamma)(2A_n, C_n, -2\sigma_n, 2\rho_n)^{\mathrm{T}}. \tag{120}$$

易知 $\gamma = 0$, 于是上式写为

$$\frac{\delta}{\delta u} \int \frac{2A_{n+1}}{n} dx = (-2A_n, -C_n, 2\sigma_n, -2\rho_n)^{\mathrm{T}}. \tag{121}$$

则分数阶超 Broer-Kaup-Kupershmidt 族具有下面的分数阶超 Hamilton 结构

$$D_t^\beta u = K_n(u) = J \frac{\delta H_n}{\delta u}, \tag{122}$$

其中分数阶超 Hamilton 算子 J 和分数阶超 Hamilton 函数 H_n 为

$$J = \begin{pmatrix} 0 & D_x^\alpha & 0 & 0 \\ D_x^\alpha & 0 & u_1 & -u_2 \\ 0 & u_1 & 0 & -\frac{1}{2} \\ 0 & -u_2 & -\frac{1}{2} & 0 \end{pmatrix}, \quad H_n = \int \frac{2A_{n+2}}{n+1} dx. \tag{123}$$

当 $n = 2$ 时, 可得分数阶非线性超 Broer-Kaup-Kupershmidt 方程

$$
\begin{cases}
D_t^\beta r = -\dfrac{1}{2}D_x^\alpha D_x^\alpha r + \dfrac{1}{2}D_x^\alpha s - 2rD_x^\alpha r + D_x^\alpha(u_1 u_2) + u_2 D_x^\alpha D_x^\alpha u_2, \\[2mm]
D_t^\beta s = \dfrac{1}{2}D_x^\alpha D_x^\alpha s - 2D_x^\alpha(rs) + 2u_1 D_x^\alpha u_1 + 2su_2 D_x^\alpha u_2, \\[2mm]
D_t^\beta u_1 = D_x^\alpha D_x^\alpha u_1 + \dfrac{1}{2}u_2 D_x^\alpha s - \dfrac{3}{2}u_1 D_x^\alpha r - 2rD_x^\alpha u_1 + (s + u_1 u_2)D_x^\alpha u_2, \\[2mm]
D_t^\beta u_2 = -D_x^\alpha D_x^\alpha u_2 - \dfrac{1}{2}u_2 D_x^\alpha r - D_x^\alpha u_1 - 2rD_x^\alpha u_2.
\end{cases}
\tag{124}
$$

如果令 $\alpha = \beta = 1$, (124) 能约化成经典的非线性超 Broer-Kaup-Kupershmidt 方程 [193]

$$
\begin{cases}
r_t = -\dfrac{1}{2}r_{xx} + \dfrac{1}{2}s_x - 2rr_x + (u_1 u_2)_x + u_2 u_{2xx}, \\[2mm]
s_t = \dfrac{1}{2}s_{xx} - 2(rs)_x + 2u_1 u_{1x} + 2su_2 u_{2x}, \\[2mm]
u_{1t} = u_{1xx} + \dfrac{1}{2}s_x u_2 - \dfrac{3}{2}r_x u_1 - 2ru_{1_x} + (s + u_1 u_2)u_{2x}, \\[2mm]
u_{2t} = -u_{2xx} - \dfrac{1}{2}r_x u_2 - u_{1x} - 2ru_{2x}.
\end{cases}
\tag{125}
$$

若取 $u_1 = u_2 = 0$, (125) 能约化成经典的 Broer-Kaup-Kupershmidt 方程 [214]

$$
\begin{cases}
r_t = -\dfrac{1}{2}r_{xx} + \dfrac{1}{2}s_x - 2rr_x, \\[2mm]
s_t = \dfrac{1}{2}s_{xx} - 2(rs)_x.
\end{cases}
\tag{126}
$$

4.4.3 分数阶超 Broer-Kaup-Kupershmidt 族的非线性可积耦合

引入一个新的 Lie 超代数 $\bar{G} = \{E_1, E_2, E_3, E_4, E_5, E_6, E_7, E_8\}$ [68], 其中 $\{E_1, E_2, E_3, E_4, E_5, E_6\}$ 是偶元, $\{E_7, E_8\}$ 是奇元. 它们满足下面的交换与反交换关系

$$[E_2, E_1] = [E_4, E_4] = -2E_2, \quad [E_3, E_1] = [E_5, E_5] = 2E_3,$$

$$[E_1, E_4] = [E_2, E_5] = E_4, \quad [E_5, E_1] = [E_3, E_4] = E_5,$$

$$[E_2, E_3] = [E_4, E_5] = E_1, \quad [E_1, E_7] = [E_2, E_8] = E_7,$$

$$[E_1, E_8] = [E_7, E_3] = -E_8, \quad [E_7, E_8]_+ = E_1 - E_6,$$

$$[E_7, E_7]_+ = 2E_4 - 2E_2, \quad [E_8, E_8]_+ = 2E_3 - 2E_5. \tag{127}$$

考虑下面扩大的谱问题

$$D_x^\alpha \bar\phi = \bar U \bar\phi, \quad \bar U = \lambda E_1 + r E_1 + s E_2 + E_3 + q E_4 + p E_6 + u_1 E_7 + u_2 E_8,$$

$$D_t^\beta \bar\phi = \bar V \bar\phi, \quad \bar V = A E_1 + B E_2 + C E_3 + F E_4 + G E_5 + M E_6 + \rho E_7 + \sigma E_8,$$

$$\tag{128}$$

其中 $F = \sum_{m \geqslant 0} F_m \lambda^{-m}, G = \sum_{m \geqslant 0} G_m \lambda^{-m}, M = \sum_{m \geqslant 0} M_m \lambda^{-m}$. 解扩大的驻定零曲率方程

$$D_x^\alpha \bar V = [\bar U, \bar V], \tag{129}$$

可得

$$D_x^\alpha M_m = (s + q)G_m - F_m + qC_m - u_1\sigma_m - u_2\rho_m,$$

$$D_x^\alpha F_m = 2F_{m+1} + 2(r + p)F_m - 2(s + q)M_m + 2pB_m - 2qA_m + 2u_1\rho_m,$$

$$D_x^\alpha G_m = -2G_{m+1} - 2(r + p)G_m + 2M_m - 2pC_m - 2u_2\sigma_m,$$

$$M_0 = 1, F_0 = G_0 = 0, M_1 = 0, F_1 = s + 2q, G_1 = 1, \cdots. \tag{130}$$

令

$$\bar V^{(n)} = \bar V_+^{(n)} + \bar\Delta_n, \quad \bar\Delta_n = -G_{n+1}E_6. \tag{131}$$

借助分数阶零曲率方程

$$D_t^\beta \bar U - D_x^\alpha \bar V^{(n)} + [\bar U, \bar V^{(n)}] = 0, \tag{132}$$

导出分数阶超 Broer-Kaup-Kupershmidt 族 (122) 的非线性可积耦合

$$D_t^\beta \bar{u} = \begin{pmatrix} D_t^\beta r \\ D_t^\beta s \\ D_t^\beta u_1 \\ D_t^\beta u_2 \\ D_t^\beta p \\ D_t^\beta q \end{pmatrix} = \bar{K}(\bar{u}) = \begin{pmatrix} -D_x^\alpha C_{n+1} \\ -2D_x^\alpha A_{n+1} + 2u_1\sigma_{n+1} + 2u_2\rho_{n+1} \\ \rho_{n+1} - u_1 C_{n+1} \\ -\sigma_{n+1} + u_2 C_{n+1} \\ -D_x^\alpha G_{n+1} \\ -2D_x^\alpha M_{n+1} - 2u_1\sigma_{n+1} - 2u_2\rho_{n+1} \end{pmatrix}.$$

$$\tag{133}$$

根据分数阶超迹恒等式 (106), 通过复杂的计算, 可得非线性超可积耦合 (133) 的超 Hamilton 结构

$$D_t^\beta \bar{u} = \bar{K}(\bar{u}) = \bar{J}\frac{\delta \bar{H}_n}{\delta \bar{u}}, \tag{134}$$

其中 $\bar{H}_n = -\displaystyle\int \frac{2}{n+1}(2A_{n+2} + M_{n+2})dx$ 是分数阶超 Hamilton 函数, $\bar{J}$ 是分数阶超 Hamilton 算子

$$\bar{J} = \begin{pmatrix} 0 & -D_x^\alpha & 0 & 0 & 0 & D_x^\alpha \\ -D_x^\alpha & 0 & -u_1 & u_2 & D_x^\alpha & 0 \\ 0 & -u_1 & 0 & \dfrac{1}{2} & 0 & u_1 \\ 0 & u_2 & \dfrac{1}{2} & 0 & 0 & -u_2 \\ 0 & D_x^\alpha & 0 & 0 & 0 & -2D_x^\alpha \\ D_x^\alpha & 0 & u_1 & -u_2 & -2D_x^\alpha & 0 \end{pmatrix}. \tag{135}$$

从 (110) 和 (130), 可得递推算子 $\bar{L}$, 满足 $\dfrac{\delta \bar{H}_{n+1}}{\delta \bar{u}} = \bar{L}\dfrac{\delta \bar{H}_n}{\delta \bar{u}}$, 即

$$\bar{L} = \begin{pmatrix} L_1 & L_2 & L_3 \\ L_4 & L_5 & -L_4 \\ 0 & 0 & L_1 + L_3 \end{pmatrix},$$

$$L_1 = \begin{pmatrix} \dfrac{1}{2}D_x^\alpha - D_x^{-\alpha}rD_x^\alpha & -s - D_x^{-\alpha}sD_x^\alpha \\ \dfrac{1}{2} & -r - \dfrac{1}{2}D_x^\alpha \end{pmatrix},$$

$$L_2 = \begin{pmatrix} \dfrac{1}{2}u_1 + D_x^{-\alpha}u_1 D_x^\alpha & -\dfrac{1}{2}u_2 + D_x^{-\alpha}u_2 D_x^\alpha \\ -\dfrac{1}{2}u_2 & 0 \end{pmatrix},$$

$$L_3 = \begin{pmatrix} -D_x^{-\alpha}pD_x^\alpha & -q - D_x^{-\alpha}qD_x^\alpha \\ 0 & -p \end{pmatrix},$$

$$L_4 = \begin{pmatrix} -u_2 & 2u_1 \\ u_1 - u_2 D_x^\alpha & 2u_2 s \end{pmatrix}, \quad L_5 = \begin{pmatrix} -D_x^\alpha - r & -1 \\ s - u_2 u_1 & D_x^\alpha - r \end{pmatrix}. \tag{136}$$

若在 (133) 中取 $n = 2$, 可得分数阶超 Broer-Kaup-Kupershmidt 方程 (124) 的非线性可积耦合

$$\begin{cases} D_t^\beta r = -\dfrac{1}{2}D_x^\alpha D_x^\alpha r + \dfrac{1}{2}D_x^\alpha s - 2rD_x^\alpha r + D_x^\alpha(u_1 u_2) + u_2 D_x^\alpha D_x^\alpha u_2, \\[2mm] D_t^\beta s = \dfrac{1}{2}D_x^\alpha D_x^\alpha s - 2D_x^\alpha(rs) + 2u_1 D_x^\alpha u_1 + 2su_2 D_x^\alpha u_2, \\[2mm] D_t^\beta u_1 = D_x^\alpha D_x^\alpha u_1 + \dfrac{1}{2}u_2 D_x^\alpha s - \dfrac{3}{2}u_1 D_x^\alpha r - 2rD_x^\alpha u_1 + (s + u_1 u_2)D_x^\alpha u_2, \\[2mm] D_t^\beta u_2 = -D_x^\alpha D_x^\alpha u_2 - \dfrac{1}{2}u_2 D_x^\alpha r - D_x^\alpha u_1 - 2rD_x^\alpha u_2, \\[2mm] D_t^\beta p = -\dfrac{1}{2}D_x^\alpha D_x^\alpha r + \dfrac{1}{2}D_x^\alpha s - D_x^\alpha D_x^\alpha p + D_x^\alpha q - u_2 D_x^\alpha D_x^\alpha u_2 \\[2mm] \qquad\quad - D_x^\alpha(u_1 u_2) - 2rD_x^\alpha r - 4pD_x^\alpha p - 4D_x^\alpha(pr), \\[2mm] D_t^\beta q = \dfrac{1}{2}D_x^\alpha D_x^\alpha s + D_x^\alpha D_x^\alpha q - 2u_1 D_x^\alpha u_1 - 2su_2 D_x^\alpha u_2 - 2D_x^\alpha(rs) \\[2mm] \qquad\quad - 4D_x^\alpha(sp) - 4D_x^\alpha(qr) - 4D_x^\alpha(pq). \end{cases} \tag{137}$$

第5章 孤子方程的精确解

5.1 代数几何解发展简介

孤子方程属于无穷维可积系统,孤子方程所描述的非线性动力系统经深入研究已被应用到各个自然科学.但它的发展经历了一个漫长的过程.牛顿在研究二体问题时,从引力定律成功的推出了 Kepler 行星运动三定律,这是牛顿发明微积分后第一个最杰出的运用,二体问题的积出被称为求积方法的典范.

可积性理论的一个重要课题之一就是寻找新的可积系统.寻找新的可积系统,并研究它们的代数、几何性质,不但在理论上有助于解决判断可积系统的难题,而且在实践上也给出一批有应用价值的非线性方程.早期的经典可积模型,如 Jacobi 椭球测地流、球面谐振子、可积的经典陀螺等,它们都是可积动力系统的典范.

在十九世纪末,从 Poincaré 和 Birkhoff 开始,人们研究动力系统从可积理论转向了定性理论.到了二十世纪六十年代,人们发现很多方程,即使背景不同,但是它们却被判定为 Liouville 完全可积 [215,216]. 近年来人们又开始对完全可积的背景进行深入研究,对完全可积的重要意义进行了再认识. Hamilton 系统的理论框架是辛流形,有限维辛流形理论已经成熟 [217],但由于无穷维微分流形理论还不够完善,所以无穷维辛流形还没建立好 [218]. 对于 $2N$ 维的 Hamilton 系统,其 Liouville 意义下完全可积的关键是找到 N 个相互独立,并且两两对合的守恒积分.

代数几何方法是从二十世纪七十年代开始发展起来的一个求解孤子方程的方法, 它是利用周期反散射理论在代数几何知识的基础上获得的 [219,220]. 这种方法给出了求周期解或拟周期解的具体思路, 由黎曼面上的 θ 函数, 可以给出孤子方程的显式解. 孤子方程的代数几何解, 不但可以揭示解的内在结构, 而且可以描述其解的非线性行为, 并约化出孤子解、拟周期解等具有特殊性质的解. 在 1989 年, 曹策问教授首次提出了 Lax 对非线性化方法 [161]. 这种方法不仅可以从无穷维系统生成有限维系统, 而且还可以求出孤子方程的代数几何解. 它至少有两个方面的应用: ① 得到新的有限维可积系统; ② 可以把 (1+1)-维孤子方程分离成相容的常微分方程.

由耿献国教授提出的 Lax 对矩阵有限阶展开法[221], 这种方法是 Lax 对非线性化方法的很好发展, 它给出了求解孤子方程另一种思路. 其步骤是: 首先将孤子方程分离成可解的常微分方程; 其次利用 Lax 对的解矩阵, 引入恰当的椭圆变量和 Abel-Jacobi 坐标把流拉直; 最后用黎曼面上的 θ 函数和 Abel-Jacobi 坐标反演, 求得孤子方程的代数几何解.

5.2 广义 Kaup-Newell 方程的 Hamilton 结构和代数几何解

5.2.1 广义 Kaup-Newell 方程

这一节主要考虑广义 Kaup-Newell 方程

$$q_t = \frac{1}{2}q_{xx} - \beta r_{xx} - rqq_x + \beta qrr_x - \frac{1}{2}q^2 r_x + \frac{1}{2}\beta r^2 q_x,$$

$$r_t = -\frac{1}{2}r_{xx} - \frac{1}{2}r^2 q_x + \frac{3}{2}\beta r^2 r_x - qrr_x \tag{1}$$

的代数几何解, 这里 β 是一常数. 如果令 $\beta = 0$, 则方程 (1) 约化为经典

的 Kaup-Newell 方程

$$q_t = \frac{1}{2}q_{xx} - rqq_x - \frac{1}{2}q^2r_x,$$

$$r_t = -\frac{1}{2}r_{xx} - \frac{1}{2}r^2q_x - qrr_x. \tag{2}$$

为了得到广义 Kaup-Newell 孤子族, 引进 Lenard 递推序列 $\{S_j, j = 0, 1, 2, \cdots\}$ 如下

$$KS_{j-1} = JS_j, \quad j = 1, 2, 3, \cdots, \quad S_j|_{(q,r)=0} = 0, \quad S_0 = (r, q-\beta r, 1)^{\mathrm{T}}, \tag{3}$$

其中 $S_j = (c_j, b_j, a_j)$ 和算子

$$K = \begin{pmatrix} \frac{1}{2}\partial & 0 & 0 \\ 0 & \frac{1}{2}\partial & 0 \\ -(q-\beta r) & r & \partial \end{pmatrix}, \quad J = \begin{pmatrix} -1 & 0 & r \\ 0 & 1 & -(q-\beta r) \\ -(q-\beta r) & r & \partial \end{pmatrix}, \tag{4}$$

这里 $\partial = \partial/\partial x$, (3) 中隐含关系式

$$a_{jx} + rb_j - (q-\beta r)c_j = 0 \tag{5}$$

成立, 并且 S_j 能由递推关系 (3) 唯一确定. 直接地计算给出

$$S_1 = \begin{pmatrix} -\frac{1}{2}r_x - \frac{1}{2}r^2(q-\beta r) \\ \frac{1}{2}(q-\beta r)_x - \frac{1}{2}r(q-\beta r)^2 \\ -\frac{1}{2}r(q-\beta r) \end{pmatrix}, \tag{6}$$

$$S_2 = \begin{pmatrix} \dfrac{1}{4}r_{xx} + \dfrac{3}{4}(qrr_x - \beta r^2 r_x - \beta q r^4) + \dfrac{1}{8}\beta^2 r^5 + \dfrac{3}{8}q^2 r^3 \\[2mm] \dfrac{1}{4}(q_{xx} - \beta r_{xx}) - \dfrac{3}{4}(\beta_x^2 r^2 r_x - \beta q r r_x - \beta r^2 q_x + q r q_x) \\[2mm] -\dfrac{1}{8}(\beta^3 r^5 - 3q^3 r^2 - 7\beta^2 q r^4 + 9\beta q^2 r^3) \\[2mm] \dfrac{1}{4}(q r_x - r q_x) - \dfrac{3}{4}\beta q r^3 + \dfrac{1}{8}\beta^2 r^4 + \dfrac{3}{8}q^2 r^2 \end{pmatrix}. \qquad (7)$$

$$\cdots$$

考虑下面的广义 Kaup-Newell 谱问题

$$\varphi_x = U\varphi, \quad U = e_1(1) + (q - \beta r)e_2(1) + re_3(0), \qquad (8)$$

其中 e_1, e_2, e_3 由第 1 章 (19) 给出. 其辅助谱问题为

$$\varphi_t = V^{(m)}\varphi, \quad V^{(m)} = \begin{pmatrix} V_{11}^{(m)} & V_{12}^{(m)} \\[2mm] V_{21}^{(m)} & -V_{11}^{(m)} \end{pmatrix}, \qquad (9)$$

这里

$$V_{11}^{(m)} = \sum_{j=0}^{m} a_j \lambda^{m+1-j}, \quad V_{12}^{(m)} = \sum_{j=0}^{m} b_j \lambda^{m+1-j}, \quad V_{21}^{(m)} = \sum_{j=0}^{m} c_j \lambda^{m-j}.$$

由 (8) 和 (9) 的相容性条件给出了零曲率方程

$$U_{t_m} - V_x^{(m)} + [U, V^{(m)}] = 0, \qquad (10)$$

于是, 由 (10) 给出了广义 Kaup-Newell 孤子族

$$u_{t_m} = \begin{pmatrix} q_{t_m} \\ r_{t_m} \end{pmatrix} = \begin{pmatrix} b_{mx} + \beta c_{mx} \\ c_{mx} \end{pmatrix} = \begin{pmatrix} 2\beta\partial & \partial \\ \partial & 0 \end{pmatrix} \begin{pmatrix} c_m \\ b_m - \beta c_m \end{pmatrix}$$

$$= \bar{J}\begin{pmatrix} c_m \\ b_m - \beta c_m \end{pmatrix} = X_m. \qquad (11)$$

方程族 (11) 前两个非平凡的方程是

$$
\begin{cases}
q_{t_1} = \dfrac{1}{2}q_{xx} - \beta r_{xx} - rqq_x + \beta qrr_x - \dfrac{1}{2}q^2 r_x + \dfrac{1}{2}\beta r^2 q_x, \\[2mm]
r_{t_1} = -\dfrac{1}{2}r_{xx} - \dfrac{1}{2}r^2 q_x + \dfrac{3}{2}\beta r^2 r_x - qrr_x
\end{cases}
\tag{12}
$$

和

$$
\begin{cases}
q_{t_2} = \dfrac{1}{4}q_{xxx} + \dfrac{1}{2}(\beta^2 qr^3 r_x - 3\beta^2 r^2 r_{xx} + 3\beta qrr_{xx} + 3\beta qr_x^2 - 3\beta qr^3 q_x) \\[2mm]
\qquad + \dfrac{3}{4}(\beta r^2 q_{xx} - qrq_{xx} - rq_x^2 - qq_x r_x + q^3 rr_x - 3\beta q^2 r^2 r_x) \\[2mm]
\qquad + \dfrac{1}{8}(\beta^2 r^4 q_x + 9q^2 r^2 q_x) + 3(\beta rq_x r_x - \beta^2 rr_x^2), \\[2mm]
r_{t_2} = \dfrac{1}{4}r_{xxx} + \dfrac{3}{4}(qrr_{xx} + qr_x^2 + rq_x r_x - \beta r^2 r_{xx} - 2\beta rr_x^2 - \beta r^4 q_x \\[2mm]
\qquad - 4\beta qr^3 r_x) + \dfrac{1}{8}(5\beta^2 r^4 r_x + 6qr^3 q_x + 9q^2 r^2 r_x).
\end{cases}
\tag{13}
$$

其中方程 (12) 正是前面所给的广义 Kaup-Newell 孤子方程 (1).

5.2.2 广义 Kaup-Newell 方程族的 Hamilton 结构

下面将构造广义 Kaup-Newell 方程族的 Hamilton 结构, 令

$$
V = \begin{pmatrix} V_{11} & V_{12} \\ V_{21} & -V_{11} \end{pmatrix},
\tag{14}
$$

其中

$$
V_{11} = \sum_{m \geqslant 0} a_m \lambda^{-m+1}, \quad V_{12} = \sum_{m \geqslant 0} b_m \lambda^{-m+1}, \quad V_{21} = \sum_{m \geqslant 0} c_m \lambda^{-m}.
$$

直接地计算给出

$$
\left\langle V, \frac{\partial U}{\partial \lambda} \right\rangle = 2a + (q - \beta r)c,
$$

$$
\left\langle V, \frac{\partial U}{\partial q} \right\rangle = \lambda c, \quad \left\langle V, \frac{\partial U}{\partial r} \right\rangle = b - \lambda \beta c.
\tag{15}
$$

由迹恒等式 [28], 可得

$$
\begin{pmatrix} \delta/\delta q \\ \delta/\delta r \end{pmatrix} [2a + (q - \beta r)c] = \left(\lambda^{-\gamma} \frac{\partial}{\partial \lambda} \lambda^{\gamma} \right) \begin{pmatrix} \lambda c \\ b - \lambda \beta c \end{pmatrix}. \tag{16}
$$

比较等式 (16) 两端 λ^{-m} 的同次幂系数得

$$
\begin{pmatrix} \delta/\delta q \\ \delta/\delta r \end{pmatrix} [2a_{m+1} + (q - \beta r)c_m] = (\gamma - m + 1) \begin{pmatrix} c_m \\ b_m - \beta c_m \end{pmatrix}, \tag{17}
$$

令 $m = 0$, 由 (17) 可得 $\gamma = 0$, 并且有

$$
\begin{pmatrix} \dfrac{\delta}{\delta q} \\ \dfrac{\delta}{\delta r} \end{pmatrix} H_{m+1} = \begin{pmatrix} c_m \\ b_m - \beta c_m \end{pmatrix}, \tag{18}
$$

其中

$$
H_{m+1} = \frac{2a_{m+1} + (q - \beta r)c_m}{-m + 1}. \tag{19}
$$

特别地, 方程 (1) 的 Hamilton 函数是

$$
H_2 = \frac{1}{2}(rq_x - \beta r r_x + \beta q r^3) + \frac{1}{4}(\beta^2 r^4 - q^2 r^2). \tag{20}
$$

所以, 广义 Kaup-Newell 方程族具有如下的 Hamilton 结构

$$
u_{t_m} = \begin{pmatrix} q_{t_m} \\ r_{t_m} \end{pmatrix} = \bar{J} \begin{pmatrix} c_m \\ b_m - \beta c_m \end{pmatrix} = \bar{J} \begin{pmatrix} \delta/\delta q \\ \delta/\delta r \end{pmatrix} H_{m+1}. \tag{21}
$$

通过直接的计算可得递推关系

$$
\begin{pmatrix} c_{m+1} \\ b_{m+1} - \beta c_{m+1} \end{pmatrix} = L \begin{pmatrix} c_m \\ b_m - \beta c_m \end{pmatrix}, \tag{22}
$$

其中

$$
L = \begin{pmatrix} -\dfrac{1}{2}\partial - \dfrac{1}{2}r\partial^{-1}(q - 2\beta r)\partial & -\dfrac{1}{2}r\partial^{-1}r\partial \\ \beta\partial - \left(q - \dfrac{3}{2}\beta r\right)\partial^{-1}q\partial & \dfrac{1}{2}\partial - \left(q - \dfrac{3}{2}\beta r\right)\partial^{-1}r\partial \end{pmatrix}. \tag{23}
$$

5.2.3 可解的常微分方程

本节将方程 (1) 分解成两个可解的常微分方程, 考虑 Lax 方程解矩阵的有限阶展开, 从而实现对广义 Kaup-Newell 方程的求解. 设 $\varphi = (\varphi_1, \varphi_2)^{\mathrm{T}}$ 和 $\psi = (\psi_1, \psi_2)^{\mathrm{T}}$ 是谱问题 (8) 和 (9) 的两个基本解, 利用它们定义矩阵

$$
W = \frac{1}{2}(\psi\varphi^{\mathrm{T}} + \varphi\psi^{\mathrm{T}})\sigma = \begin{pmatrix} f & g \\ h & -f \end{pmatrix}, \quad \sigma = \begin{pmatrix} 0 & -1 \\ 1 & 0 \end{pmatrix}. \tag{24}
$$

通过直接的计算给出

$$
W_x = [U, W], \quad W_{t_m} = [V^{(m)}, W], \tag{25}
$$

这意味着 $\det W$ 沿 x 流和 t_m 流不变. 方程 (25) 可以写为

$$
\begin{aligned}
f_x &= \lambda h(q - \beta r) - gr, \\
g_x &= 2\lambda g - 2\lambda f(q - \beta r), \\
h_x &= 2rf - 2\lambda h
\end{aligned} \tag{26}
$$

和

$$
\begin{aligned}
f_{t_m} &= hV_{12}^{(m)} - gV_{21}^{(m)}, \\
g_{t_m} &= 2gV_{11}^{(m)} - 2fV_{12}^{(m)}, \\
h_{t_m} &= 2fV_{21}^{(m)} - 2hV_{11}^{(m)}.
\end{aligned} \tag{27}
$$

设函数 f, g, h 展成如下 λ 的有限阶多项式

$$f = \sum_{j=0}^{N} f_j \lambda^{N-j+1}, \quad g = \sum_{j=0}^{N} g_j \lambda^{N-j+1}, \quad h = \sum_{j=0}^{N} h_j \lambda^{N-j}. \qquad (28)$$

把 (28) 代入 (26) 得

$$KG_{j-1} = JG_j \quad (j = 1, 2, \cdots, N), \quad JG_0 = 0,$$

$$KG_N = 0, \quad G_j = (h_j, g_j, f_j)^{\mathrm{T}}. \qquad (29)$$

从 (29) 容易看出下式成立

$$-h_j(q - \beta r) + rg_j + f_{jx} = 0, \qquad (30)$$

且方程 $JG_0 = 0$ 具有一般解

$$G_0 = \alpha_0 S_0, \qquad (31)$$

其中 α_0 是常数. 由递推关系 (29), 所有的 G_j 都可以给出. 由于 $\ker J = \{cS_0 | \forall c \in \mathbb{C}\}$, 若将算子 $(J^{-1}K)^k$ 作用到 (31) 上, 从 (29) 和 (3) 可得

$$G_k = \sum_{j=0}^{k} \alpha_j S_{k-j}, \quad k = 0, 1, \cdots, N, \qquad (32)$$

其中 $\alpha_0, \alpha_1, \cdots, \alpha_k$ 是积分常数. 把 (32) 代入 (29) 第二个公式中, 可得 N 阶驻定广义 Kaup-Newell 方程

$$\alpha_0 \widehat{X}_N + \alpha_1 \widehat{X}_{N-1} + \cdots + \alpha_N \widehat{X}_0 = 0, \qquad (33)$$

其中

$$\widehat{X}_j = \begin{pmatrix} \dfrac{1}{2}\partial & 0 \\[2mm] 0 & \dfrac{1}{2}\partial \end{pmatrix} \begin{pmatrix} c_j \\[2mm] b_j \end{pmatrix}.$$

(33) 说明 (q, r) 是有限带势解.

不失一般性, 取 $\alpha_0 = 1$, 从 (3), (6) 和 (32) 可得

$$f_0 = 1, g_0 = q - \beta r, h_0 = r,$$

$$f_1 = -\frac{1}{2}r(q - \beta r) + \alpha_1,$$

$$g_1 = \frac{1}{2}(q - \beta r)_x - \frac{1}{2}r(q - \beta r)^2 + \alpha_1(q - \beta r),$$

$$h_1 = -\frac{1}{2}r_x - \frac{1}{2}r^2(q - \beta r) + \alpha_1 r, \cdots. \tag{34}$$

利用 (28), 将 g, h 写成下面有限乘积的形式

$$g = (q - \beta r)\lambda \prod_{j=1}^{N}(\lambda - u_j),$$

$$h = r \prod_{j=1}^{N}(\lambda - v_j). \tag{35}$$

比较 (35) 两端 λ^{N-1} 的同次幂系数得

$$g_1 = -(q - \beta r)\sum_{j=1}^{N}u_j,$$

$$h_1 = -r\sum_{j=1}^{N}v_j, \tag{36}$$

于是, 由 (34) 和 (36), 经过简单的计算得

$$\frac{1}{2}\partial \ln(q - \beta r) - \frac{1}{2}r(q - \beta r) = -\alpha_1 - \sum_{j=1}^{N}u_j,$$

$$\frac{1}{2}\partial \ln r + \frac{1}{2}r(q - \beta r) = \alpha_1 + \sum_{j=1}^{N}v_j. \tag{37}$$

考虑 λ 的 $(2N + 2)$ 次多项式 $\det W$, 可以假设

$$-\det W = f^2 + gh = \prod_{j=1}^{2N+2}(\lambda - \lambda_j) = R(\lambda), \tag{38}$$

把 (28) 代入 (38), 并比较 λ^{2N+1} 的同次幂系数, 有

$$2f_0f_1 + g_0h_0 = -\sum_{j=1}^{2N+2} \lambda_j, \tag{39}$$

并由 (34) 给出

$$\alpha_1 = -\frac{1}{2}\sum_{j=1}^{2N+2} \lambda_j. \tag{40}$$

由 (38) 可得

$$f|_{\lambda=u_k} = \sqrt{R(u_k)},$$
$$f|_{\lambda=v_k} = \sqrt{R(v_k)}. \tag{41}$$

再次利用 (34) 和 (35) 得

$$g_x|_{\lambda=u_k} = -(q-\beta r)u_k u_{kx} \prod_{j=1,j\neq k}^{N} (u_k - u_j) = -2u_k(q-\beta r)f|_{\lambda=u_k},$$

$$h_x|_{\lambda=v_k} = -rv_{kx} \prod_{j=1,j\neq k}^{N} (v_k - v_j) = 2rf|_{\lambda=v_k}, \tag{42}$$

结合 (34) 给出

$$u_{kx} = \frac{2\sqrt{R(u_k)}}{\displaystyle\prod_{j=1,j\neq k}^{N} (u_k - u_j)}, \quad 1 \leqslant k \leqslant N,$$

$$v_{kx} = \frac{-2\sqrt{R(v_k)}}{\displaystyle\prod_{j=1,j\neq k}^{N} (v_k - v_j)}, \quad 1 \leqslant k \leqslant N. \tag{43}$$

同理, 由 (9)($m=1,\ t_1=t$), (27) 和 (41), 可得 $\{u_k\}$ 和 $\{v_k\}$ 沿 t_m 流的演化方程

$$
\begin{aligned}
u_{kt} &= \frac{2f|_{\lambda=u_k} V_{12}^{(1)}|_{\lambda=u_k}}{(q-\beta r)u_k \prod\limits_{j=1,j\neq k}^{N}(u_k-u_j)} \\
&= \frac{2\sqrt{R(u_k)}[u_k - \frac{1}{2}r(q-\beta r) + \frac{1}{2}\partial\ln(q-\beta r)]}{\prod\limits_{j=1,j\neq k}^{N}(u_k-u_j)},
\end{aligned}
$$

$$
\begin{aligned}
v_{kt} &= -\frac{2f|_{\lambda=v_k} V_{21}^{(1)}|_{\lambda=v_k}}{r \prod\limits_{j=1,j\neq k}^{N}(v_k-v_j)} \\
&= \frac{-2\sqrt{R(v_k)}\left[v_k - \frac{1}{2}r(q-\beta r) - \frac{1}{2}\partial\ln r\right]}{\prod\limits_{j=1,j\neq k}^{N}(v_k-v_j)}.
\end{aligned}
\tag{44}
$$

因此, 如果给定 $2N+2$ 个互异的参数 $\lambda_1, \lambda_2, \cdots, \lambda_{2N+2}$, 令 $u_k(x,t)$ 和 $v_k(x,t)$ 是常微分方程 (43) 和 (44) 的解, 则由 (37) 确定的 (q,r) 是广义 Kaup-Newell 孤子方程 (1) 的解.

5.2.4 广义 Kaup-Newell 方程的代数几何解

下面将给出广义 Kaup-Newell 孤子方程 (1) 的代数几何解. 首先利用超椭圆曲线来定义黎曼面 Γ

$$
\Gamma: \quad \zeta^2 = R(\lambda), \quad R(\lambda) = \prod_{j=1}^{2N+2}(\lambda-\lambda_j),
\tag{45}
$$

其亏格为 N. 在黎曼面 Γ 上有两个无穷远点 ∞_1 和 ∞_2, 但它们不是黎曼面 Γ 的支点. 取黎曼面 Γ 上的一组正则闭路基 $a_1, a_2, \cdots, a_N; b_1, b_2, \cdots, b_N$, 它们相互独立且具有如下的关系

$$
a_i \circ a_j = 0, \quad b_i \circ b_j = 0, \quad a_i \circ b_j = \delta_{ij}, \quad i,j = 1,2,\cdots,N.
\tag{46}
$$

再取黎曼面 Γ 上的全纯微分

$$\tilde{\omega}_l = \frac{\lambda^{l-1}d\lambda}{\sqrt{R(\lambda)}}, \quad l = 1, 2, \cdots, N, \tag{47}$$

它们在 Γ 上线性无关, 令

$$A_{ij} = \int_{a_j} \tilde{\omega}_i, \quad B_{ij} = \int_{b_j} \tilde{\omega}_i, \quad i, j = 1, 2, \cdots, N. \tag{48}$$

则矩阵 $A = (A_{ij})$ 和 $B = (B_{ij})$ 都是 $N \times N$ 矩阵 [222,223]. 用它们定义新矩阵 C 和 τ 为 $C = (C_{ij}) = A^{-1}$, $\tau = (\tau_{ij}) = A^{-1}B$, 则矩阵 τ 对称 $(\tau_{ij} = \tau_{ji})$ 且虚部正定 ($\mathrm{Im}\, \tau > 0$). 如果把 $\tilde{\omega}_j$ 规范化为新基 ω_j

$$\omega_j = \sum_{l=1}^{N} C_{jl}\tilde{\omega}_l, \quad j = 1, 2, \cdots, N. \tag{49}$$

于是有

$$\int_{a_i} \omega_j = \sum_{l=1}^{N} C_{jl} \int_{a_i} \tilde{\omega}_l = \sum_{l=1}^{N} C_{jl}A_{li} = \delta_{ji},$$

$$\int_{b_i} \omega_i = \sum_{l=1}^{N} C_{jl} \int_{b_i} \overline{\omega}_l = \sum_{l=1}^{N} C_{jl}B_{li} = \tau_{ji}. \tag{50}$$

利用 τ 定义黎曼面 Γ 上的 θ 函数

$$\theta(\zeta, \tau) = \sum_{m \in Z^N} \exp(\pi\sqrt{-1}(\langle \tau m, m \rangle + 2\langle \zeta, m \rangle)), \quad \zeta \in C^N. \tag{51}$$

对于任意的 $m \in Z^N$, θ 函数满足

　(1) $\theta(-\zeta, \tau) = \theta(\zeta, \tau)$;

　(2) $\theta(\zeta + m, \tau) = \theta(\zeta, \tau)$;

　(3) $\theta(\zeta + m\tau, \tau) = \theta(\zeta, \tau)e^{-\sqrt{-1}\pi(\tau m, m) - 2\sqrt{-1}\pi(m, \zeta)}$,

θ 函数定义式中的级数在 C^N 的紧集上一致收敛且为解析函数 [224].

引进 Abel-Jacobi 坐标

$$\rho_j^{(1)}(x,t) = \sum_{k=1}^{N} \int_{p_0}^{p(u_k(x,t))} \omega_j = \sum_{k=1}^{N} \sum_{l=1}^{N} \int_{\lambda(p_0)}^{u_k} C_{jl} \frac{\lambda^{l-1} d\lambda}{\sqrt{R(\lambda)}},$$

$$\rho_j^{(2)}(x,t) = \sum_{k=1}^{N} \int_{p_0}^{p(v_k(x,t))} \omega_j = \sum_{k=1}^{N} \sum_{l=1}^{N} \int_{\lambda(p_0)}^{v_k(x,t)} C_{jl} \frac{\lambda^{l-1} d\lambda}{\sqrt{R(\lambda)}}, \tag{52}$$

其中 $p(u_k(x,t)) = (u_k, \sqrt{R(u_k)})$, $p(v_k(x,t)) = (v_k, \sqrt{R(v_k)})$, p_0 是黎曼面 Γ 上给定的点. 从 (43) 的第一个式子可知

$$\partial_x \rho_j^{(1)} = \sum_{k=1}^{N} \sum_{l=1}^{N} C_{jl} \frac{u_k^{l-1} u_{kx}}{\sqrt{R(u_k)}} = \sum_{k=1}^{N} \sum_{l=1}^{N} \frac{2C_{jl} u_k^{l-1}}{\displaystyle\prod_{j=1,j\neq k}^{N} (u_k - u_j)}, \tag{53}$$

利用等式

$$\sum_{k=1}^{N} \frac{u_k^{l-1}}{\displaystyle\prod_{i=1,i\neq k}^{N} (u_k - u_i)} = \begin{cases} \delta_{lN}, & l = 1, 2, \cdots, N, \\ \displaystyle\sum_{i_1 + \cdots + i_N = l-N} u_1^{i_1} \cdots u_N^{i_N}, & l > N. \end{cases} \tag{54}$$

(53) 可以写为

$$\partial_x \rho_j^{(1)} = 2C_{jN} = \Omega_j^{(1)}, \quad j = 1, 2, \cdots, N. \tag{55}$$

同理, 从 (43) 和 (44) 可得

$$\partial_x \rho_j^{(2)} = -2C_{jN} = -\Omega_j^{(1)},$$

$$\partial_t \rho_j^{(1)} = 2(C_{jN-1} - \alpha_1 C_{jN}) = \Omega_j^{(2)},$$

$$\partial_t \rho_j^{(2)} = -2(C_{jN-1} - \alpha_1 C_{jN}) = -\Omega_j^{(2)}, \quad j = 1, 2, \cdots, N. \tag{56}$$

基于以上结果, 可以求得

$$\rho_j^{(1)}(x,t) = \Omega_j^{(1)}x + \Omega_j^{(2)}t + \gamma_j^{(1)},$$

$$\rho_j^{(2)}(x,t) = -\Omega_j^{(1)}x - \Omega_j^{(2)}t + \gamma_j^{(2)}, \tag{57}$$

其中 $\gamma_j^{(i)}(i=1,2)$ 是常数和

$$\gamma_j^{(1)} = \sum_{k=1}^{N} \int_{p_0}^{p(\tilde{u}_k(0,0))} \omega_j, \quad \gamma_j^{(2)} = \sum_{k=1}^{N} \int_{p_0}^{p(\tilde{v}_k(0,0))} \omega_j,$$

$$\rho^{(1)} = (\rho_1^{((1)}, \rho_2^{(1)}, \cdots, \rho_N^{(1)})^{\mathrm{T}}, \quad \rho^{(2)} = (\rho_1^{((2)}, \rho_2^{(2)}, \cdots, \rho_N^{(2)})^{\mathrm{T}},$$

$$\Omega^{(m)} = (\Omega_1^{(m)}, \Omega_2^{(m)}, \cdots, \Omega_N^{(m)})^{\mathrm{T}}, \quad \gamma^{(m)} = (\gamma_1^{(m)}, \gamma_2^{(m)}, \cdots, \gamma_N^{(m)})^{\mathrm{T}}, \quad m=1,2. \tag{58}$$

引进 Abel 映射 $\mathcal{A}(p)$

$$\mathcal{A}(p) = \int_{p_0}^{p} \omega, \quad \omega = (\omega_1, \omega_2, \cdots, \omega_N)^{\mathrm{T}},$$

$$\mathcal{A}\left(\sum_k p_k\right) = \sum n_k \mathcal{A}(p_k). \tag{59}$$

考虑两特殊除子 $\sum_{k=1}^{N} p(u_k)$, 有

$$\rho^{(1)} = \mathcal{A}\left(\sum_{k=1}^{N} p(u_k)\right) = \sum_{k=1}^{N} \int_{p_0}^{p(u_k)} \omega,$$

$$\rho^{(2)} = \mathcal{A}\left(\sum_{k=1}^{N} p(v_k)\right) = \sum_{k=1}^{N} \int_{p_0}^{p(v_k)} \omega. \tag{60}$$

根据黎曼定理 [222, 223] 知, 存在黎曼常数 $M \in C^N$ 使得函数

$$F^{(m)}(\lambda) = \theta(\mathcal{A}(p(\lambda)) - \rho^{(m)} - M^{(m)}), \quad m=1,2 \tag{61}$$

在 $m = 1$ 时恰好有 N 个零点 $u_1, u_2, \cdots, u_N$ 或当 $m = 2$ 时恰好有 N 个零点 $v_1, v_2, \cdots, v_N$. 为了使函数单值, 将黎曼面 Γ 沿基 $\{a_k, b_k\}$ 割开, 使之成为一个单连通区域, 其边界记为 γ. 由文献 [222, 223] 的结论可知, 积分

$$I(\Gamma) = \frac{1}{2\pi i} \int_\gamma \lambda d \ln F^{(m)}, \quad m = 1, 2 \tag{62}$$

是与 $\rho^{(1)}$, $\rho^{(2)}$ 无关的常数, 于是

$$I(\Gamma) = \sum_{j=1}^N \int_{a_j} \lambda \omega_j. \tag{63}$$

由留数定理得

$$\sum_{j=1}^N u_j = I(\Gamma) - \sum_{s=1}^2 \mathrm{Res}_{\lambda=\infty_s} \lambda d \ln F^{(1)}(\lambda),$$

$$\sum_{j=1}^N v_j = I(\Gamma) - \sum_{s=1}^2 \mathrm{Res}_{\lambda=\infty_s} \lambda d \ln F^{(2)}(\lambda). \tag{64}$$

这里只需计算 (64) 中的留数. 用文献 [221, 225, 226] 中类似的方法, 可得

$$\mathrm{Res}_{\lambda=\infty_s} \lambda d \ln F^{(m)}(\lambda) = (-1)^{s+m} \partial \ln \theta_s^{(m)}, \quad m = 1, 2, \quad s = 1, 2, \tag{65}$$

这里

$$\theta_s^{(1)} = \theta(\Omega^{(1)} x + \Omega^{(2)} t + \Upsilon^{(s)}), \quad \theta_s^{(2)} = \theta(-\Omega^{(1)} x - \Omega^{(2)} t + \Lambda^{(s)}),$$

其中

$$\Omega^{(i)} = (\Omega_1^{(i)}, \cdots, \Omega_N^{(i)})^{\mathrm{T}}, \quad \Upsilon^{(s)} = (\Upsilon_1^{(s)}, \cdots, \Upsilon_N^{(s)})^{\mathrm{T}},$$

$$\Lambda^{(s)} = (\Lambda_1^{(s)}, \cdots, \Lambda_N^{(s)})^{\mathrm{T}}, \quad \Upsilon_j^{(s)} = \gamma_j^{(1)} + M_j^{(1)} + \int_{\infty_s}^{p_0} \omega_j,$$

$$\Lambda_j^{(s)} = \gamma_j^{(2)} + M_j^{(2)} + \int_{\infty_s}^{p_0} \omega_j, \quad 1 \leqslant i \leqslant 2, \ 1 \leqslant j \leqslant N.$$

由 (64) 和 (65) 可得

$$\sum_{j=1}^{N} u_j = I(\Gamma) + \partial \ln \frac{\theta_2^{(1)}}{\theta_1^{(1)}},$$

$$\sum_{j=1}^{N} v_j = I(\Gamma) + \partial \ln \frac{\theta_1^{(2)}}{\theta_2^{(2)}}. \tag{66}$$

把 (66) 代入 (37), 可得广义 Kaup-Newell 方程 (1) 的代数几何解

$$q = \sqrt{\frac{A(t)}{B(t)}} \exp\left(\partial^{-1} \frac{1 - A(t)}{2} \exp\left(2\ln \frac{\theta_1^{(1)}\theta_1^{(2)}}{\theta_2^{(1)}\theta_2^{(2)}} \right) \right.$$

$$\left. - \frac{1}{2}\partial^{-1} \sum_{j=1}^{2N+2} \lambda_j + \partial^{-1} I + \frac{1}{2}\ln \frac{\theta_2^{(1)}\theta_1^{(2)}}{\theta_1^{(1)}\theta_2^{(2)}} \right)$$

$$+ \beta\sqrt{A(t)B(t)} \exp\left(\partial^{-1} \frac{1 + A(t)}{2} \exp\left(2\ln \frac{\theta_1^{(1)}\theta_1^{(2)}}{\theta_2^{(1)}\theta_2^{(2)}} \right) \right.$$

$$\left. + \frac{1}{2}\partial^{-1} \sum_{j=1}^{2N+2} \lambda_j - \partial^{-1} I - \frac{1}{2}\ln \frac{\theta_2^{(1)}\theta_1^{(2)}}{\theta_1^{(1)}\theta_2^{(2)}} \right),$$

$$r = \sqrt{A(t)B(t)} \exp\left(\partial^{-1} \frac{1 + A(t)}{2} \exp\left(2\ln \frac{\theta_1^{(1)}\theta_1^{(2)}}{\theta_2^{(1)}\theta_2^{(2)}} \right) \right.$$

$$\left. + \frac{1}{2}\partial^{-1} \sum_{j=1}^{2N+2} \lambda_j - \partial^{-1} I - \frac{1}{2}\ln \frac{\theta_2^{(1)}\theta_1^{(2)}}{\theta_1^{(1)}\theta_2^{(2)}} \right), \tag{67}$$

其中 $A(t)$ 和 $B(t)$ 是变量 t 的函数.

5.3 广义 Broer-Kaup-Kupershmidt 孤子方程的拟周期解

5.3.1 Lenard 序列与孤子族

考虑新谱问题如下

$$\phi_x = U\phi, \quad U = \begin{pmatrix} \lambda + u & v + \beta u \\ 1 & -\lambda - u \end{pmatrix}, \quad \phi = \begin{pmatrix} p \\ q \end{pmatrix}, \tag{68}$$

其中 λ 是谱参数, u, v 是位势, β 是常数. 定义线性映射 $\sigma_\lambda : C^3 \mapsto sl(2, C)$:

$$\sigma_\lambda(\alpha) = \begin{pmatrix} \alpha_1 + \lambda\alpha_3 & \alpha_2 + \beta\alpha_1 \\ \alpha_3 & -\alpha_1 - \lambda\alpha_3 \end{pmatrix}, \quad \alpha \in C^3. \tag{69}$$

设 $V = \sigma_\lambda(G), G \in C^3$, 直接计算给出

$$V_x - [U, V] = \sigma_\lambda\{(K - \lambda J)G\}, \tag{70}$$

其中 K, J 是 Lenard 算子

$$K = \begin{pmatrix} \partial + \beta & 1 & -(v + \beta u) \\ 2v - \beta^2 & \partial - \beta - 2u & \beta(v + \beta u) \\ -2 & 0 & \partial + 2u \end{pmatrix},$$

$$J = \begin{pmatrix} -2 & 0 & 2u \\ 4\beta & 2 & -2(v + 2\beta u) \\ 0 & 0 & 0 \end{pmatrix}, \tag{71}$$

这里 $\partial = \partial/\partial x$. 令 $G = \sum_{m=0}^{\infty} \lambda^{-m} g_{m-1}$, $g_m = (g_m^1, g_m^2, g_m^3)^{\mathrm{T}} \in \mathbb{C}^3$, 可得下面的命题.

命题 5.1 令 $V = \sigma_\lambda(G)$, 则 $V_x - [U, V] = 0$ 的充分必要条件是 $Kg_m = Jg_{m+1}, Jg_{-1} = 0, m = -1, 0, 1, \cdots$.

Lenard 序列 g_m 和广义 Broer-Kaup-Kupershmidt 向量场 X_m 的递归关系定义如下

$$Kg_m = Jg_{m+1}, \quad Jg_{-1} = 0,$$
$$X_m = PJg_m = PKg_{m-1}, \quad m = 0, 1, 2, \cdots, \tag{72}$$

这里投射 $P: \gamma = (\gamma_1, \gamma_2, \gamma_3)^{\mathrm{T}} \mapsto (\gamma_1, \gamma_2)^{\mathrm{T}}$. 序列 $g_m(m \geqslant -1)$ 的分量式为

$$\begin{cases} g_{m+1}^1 = \dfrac{1}{2}(\partial + 2u)g_{m+1}^3, \\[2mm] g_{m+1}^2 = -2\beta g_{m+1}^1 + (v + 2\beta u)g_{m+1}^3 + \dfrac{1}{2}(2v - \beta^2)g_m^1 \\[2mm] \qquad\quad + \dfrac{1}{2}(\partial - \beta - 2u)g_m^2 + \dfrac{1}{2}\beta(v + \beta u)g_m^3, \\[2mm] g_{m+1x}^3 = -g_{mx}^1 - \beta g_m^1 - g_m^2 + (v + \beta u)g_m^3, \end{cases} \tag{73}$$

其中

$$g_{-1} = (u, v, 1), \quad g_0 = \left(-\frac{1}{2}u_x - u^2, \frac{1}{2}v_x - uv + \beta u_x, -u\right),$$
$$g_1 = \left(\frac{1}{4}u_{xx} - \frac{1}{4}v_x - \frac{1}{4}\beta u_x - \frac{1}{2}uv - \frac{1}{2}\beta u^2 + \frac{3}{2}uu_x + u^3,\right.$$
$$\frac{1}{4}v_{xx} + \frac{1}{4}\beta v_x + \frac{1}{4}\beta^2 u_x - \frac{1}{2}vu_x - \frac{1}{2}v^2$$
$$\left. -\frac{1}{2}\beta uv - uv_x + u^2v - 3\beta uu_x, \frac{1}{2}u_x - \frac{1}{2}v - \frac{1}{2}\beta u + u^2\right),$$

$$g_2 = \left(-\frac{1}{8}u_{xxx} - \frac{3}{4}u_x^2 + \frac{3}{4}u_x v + \frac{3}{4}uv_x + \frac{3}{2}u^2 v + \frac{3}{2}\beta u^3 \right.$$

$$-uu_{xx} - u^4 - 3u^2 u_x, \frac{1}{8}v_{xxx} + \frac{1}{4}\beta u_{xxx}$$

$$-\frac{1}{4}vu_{xx} - \frac{3}{4}uv_{xx} - \frac{3}{4}u_x v_x - \frac{3}{4}vv_x + \frac{3}{4}\beta^2 uu_x - \frac{3}{2}\beta vu_x + \frac{3}{2}uv^2$$

$$+\frac{3}{2}uvu_x + \frac{3}{2}u^2 v_x + \frac{5}{2}\beta u^2 v$$

$$-\beta uv_x - \beta u^2 v - u^3 v + 6\beta u^2 u_x, -\frac{1}{4}u_{xx} - \frac{3}{2}uu_x$$

$$\left. +\frac{3}{2}uv + \frac{3}{2}\beta u^2 - u^3 \right), \cdots . \tag{74}$$

令

$$G_N = (\lambda^N G)_+ = \sum_{m=1}^{N} \lambda^{N-m} g_{m-1}, \quad V_N = \sigma_\lambda(G_N). \tag{75}$$

从零曲率方程 $U_{t_N} - V_{N,x} + [U, V_N] = 0$, 可得广义 Broer-Kaup-Kupershmidt 孤子族

$$\begin{pmatrix} u \\ v \end{pmatrix}_{t_N} = X_N. \tag{76}$$

令 $t_1 = y, t_2 = t$, 则有

$$\begin{cases} u_y = \left(-\frac{1}{2}u_x + \frac{1}{2}v + \frac{1}{2}\beta u - u^2 \right)_x, \\ v_y = \left(\frac{1}{2}v_x - \frac{1}{2}\beta v - \frac{1}{2}\beta^2 u + \beta u_x - \beta u^2 - 2uv \right)_x, \end{cases} \tag{77}$$

$$\begin{cases} u_t = \left(\frac{1}{4}u_{xx} + \frac{3}{2}uu_x - \frac{3}{2}uv + u^3 \right)_x, \\ v_t = \left(\frac{1}{4}v_{xx} - \frac{3}{4}v^2 + \frac{3}{4}\beta^2 u^2 - \frac{3}{2}uv_x + 2\beta u^3 - 3\beta uu_x + 3u^2 v \right)_x + \beta uv_x. \end{cases} \tag{78}$$

若 $(u(x, y, t), v(x, y, t))$ 是 (77) 和 (78) 的相容解, 则 $(u(x, y, t), v(x, y, t))$

是下面 (2+1)-维广义 Broer-Kaup-Kupershmidt 孤子方程的解

$$
\begin{cases}
u_t = \left(\dfrac{1}{4}u_{xx} + \dfrac{3}{2}\beta u^2 - 2u^3 - 3u\partial^{-1}u_y \right)_x, \\[2mm]
v_t = \left(\dfrac{1}{4}v_{xx} - \dfrac{3}{4}v^2 - \dfrac{9}{4}\beta^2 u^2 - \dfrac{3}{2}uv_x \right. \\[2mm]
\qquad \left. -3\beta uv + 3u^2 v + 6\beta u\partial^{-1}u_y + 8\beta u^3 \right)_x + \beta uv_x.
\end{cases}
\tag{79}
$$

若令 $\beta = 0$, 则方程 (77) 约化成经典的 Broer-Kaup-Kupershmidt 孤子方程[193]

$$
\begin{cases}
u_t = -\dfrac{1}{2}u_{xx} + \dfrac{1}{2}v_x - 2uu_x, \\[2mm]
v_t = \dfrac{1}{2}v_{xx} - 2uv_x - 2vu_x.
\end{cases}
\tag{80}
$$

若取 $v = \beta = 0$, (77) 的第一个方程约化成 Burgers 方程

$$
u_t = -\dfrac{1}{2}u_{xx} - 2uu_x.
\tag{81}
$$

若取在 (79) 的第二个方程中取 $\beta = 0$, 可得 (2+1)-维 mKdV 方程

$$
u_t = \left(\dfrac{1}{4}u_{xx} - 2u^3 - 3u\partial^{-1}u_y \right)_x.
\tag{82}
$$

5.3.2 特征值问题的非线性化和守恒积分的对合性

设 $\alpha_j, 1 \leqslant j \leqslant N$ 是谱问题 (68) 的 N 个互异特征值, $\phi = (p_j, q_j)^{\mathrm{T}}$ 是相应的特征函数, 考虑谱问题的分量形式

$$
\begin{pmatrix} p_j \\ q_j \end{pmatrix}_x = \begin{pmatrix} \alpha_j + u & v + \beta u \\ 1 & -\alpha_j - u \end{pmatrix} \begin{pmatrix} p_j \\ q_j \end{pmatrix}, \quad 1 \leqslant j \leqslant N.
\tag{83}
$$

直接的计算给出 $KS_j = \alpha_j JS_j$, 其中 $S_j = (p_j q_j - \alpha_j q_j^2, -p_j^2 + \beta \alpha_j q_j^2 - \beta p_j q_j, q_j^2)$. 考虑 Bargmann 约束

$$g_0 = \sum_{j=1}^{N} S_j, \tag{84}$$

利用 (83) 式可得其精确表示为

$$\begin{cases} u = -\langle q, q \rangle, \\ v = -2\langle p, q \rangle + \beta \langle q, q \rangle, \end{cases} \tag{85}$$

其中 $p = (p_1, \cdots, p_N)^{\mathrm{T}}, q = (q_1, \cdots, q_N)^{\mathrm{T}}, \langle \cdot, \cdot \rangle$ 是 R^N 上的内积. 把 (85) 代入 (83), 则谱问题 (68) 被非线性化为

$$\begin{cases} p_x = (\Lambda - \langle q, q \rangle)p - 2\langle p, q \rangle q = -\dfrac{\partial H}{\partial q}, \\ q_x = p - (\Lambda - \langle q, q \rangle)q = \dfrac{\partial H}{\partial p}, \end{cases} \tag{86}$$

这里 $\Lambda = \mathrm{diag}(\alpha_1, \cdots, \alpha_N)$ 和

$$H = \frac{1}{2}\langle p, p \rangle - \langle \Lambda p, q \rangle + \langle p, q \rangle \langle q, q \rangle. \tag{87}$$

构造 Lenard 特征值问题的解如下

$$G_\lambda = g_{-1} + \sum_{j=1}^{N} \frac{S_j}{\lambda - \alpha_j}, \tag{88}$$

易证 $(K - \lambda J)G_\lambda = 0$. 于是, 驻定 Lax 方程 $V_x - [U, V] = 0$ 沿 x-流有解

$$V_\lambda = \sigma_\lambda(G_\lambda) = \begin{pmatrix} \lambda + Q_\lambda(p, q) & -2\langle p, q \rangle - Q_\lambda(p, p) \\ 1 + Q_\lambda(q, q) & -\lambda - Q_\lambda(p, q) \end{pmatrix}$$

$$= \begin{pmatrix} V_{11} & V_{12} \\ V_{21} & -V_{11} \end{pmatrix}, \tag{89}$$

其中 $Q_\lambda(\xi, \eta) = \sum_{j=1}^N \dfrac{\xi_j \eta_j}{\lambda - \alpha_j} = \sum_{n=0}^\infty \dfrac{\langle \Lambda^n \xi, \eta \rangle}{\lambda^{n+1}}$. 由驻定方程 $V_x -$

$[U, V] = 0$ 可知, $F_\lambda = \dfrac{1}{2}\det V_\lambda$ 沿 x-流是不变的, 因此可得 (86) 的

积分母函数为

$$F_\lambda = \frac{1}{2}\det V_\lambda = -\frac{\lambda^2}{2} + \sum_{n=0}^\infty \lambda^{-n-1} F_n, \tag{90}$$

其中

$$
\begin{aligned}
F_0 &= -\langle \Lambda p, q \rangle + \frac{1}{2}\langle p, p \rangle + \langle p, q \rangle \langle q, q \rangle = H, \\
F_n &= -\langle \Lambda^{n+1} p, q \rangle + \frac{1}{2}\langle \Lambda^n p, p \rangle + \langle p, q \rangle \langle \Lambda^n q, q \rangle \\
&\quad + \frac{1}{2}\sum_{i+j=n-1}[\langle \Lambda^i q, q \rangle \langle \Lambda^j p, p \rangle - \langle \Lambda^i p, q \rangle \langle \Lambda^j p, q \rangle].
\end{aligned}
\tag{91}
$$

视母函数 F_λ 为辛空间 $(R^{2N}, dp \wedge dq)$ 的一个 Hamilton 函数, 由光
滑函数 F 和 G 的 Poisson 括号定义 [217]

$$\{F, G\} = \sum_{j=1}^N \left(\frac{\partial F}{\partial q_j}\frac{\partial G}{\partial p_j} - \frac{\partial F}{\partial p_j}\frac{\partial G}{\partial q_j} \right). \tag{92}$$

设 F_λ 的流变量为 t_λ, 直接给出正则方程

$$\frac{d}{dt_\lambda}\begin{pmatrix} p_k \\ q_k \end{pmatrix} = \begin{pmatrix} -\dfrac{\partial F_\lambda}{\partial q_k} \\ \dfrac{\partial F_\lambda}{\partial p_k} \end{pmatrix} = W(\lambda, \alpha_k)\begin{pmatrix} p_k \\ q_k \end{pmatrix}, \quad 1 \leqslant k \leqslant N, \tag{93}$$

其中

$$W(\lambda, \alpha_k) = \frac{V_\lambda}{\lambda - \alpha_k} + V_0(\lambda), \quad V_0(\lambda) = \begin{pmatrix} -V_{21} & 0 \\ 0 & V_{21} \end{pmatrix}. \tag{94}$$

命题 5.2 沿 t_λ-流, Lax 矩阵 V_μ 满足 Lax 方程

$$\frac{d}{dt_\lambda}V_\mu = [\,W(\lambda,\mu),V_\mu\,], \quad \forall\lambda,\mu \in C \tag{95}$$

和

$$\{F_\lambda, F_\mu\} = 0, \quad \forall\lambda,\mu \in C, \tag{96}$$

$$\{F_m, F_n\} = 0, \quad \forall m,n = 0,1,2,\cdots. \tag{97}$$

5.3.3 椭圆坐标和可积性

因为在 $F_\lambda, V_\lambda^{12}, V_\lambda^{21}$ 都是 λ 的有理函数, 且 $V_\lambda^{12}, V_\lambda^{21}$ 在 α_j 处有单一极点, 故可设

$$V_\lambda^{12} = -2\langle p,q\rangle - Q_\lambda(p,p) = -2\langle p,q\rangle\,\frac{m(\lambda)}{a(\lambda)},$$

$$V_\lambda^{21} = 1 + Q_\lambda(q,q) = \frac{n(\lambda)}{a(\lambda)}, \tag{98}$$

其中

$$m(\lambda) = \prod_{j=1}^{N}(\lambda - \mu_j), \quad n(\lambda) = \prod_{j=1}^{N}(\lambda - \nu_j), \quad a(\lambda) = \prod_{j=1}^{N}(\lambda - \alpha_j),$$

则 $\{\mu_j\}$ 和 $\{\nu_j\}$ 被称为 Hamilton 系统的两族椭圆坐标[223]. 若将 $V_\lambda^{12}, V_\lambda^{21}$ 按 λ^{-1} 的幂进行展开, 可得

$$\langle q,q\rangle = \sum_{j=1}^{N}(\alpha_j - \nu_j),$$

$$\langle p,p\rangle = 2\langle p,q\rangle\sum_{j=1}^{N}(\alpha_j - \mu_j), \tag{99}$$

于是有

$$u = -\langle q, q \rangle = \sum_{j=1}^{N}(\nu_j - \alpha_j),$$

$$v = -2\langle p, q \rangle + \beta \langle q, q \rangle$$

$$= \exp\left\{2\partial^{-1}\sum_{j=1}^{N}(\nu_j - \mu_j)\right\} - \beta \sum_{j=1}^{N}(\nu_j - \alpha_j). \tag{100}$$

命题 5.3 椭圆坐标沿 t_λ-流满足演化方程

$$\begin{cases} \dfrac{1}{2\sqrt{R(\mu_k)}}\dfrac{d\mu_k}{dt_\lambda} = \dfrac{m(\lambda)}{a(\lambda)}\dfrac{1}{(\lambda - \mu_k)m'(\mu_k)}, \\ \dfrac{1}{2\sqrt{R(\nu_k)}}\dfrac{d\nu_k}{dt_\lambda} = -\dfrac{n(\lambda)}{a(\lambda)}\dfrac{1}{(\lambda - \nu_k)n'(\nu_k)}, \end{cases} \tag{101}$$

其中

$$R(\lambda) = a(\lambda)b(\lambda),\ b(\lambda) = \prod_{j=1}^{N+2}(\lambda - \beta_j), \quad \deg R(\lambda) = 2N + 2.$$

证明 将 $\lambda = \mu_j, \nu_j$ 分别代入 (98) 中, 得

$$V_{\mu_j}^{11} = \frac{\sqrt{R(\mu_j)}}{a(\mu_j)}, \quad V_{\nu_j}^{11} = \frac{\sqrt{R(\nu_j)}}{a(\nu_j)}.$$

从 Lax 方程 $\dfrac{d}{dt_\lambda}V_\mu = [W(\lambda,\mu), V_\mu]$, 有

$$\frac{d}{dt_\lambda}V_\mu^{12} = 2\left(\frac{V_\lambda^{11}}{\lambda - \mu} - V_\lambda^{21}\right)V_\mu^{12} - 2\frac{V_\lambda^{12}}{\lambda - \mu}V_\mu^{11},$$

$$\frac{d}{dt_\lambda}V_\mu^{21} = 2\frac{V_\lambda^{21}}{\lambda - \mu}V_\mu^{11} - 2\left(\frac{V_\lambda^{11}}{\lambda - \mu} - V_\lambda^{21}\right)V_\mu^{21}. \tag{102}$$

分别令 $\mu = \mu_j$, $\nu = \nu_j$, 直接计算可得 (101).

利用多项式的插值公式, 可得

$$\sum_{k=1}^{N}\frac{\mu_k^{N-j}}{2\sqrt{R(\mu_k)}}\frac{d\mu_k}{dt_\lambda} = -\frac{\lambda^{N-j}}{a(\lambda)}, \quad \sum_{k=1}^{N}\frac{\nu_k^{N-j}}{2\sqrt{R(\nu_k)}}\frac{d\nu_k}{dt_\lambda} = \frac{\lambda^{N-j}}{a(\lambda)}. \tag{103}$$

对某一固定的 λ_0, 引入拟 Abel-Jacobi 坐标:

$$\tilde{\phi}_j = \sum_{k=1}^{N} \int_{\lambda_0}^{\mu_k} \frac{\lambda^{N-j} d\lambda}{2\sqrt{R(\mu)}}, \quad \tilde{\psi}_j = \sum_{k=1}^{N} \int_{\lambda_0}^{\nu_k} \frac{\lambda^{N-j} d\lambda}{2\sqrt{R(\nu)}}, \ j = 1, 2, \cdots, N, \quad (104)$$

于是有

$$\frac{d\tilde{\phi}_j}{dt_\lambda} = -\frac{\lambda^{N-j}}{a(\lambda)}, \quad \frac{d\tilde{\psi}_j}{dt_\lambda} = -\frac{\lambda^{N-j}}{a(\lambda)}. \quad (105)$$

命题 5.4 由 (91) 给出的 $F_0, F_1, \cdots, F_{N-1}$ 是函数独立的.

证明

$$\frac{d\tilde{\phi}_j}{dt_\lambda} = \{\tilde{\phi}_j, F_\lambda\} = \sum_{k=0}^{\infty} \frac{1}{\lambda^{k+1}} \{\tilde{\phi}_j, F_k\} = \sum_{k=0}^{\infty} \frac{1}{\lambda^{k+1}} \frac{d\tilde{\phi}_j}{dt_k}.$$

另一方面

$$\frac{\lambda^{N-j}}{a(\lambda)} = \frac{1}{\lambda^j} \frac{\lambda^N}{(\lambda - \alpha_1) \cdots (\lambda - \alpha_N)} = \frac{1}{\lambda^j} \left(1 + \frac{A_1}{\lambda} + \frac{A_2}{\lambda^2} + \cdots\right),$$

其中

$$A_1 = \sigma_1, \quad A_k = \frac{1}{k}\left(\sigma_k + \sum_{i+j=k, i,j \geqslant 1} \sigma_i A_j\right), \quad \sigma_k = \sum_{j=1}^{N} \alpha_j^k, \quad k \geqslant 2.$$

根据 (105) 的第一个表达式, 可得

$$\frac{d\tilde{\phi}_j}{dt_k} = A_{k-j+1}, \quad k \geqslant 1.$$

则有

$$\left(\frac{d\tilde{\phi}}{dt_0}, \cdots, \frac{d\tilde{\phi}}{dt_{N-1}}\right) = \begin{pmatrix} 1 & A_1 & A_2 & \cdots & A_{N-1} \\ & 1 & A_1 & \cdots & A_{N-2} \\ & & \ddots & \ddots & \vdots \\ & & & 1 & A_1 \\ & & & & 1 \end{pmatrix}, \quad (106)$$

其中 $\tilde{\phi} = (\tilde{\phi}_1, \cdots, \tilde{\phi}_N)^{\mathrm{T}}$, 设 $\sum_{k=0}^{N-1} \zeta_k \omega^2 dF_k = 0$, 于是有

$$0 = \sum_{k=0}^{N-1} \zeta_k \omega^2 (IdF_k, Id\tilde{\phi}_j) = \sum_{k=0}^{N-1} \zeta_k \frac{d\tilde{\phi}_j}{dt_k}, \quad 1 \leqslant j \leqslant N.$$

由 (106) 可知行列式为 1, 则 $\zeta_0 = \cdots = \zeta_{N-1} = 0$, 因此 $F_0, F_1, \cdots, F_{N-1}$ 是函数独立的.

定理 5.1　有限维 Hamilton 系统 (86) 在 Liouville 意义下是完全可积的.

5.3.4　流的拉直与拟周期解

对于本文中所对应的超椭圆函数曲线 $\Gamma : \zeta^2 - 4R(\lambda) = 0$, 亏格为 N. 取椭圆曲线 Γ 上正则闭链 $a_1, a_2, \cdots, a_N; b_1, b_2, \cdots, b_N$, 使其满足

$$a_i \circ a_j = 0, \quad b_i \circ b_j = 0, \quad a_i \circ b_j = \delta_{ij}, \quad i, j = 1, 2, \cdots, N,$$

则 Γ 上的 N 个全纯微分基底

$$\tilde{\omega}_l = \frac{\lambda^{N-l} d\lambda}{2\sqrt{R(\lambda)}}, \quad l = 1, 2, \cdots, N,$$

是线性无关的. 令 $C = (C_{il})_{N \times N}$ 为周期矩阵 $(A_{lj})_{N \times N}$ 的逆

$$C = (A_{lj})_{N \times N}^{-1}, \quad A_{lj} = \int_{a_j} \tilde{\omega}_l, \tag{107}$$

则 $\tilde{\omega}$ 经线性规范变换为

$$\omega_j = \sum_{l=1}^{N} C_{jl} \tilde{\omega}_l, \quad \omega = (\omega_1, \cdots, \omega_N)^{\mathrm{T}} = C\tilde{\omega}, \tag{108}$$

使其满足

$$\int_{a_j} \omega_i = \delta_{ij}, \quad \int_{b_j} \omega_i = B_{ij}, \quad 1 \leqslant i, j \leqslant N, \tag{109}$$

其中 $B = (B_{ij})_{N \times N}$ 对称且虚部正定, 因而此时可定义 Γ 上的 θ 函数 [225,227]

$$\theta(\zeta) = \sum_{Z \in \mathbb{Z}^N} \exp\left(\pi i \langle BZ, Z \rangle + 2\pi i \langle \zeta, Z \rangle\right), \quad \zeta \in C^N. \tag{110}$$

此时, 对于固定的 $P_0 \in \Gamma$, 引进 Abel 映射 $\mathcal{A}(P)$ 和 Abel-Jacobi 坐标如下

$$\mathcal{A}(P) = \int_{P_0}^{P} \omega, \quad \mathcal{A}\left(\sum n_k P_k\right) = \sum n_k \mathcal{A}(P_k),$$

$$\phi = \mathcal{A}\left(\sum_{k=1}^{N} P(\mu_k)\right) = \sum_{k=1}^{N} \int_{P_0}^{P(\mu_k)} \omega,$$

$$\psi = \mathcal{A}\left(\sum_{k=1}^{N} P(\nu_k)\right) = \sum_{k=1}^{N} \int_{P_0}^{P(\nu_k)} \omega. \tag{111}$$

令 $S_k = \lambda_1^k + \cdots + \lambda_{2N+2}^k$, 那么 $\dfrac{1}{\sqrt{R_*(z)}} = \sum_{k=0}^{N} R_k z^k$ 系数满足递推公式

$$R_0 = 1, \quad R_1 = \frac{1}{2} S_1, \quad R_k = \frac{1}{2k}\left(S_k + \sum_{i+j=k, i,j \geqslant 1} S_j R_k\right). \tag{112}$$

设 $C_1, C_2, \cdots, C_N$ 是矩阵 C 的列向量, 通过直接的计算可得

$$\frac{1}{2\sqrt{R_*(z)}}(C_1 + C_2 z + \cdots + C_N z^{N-1}) = \sum_{k=0}^{\infty} \Omega_k z^k, \tag{113}$$

系数为

$$\Omega_k = \frac{1}{2}(R_k C_1 + \cdots + R_1 C_k + C_{k+1}), \quad 1 \leqslant k \leqslant N. \tag{114}$$

命题 5.5 利用 Abel-Jacobi 坐标, H_k-流得以直化

$$\frac{d\phi}{d\tau_k} = \Omega_k, \quad \frac{d\psi}{d\tau_k} = -\Omega_k. \tag{115}$$

证明   由 (105) 式, 可得

$$\frac{d\tilde{\phi}}{dt_\lambda} = \frac{\lambda^N}{2\sqrt{R(\lambda)}}(\lambda^{-1}, \cdots, \lambda^{-N}),$$

$$\frac{d\phi}{dt_\lambda} = C\frac{d\tilde{\phi}}{dt_\lambda} = \frac{\lambda^N}{2\sqrt{R(\lambda)}}(C_1\lambda^{-1}, \cdots, C_N\lambda^{-N}) = \sum_{k=1}^{\infty}\Omega_k\lambda^{-k-1},$$

通过比较 λ^{-k-1} 的系数可得 (115) 的第一个等式, (115) 的第二个等式, 同理可以证出.

经过直化的方程 (115) 很容易被积出 $\phi = \phi_0 + \sum\Omega_k t_k$. 从 "Abel-Jacobi 窗口" 中观察, H_k 流和 X_k 流二者的解都是线性函数:

$$H_k : \phi = \phi_0 + \Omega_k t_k, \quad \psi = \psi_0 - \Omega_k t_k,$$

$$X_k : \phi = \phi_0 + \Omega_0 x + \Omega_k t_k, \quad \psi = \psi_0 - \Omega_0 x - \Omega_k t_k. \tag{116}$$

根据黎曼定理知, 存在常向量 $M_1, M_2 \in C^N$, 使得 $\theta(\mathcal{A}(P(\lambda)) - \phi - M_1)$ 有 N 个零点, 分别为 $\lambda = \mu_1, \cdots, \mu_N$; $\theta(\mathcal{A}(P(\lambda)) - \psi - M_2)$ 也有 N 个零点, 分别为 $\lambda = \nu_1, \cdots, \nu_N$. 对于同一个 λ, 在 Γ 的不同页上有两个点 $(\lambda, \sqrt{R(\lambda)})$ 和 $(\lambda, -\sqrt{R(\lambda)})$. 因此, 在 $\infty_s(s=1,2)$ 处的局部坐标下, 可得

$$\mathcal{A}(P(z^{-1})) = -\eta_s + \frac{(-1)^{s-1}}{2}\sum_{k=1}^{\infty}\frac{1}{k}\Omega_k z^k,$$

其中 $\eta_s = -\int_{\infty_s}^{P_0}\omega$. 由文献[166,225] 的结论可得

$$\sum_{j=1}^{N}\mu_j = I_1(\Gamma) + \frac{1}{2}\partial\ln\frac{\theta_1}{\theta_2}, \tag{117}$$

$$\sum_{j=1}^{N}\nu_j = I_1(\Gamma) - \frac{1}{2}\partial\ln\frac{\theta_1^*}{\theta_2^*}, \tag{118}$$

其中 $I_1(\Gamma) = \sum_{j=1}^{N} \int_{a_j} \lambda\omega_j$, $\theta_s = (\phi + K + \eta_s)$, $\theta_s^* = (-\psi - K - \eta_s)$, $s = 1, 2$, K 是一个常数.

命题 5.6 广义 Broer-Kaup-Kupershmidt 方程 (77) 的拟周期解为

$$
\begin{cases}
u(x,y) = N_1 - \dfrac{1}{2}\partial \ln \dfrac{\theta(\Omega_0 x + \Omega_1 y - \psi_0 - K - \eta_1)}{\theta(\Omega_0 x + \Omega_1 y - \psi_0 - K - \eta_2)}, \\[4mm]
v(x,y) = -\beta N_1 + \dfrac{1}{2}\beta\partial \ln \dfrac{\theta(\Omega_0 x + \Omega_1 y - \psi_0 - K - \eta_1)}{\theta(\Omega_0 x + \Omega_1 y - \psi_0 - K - \eta_2)} \\[4mm]
\qquad + N_2 \dfrac{\theta(\Omega_0 x + \Omega_1 y + \phi_0 + K + \eta_2)\theta(\Omega_0 x + \Omega_1 y - \psi_0 - K - \eta_2)}{\theta(\Omega_0 x + \Omega_1 y + \phi_0 + K + \eta_1)\theta(\Omega_0 x + \Omega_1 y - \psi_0 - K - \eta_1)},
\end{cases} \tag{119}
$$

其中 N_1, N_2 为常数.

命题 5.7 广义 Broer-Kaup-Kupershmidt 方程 (78) 的拟周期解为

$$
\begin{cases}
u(x,t) = N_1 - \dfrac{1}{2}\partial \ln \dfrac{\theta(\Omega_0 x + \Omega_2 t - \psi_0 - K - \eta_1)}{\theta(\Omega_0 x + \Omega_2 t - \psi_0 - K - \eta_2)}, \\[4mm]
v(x,t) = -\beta N_1 + \dfrac{1}{2}\beta\partial \ln \dfrac{\theta(\Omega_0 x + \Omega_2 t - \psi_0 - K - \eta_1)}{\theta(\Omega_0 x + \Omega_2 t - \psi_0 - K - \eta_2)} \\[4mm]
\qquad + N_2 \dfrac{\theta(\Omega_0 x + \Omega_2 t + \phi_0 + K + \eta_2)\theta(\Omega_0 x + \Omega_2 t - \psi_0 - K - \eta_2)}{\theta(\Omega_0 x + \Omega_2 t + \phi_0 + K + \eta_1)\theta(\Omega_0 x + \Omega_2 t - \psi_0 - K - \eta_1)},
\end{cases} \tag{120}
$$

其中 N_1, N_2 为常数.

命题 5.8 (2+1)-维广义 Broer-Kaup-Kupershmidt 方程 (79) 的拟周期解为

$$
\begin{cases}
u(x,y,t) = N_1 - \dfrac{1}{2}\partial \ln \dfrac{\theta(\Omega_0 x + \Omega_1 y + \Omega_2 t - \psi_0 - K - \eta_1)}{\theta(\Omega_0 x + \Omega_1 y + \Omega_2 t - \psi_0 - K - \eta_2)}, \\[4mm]
v(x,y,t) = -\beta N_1 + \dfrac{1}{2}\beta\partial \ln \dfrac{\theta(\Omega_0 x + \Omega_1 y + \Omega_2 t - \psi_0 - K - \eta_1)}{\theta(\Omega_0 x + \Omega_1 y + \Omega_2 t - \psi_0 - K - \eta_2)} \\[4mm]
\qquad + N_2 \dfrac{\theta(\Omega_0 x + \Omega_1 y + \Omega_2 t + \phi_0 + K + \eta_2)\theta(\Omega_0 x + \Omega_1 y + \Omega_2 t - \psi_0 - K - \eta_2)}{\theta(\Omega_0 x + \Omega_1 y + \Omega_2 t + \phi_0 + K + \eta_1)\theta(\Omega_0 x + \Omega_1 y + \Omega_2 t - \psi_0 - K - \eta_1)},
\end{cases}
$$

$$\tag{121}$$

其中 N_1, N_2 为常数.

5.3.5 小结

在本节中, 一个 (2+1)-维广义 Broer-Kaup-Kupershmidt 孤子方程被分解为相容的常微分方程, 借助于黎曼 θ 函数给出了 (2+1)-维广义 Broer-Kaup-Kupershmidt 孤子方程的拟周期解. 在求解过程中, 利用生成函数证明了对合性和函数独立性, 引入 Abel-Jacobi 坐标把流进行了拉直.

5.4 Darboux 变换简介

Darboux 变换方法是构造非线性方程显式解的十分有效方法之一. 1882 年, G. Darboux 研究了 Schrödinger 方程[228]

$$-\phi_{xx} - u(x)\phi = \lambda\phi, \tag{122}$$

其中 $u(x)$ 是给定的函数, 称为位势函数, λ 是常数, 称为谱参数. 若设 $u(x), \varphi(x, \lambda)$ 是满足 (122) 的两个函数, 对任意给定的常数 $\lambda = \lambda_1$, 令 $f(x) = \varphi(x, \lambda_1)$, 若定义如下函数 u', φ':

$$u' = u + 2(\ln f)_{xx}, \quad \varphi'(x, \lambda) = \varphi_x(x, \lambda) + \sigma\varphi(x, \lambda), \tag{123}$$

其中 $\sigma = -\dfrac{f_x(x, \lambda_1)}{f(x, \lambda_1)}$, 则 u', φ' 也满足 Schrödinger 方程, 即

$$-\varphi'_{xx} - u'(x)\varphi' = \lambda\varphi'. \tag{124}$$

这个借助于 $f(x) = \phi(x, \lambda_1)$ 所作的变换 (123) 将满足 (122) 的一组函数 (u, ϕ) 变化为满足同一方程的另一组函数 (u', ϕ'), 这就是最原始的 Darboux 变换

$$(u, \phi) \longrightarrow (u', \phi') \tag{125}$$

在 $f \neq 0$ 处它是有效的.

1885 年, 荷兰著名数学家 Korteweg 和他的学生 de Vries 研究了浅水波运动, 在长波近似和小振幅的假定下, 建立了单向运动的浅水波运动方程, 即著名的 KdV 方程. 20 世纪 60 年代, 人们发现 KdV 方程和上述 Schrödinger 方程有着密切的联系, 即

$$u_t + 6uu_x + u_{xxx} = 0 \tag{126}$$

是关于 ϕ 的线性方程组

$$-\phi_{xx} - u\phi = \lambda\phi, \\ \phi_t = -4\phi_{xxx} - 6u\phi_x - 3u_x\phi \tag{127}$$

(或称为 KdV 方程 Lax 对) 的可积条件, 这时 u, ϕ 均为 x, t 的函数.

进一步的研究还发现 Darboux 变换 (123) 也适用于 KdV 方程, 这个变换中的函数还依赖于 t, 它不但保持 (127) 中第一式的形式不变, 而且还满足 (127) 的第二式. 因而 u' 满足 (126) 的可积条件即 u' 也是 KdV 方程的解. 这样, 如果已知 KdV 方程的一个解 u, 通过解线性方程组 (123) 得到 $\phi(x, t, \lambda)$. 取 λ 的一个值 λ_0 得到 $f(x, t) = \phi(x, t, \lambda_0)$, 然后利用 (123) 就获得 KdV 方程的一个新解 u', (123) 中 ϕ' 则为相应的 Lax 对的解. 这就为 KdV 方程求解提供了非常好的方法. 为了从 KdV 方程的一个已知解得到它的新解, 现在只需要解线性方程组 (123) 求出 ϕ, 然后通过显式运算 (123) 就可以得到 KdV 方程的大量特解. 不但如此, 这个变换还可以继续进行下去, 从而得到一系列 (u', ϕ'):

$$(u, \phi) \longrightarrow (u', \phi') \longrightarrow (u'', \phi'') \longrightarrow \cdots. \tag{128}$$

这样就把 Schrödinger 方程的 Darboux 变换推广为 KdV 方程的 Darboux 变换. 它的基本思路就是: 利用非线性方程的一个解及其 Lax 对的

解, 用代数运算及微分运算来得出非线性方程的新解和 Lax 对相应的解.

　　Darboux 变换在孤子理论中起着非常重要的作用, 而 Darboux 阵的出现在 Darboux 变换理论发展过程中占有举足轻重的作用, 因为此方法具有很大的普适性便于推广到其他大量的非线性偏微分方程.

　　Darboux 阵方法起源于 Zakharov 和 Shabat 的穿衣服方法[229], 后来 Neugebauer 和 Meinel 等分别发展并完善了该方法[230,231]. Darboux 阵方法的主要结论如下.

　　考察如下的偏微分方程

$$F(u, u_s, u_t, u_{ss}, \cdots) = 0, \tag{129}$$

它是由如下 Lax 方程的相容条件产生

$$\Phi_s = g(\lambda)\Phi,$$
$$\Phi_t = h(\lambda)\Phi, \tag{130}$$

其中 $g(\lambda), h(\lambda) \in sl(2)$ 是参数 λ 的 n 次多项式矩阵. 假设 ϕ_1 和 ϕ_2 是上述特征多项式方程相应于参数 $\lambda_1 \neq \lambda_2$ 的两个已知的解向量, $P(\lambda) = \lambda E + P_0$, 由下面代数系统确定

$$P(\lambda_1)\phi_1 = (\lambda_1 E + P_0)\phi_1 = 0,$$
$$P(\lambda_2)\phi_2 = (\lambda_2 E + P_0)\phi_2 = 0. \tag{131}$$

若变换

$$\Phi \to \Phi' = P(\lambda)\Phi,$$
$$g(\lambda) \to g'(\lambda) = (P(\lambda)g(\lambda) + P_s(\lambda))P^{-1}(\lambda),$$
$$h(\lambda) \to h'(\lambda) = (P(\lambda)h(\lambda) + P_t(\lambda))P^{-1}(\lambda), \tag{132}$$

满足

(i) $g'(\lambda), h'(\lambda) \in sl(2)$;

(ii) $g'(\lambda), h'(\lambda)$ 分别与 $g(\lambda), h(\lambda)$ 具有相同的结构,

那么 $\Phi', g'(\lambda), h'(\lambda)$ 满足

$$\Phi'_s = g'(\lambda)\Phi',$$
$$\Phi'_t = h'(\lambda)\Phi', \tag{133}$$

上述方程的相容条件也可得到方程 (127), 因此产生了偏微分方程的一个新解 u'. 方程 (131) 称为 Darboux 阵变换, 其中 $P(\lambda)$ 称为 Darboux 阵.

Darboux 变换满足可换定理, 迭代 N 次 Darboux 变换 (131)(相应参数 $\lambda_1, \cdots, \lambda_{2N}$), 可以产生 N 次 Darboux 变换

$$\Phi \to \Phi^{(N)} = P(\lambda)\Phi,$$
$$g(\lambda) \to g^{(N)}(\lambda) = (P(\lambda)g(\lambda) + P_s(\lambda))P^{-1}(\lambda),$$
$$h(\lambda) \to h^{(N)}(\lambda) = (P(\lambda)h(\lambda) + P_t(\lambda))P^{-1}(\lambda), \tag{134}$$

其中 Darboux 阵为

$$P(\lambda) = \lambda^N + \sum_{i=0}^{N-1} \lambda^i P_i, \tag{135}$$

它是由下列代数系统决定

$$P'(\lambda_i)\phi_i = 0, \quad i = 1, 2, \cdots, 2N. \tag{136}$$

利用 N 次 Darboux 阵可以产生偏微分方程的多孤子解. 另外也可以直接作 N 次 Darboux 变换, 当 N 取不同值时利用纯代数方法直接给出孤子方程的多孤子解.

Darboux 阵方法的优点是只需作一次完全可积的线性方程组的求解, 然后就可只用代数运算来得到非线性孤子方程的新解. 它的关键是寻找

一种保持相应的 Lax 对不变的规范变换, 在这方面已发展很多技巧并用于求解多种方程, 如 Kadomtcev-Petviaschvily 方程、Gerdjikov-Ivanov 方程、经典 Boussinesq 族 [232–234] 等.

5.5 一个新孤子方程族的 Darboux 变换及其精确解

5.5.1 Lenard 序列与孤子族

考虑 2×2 特征值谱问题

$$\phi_x = U\phi, \quad \phi = \begin{pmatrix} p \\ q \end{pmatrix}, \tag{137}$$

其中

$$U = \begin{pmatrix} u & -\alpha\varepsilon\lambda^2 + \alpha v\lambda + w \\ \varepsilon\lambda + v & -u \end{pmatrix},$$

这里 u, v, w 是位势函数, λ 是常谱参数, α, ε 是常数.

令

$$\phi_t = V\phi, \tag{138}$$

其中

$$V = \begin{pmatrix} a & b \\ c & -a \end{pmatrix} = \sum_{j=0}^{+\infty} \begin{pmatrix} a_j & b_j \\ c_j & -a_j \end{pmatrix} \lambda^{-j}.$$

把 U, V 代入驻定零曲率方程

$$V_x = [U, V], \tag{139}$$

比较方程两端 λ 同次幂系数可得

$$\begin{cases} a_0 = 0, \quad b_0 = -\alpha\varepsilon, \quad c_0 = 0, \quad a_1 = 0, \quad b_1 = \alpha v, \\[2mm] c_1 = \varepsilon, \quad a_2 = u, \quad b_2 = \dfrac{\varepsilon w - \alpha v^2}{2\varepsilon}, \quad c_2 = v, \\[2mm] a_3 = \dfrac{v_x}{2\varepsilon}, \quad b_3 = \dfrac{-\varepsilon u_x + \alpha v^3 - \varepsilon u^2}{2\varepsilon^2}, \quad c_3 = \dfrac{\alpha v^2 + \varepsilon w}{2\alpha\varepsilon}, \cdots. \end{cases} \quad (140)$$

并得到关系式

$$\begin{cases} a_{jx} = wc_j - vb_j + \alpha vc_{j+1} - \varepsilon b_{j+1} - \alpha\varepsilon c_{j+2}, \\[2mm] b_{jx} = 2ub_j - 2wa_j - 2\alpha va_{j+1} + 2\alpha\varepsilon a_{j+2}, \\[2mm] c_{jx} = 2va_j - 2uc_j + 2\varepsilon a_{j+1}. \end{cases} \quad (141)$$

定义 $g_j = (2a_{j+1}, \alpha c_{j+2} + b_{j+1}, c_{j+1})^{\mathrm{T}}$, 得到 Lenard 递推方程

$$Kg_{j-1} = Jg_j \quad (j \geqslant 0), \quad (142)$$

其中

$$K = \begin{pmatrix} \dfrac{1}{2}\partial & v & -w \\[2mm] -v & 0 & \partial + 2u \\[2mm] w & \partial - 2u & 0 \end{pmatrix}, \quad J = \begin{pmatrix} 0 & -\varepsilon & 2\alpha v \\[2mm] \varepsilon & 0 & 0 \\[2mm] -2\alpha v & 0 & 2\alpha\partial \end{pmatrix}, \quad (143)$$

K, J 是两个斜对称算子.

定义 $g_{-1} = (0, 2\alpha v, \varepsilon)^{\mathrm{T}}$, 则 $Jg_{-1} = 0$. 利用递推关系 (141), 则所有的 $g_j(j \geqslant 0)$ 均可唯一确定.

下面引入 (137) 的辅助谱问题

$$\phi_{t_n} = V^{(n)}\phi, \quad V^{(n)} = \begin{pmatrix} V_{11}^{(n)} & V_{12}^{(n)} \\[2mm] V_{21}^{(n)} & -V_{11}^{(n)} \end{pmatrix} \quad (n \geqslant 1), \quad (144)$$

其中

$$V_{11}^{(n)} = \sum_{j=2}^{n} a_j \lambda^{n-j},$$

$$V_{12}^{(n)} = \sum_{j=1}^{n-1} b_j \lambda^{n-j} - \varepsilon\alpha\lambda^n + b_n + \alpha c_{n+1},$$

$$V_{21}^{(n)} = \sum_{j=1}^{n} c_j \lambda^{n-j}.$$

由零曲率方程

$$U_{t_n} - V_x^{(n)} + [U, V^{(n)}] = 0,$$

即得孤子族

$$(u, v, w)_{t_n}^{\mathrm{T}} = J g_{n-1} = X_{n-2} \quad (n \geqslant 2).$$

令 $t_2 = x, t_3 = y, t_4 = t$, 则有

$$\begin{pmatrix} u \\ v \\ w \end{pmatrix}_x = X_0 = \begin{pmatrix} u_x \\ v_x \\ w_x \end{pmatrix}, \quad \begin{pmatrix} u \\ v \\ w \end{pmatrix}_y = X_1, \quad \begin{pmatrix} u \\ v \\ w \end{pmatrix}_t = X_2, \quad (145)$$

于是得前两个 (1+1)-维孤子方程为

$$\begin{pmatrix} u \\ v \\ w \end{pmatrix}_y = \frac{1}{2\alpha\varepsilon^2} \begin{pmatrix} \alpha\varepsilon v_{xx} + \alpha\varepsilon v^2 w + 2\alpha^2 v^4 - \varepsilon^2 w^2 - 2\alpha\varepsilon u_x v \\ 2\varepsilon^2 uw + \varepsilon^2 w_x + 2\alpha\varepsilon uv^2 \\ -4\alpha\varepsilon uvw - 4\alpha^2 uv^3 - 2\alpha\varepsilon vw_x + \partial(2\alpha\varepsilon u^2 + 2\alpha^2 v^3 + 4\alpha\varepsilon vw - 2\alpha\varepsilon u_x) \end{pmatrix}$$

$$(146)$$

和

$$
\begin{pmatrix} u \\ v \\ w \end{pmatrix}_t
$$

$$
= \frac{1}{2\alpha\varepsilon^2} \begin{pmatrix} \partial \left(\varepsilon uw + \frac{1}{2}\varepsilon w_x + \alpha uv^2\right) - \alpha vv_{xx} - \varepsilon vw^2 + 2\alpha u^2 v^2 + 2\alpha v^3 w - \varepsilon u^2 w + \varepsilon u_x w \\ \partial(2\varepsilon vw + \alpha v^3 - \varepsilon u_x) + 2\varepsilon uvw - \varepsilon vw_x + 2\varepsilon u^3 \\ \partial(-\alpha v_{xx} + 2\alpha u^2 v + 3\alpha v^2 w + \varepsilon w^2) + \varepsilon ww_x + 2\alpha uv_{xx} - 4\alpha u^3 v - 4\alpha uv^2 w \end{pmatrix} .
$$

$$(147)$$

5.5.2 Darboux 变换

方程 (146) 和 (147) 谱问题是 (137), 相应的辅助谱问题为

$$
\phi_y = V_1 \phi, \tag{148}
$$

其中

$$
V_1 = \begin{pmatrix} V_1^{(11)} & V_1^{(12)} \\ V_1^{(21)} & V_1^{(22)} \end{pmatrix},
$$

这里

$$
V_1^{(11)} = u\lambda + \frac{1}{2\varepsilon}v_x,
$$

$$
V_1^{(12)} = -\alpha\varepsilon\lambda^3 + \alpha v\lambda^2 + \left(\frac{w}{2} - \frac{\alpha v^2}{2\varepsilon}\right)\lambda + \frac{vw}{\varepsilon} + \frac{\alpha v^3}{\varepsilon^2} - \frac{u_x}{\varepsilon},
$$

$$
V_1^{(21)} = \varepsilon\lambda^2 + v\lambda + \frac{w}{2\alpha} + \frac{v^2}{2\varepsilon},
$$

$$
V_1^{(22)} = -u\lambda - \frac{1}{2\varepsilon}v_x
$$

和

$$
\phi_t = V_2 \phi, \tag{149}
$$

其中

$$V_2 = \begin{pmatrix} V_2^{(11)} & V_2^{(12)} \\ V_2^{(21)} & V_2^{(22)} \end{pmatrix},$$

这里

$$V_2^{(11)} = u\lambda^2 + \frac{1}{2\varepsilon}v_x\lambda + \frac{1}{2\varepsilon}\left(\frac{w_x}{2\alpha} + \frac{uv^2}{\varepsilon} + \frac{uw}{\alpha}\right),$$

$$V_2^{(12)} = -\alpha\varepsilon\lambda^4 + \alpha v\lambda^3 + \left(\frac{w}{2} - \frac{\alpha v^2}{2\varepsilon}\right)\lambda^2 + \left(\frac{\alpha v^3}{2\varepsilon^2} - \frac{u_x}{2\varepsilon} - \frac{u^2}{2\varepsilon}\right)\lambda$$

$$- \frac{1}{2\varepsilon^2}v_{xx} + \frac{w^2}{2\varepsilon\alpha} + \frac{3v^2 w}{2\varepsilon^2} + \frac{u^2 v}{\varepsilon^2},$$

$$V_2^{(21)} = \varepsilon\lambda^3 + v\lambda^2 + \left(\frac{w}{2\alpha} + \frac{v^2}{2\varepsilon}\right)\lambda + \frac{1}{2\alpha\varepsilon}\left(2vw + \frac{\alpha v^3}{\varepsilon} - u_x + u^2\right),$$

$$V_2^{(22)} = -u\lambda^2 - \frac{1}{2\varepsilon}v_x\lambda - \frac{1}{2\varepsilon}\left(\frac{w_x}{2\alpha} + \frac{uv^2}{\varepsilon} + \frac{uw}{\alpha}\right),$$

上式 u, v, w 是位势函数, λ 是常谱参数, α, ε 是常数.

考虑谱问题

$$\bar{\phi}_x = \bar{U}\bar{\phi}, \qquad \bar{\phi} = \begin{pmatrix} \bar{\phi}_1 \\ \bar{\phi}_2 \end{pmatrix},$$

其中 $\bar{U}$ 具有下列形式

$$\bar{U} = \begin{pmatrix} \bar{u} & -\alpha\varepsilon\lambda^2 + \alpha\bar{v}\lambda + \bar{w} \\ \varepsilon\lambda + \bar{v} & -\bar{u} \end{pmatrix}.$$

引入谱问题规范变换

$$\bar{\phi} = T\phi, \tag{150}$$

令

$$T = \begin{pmatrix} A & B \\ C & D \end{pmatrix}, \tag{151}$$

其中

$$A = a_1\lambda + a_0, \quad B = b_1\lambda + b_0,$$

$$C = c_1\lambda + c_0, \quad D = d_1\lambda + d_0,$$

这里 $a_j, b_j, c_j, d_j, j = 0, 1$ 是关于 x, t 的待定函数.

经过计算可得

$$\bar{v} = v + \frac{d_0 - a_0}{a_1}\varepsilon, \tag{152}$$

$$\begin{aligned}
\bar{u} &= u - \frac{\alpha}{a_1}c_0(v + \bar{v}) + \frac{\varepsilon}{a_1}b_0 \\
&= \frac{a_0}{c_0}\bar{v} - \frac{d_0}{c_0}v - u - \frac{c_{0,x}}{c_0} \\
&= \frac{b_0}{d_0}\bar{v} + u - \frac{d_{0,x}}{d_0} - \frac{c_0}{d_0}\bar{w},
\end{aligned} \tag{153}$$

$$\begin{aligned}
\bar{w} &= \frac{a_{0,x}}{c_0} + \frac{b_0}{c_0}v + \frac{a_0}{c_0}(u - \bar{u}) \\
&= \frac{b_{0,x}}{d_0} + \frac{a_0}{d_0}w - \frac{b_0}{d_0}(u + \bar{u}) \\
&= -\frac{\alpha}{a_1}c_{0,x} + \frac{\alpha}{a_1}(a_0v - d_0\bar{v}) + \frac{\alpha c_0}{a_1}(u + \bar{u}),
\end{aligned} \tag{154}$$

此时 (151) 可化为

$$T = \begin{pmatrix} a_1\lambda + a_0 & -\alpha c_0\lambda + b_0 \\ c_0 & a_1\lambda + d_0 \end{pmatrix}. \tag{155}$$

设 $\varphi(\lambda_j) = (\varphi_1(\lambda_j), \varphi_2(\lambda_j))^{\mathrm{T}}, \psi(\lambda_j) = (\psi_1(\lambda_j), \psi_2(\lambda_j))^{\mathrm{T}}$ 是 (137) 的

两个基本解, 由 (150) 知, 存在常数 γ_j 满足

$$
\begin{cases}
(A\varphi_1(\lambda_j) + B\varphi_2(\lambda_j)) - \gamma_j(A\psi_1(\lambda_j) + B\psi_2(\lambda_j)) = 0, \\
(C\varphi_1(\lambda_j) + D\varphi_2(\lambda_j)) - \gamma_j(C\psi_1(\lambda_j) + D\psi_2(\lambda_j)) = 0,
\end{cases} \tag{156}
$$

则 (156) 可以写成线性系统

$$
\begin{cases}
a_0 + a_1\lambda_j + (b_0 - \alpha c_0\lambda_j)\sigma_j = 0, \\
c_0 + (a_1\lambda_j + d_0)\sigma_j = 0,
\end{cases} \tag{157}
$$

其中

$$
\sigma_j = \frac{\varphi_2(\lambda_j) - \gamma_j\psi_2(\lambda_j)}{\varphi_1(\lambda_j) - \gamma_j\psi_1(\lambda_j)}, \quad j = 1, 2. \tag{158}
$$

当常数 $\lambda_j, \gamma_j(\lambda_k \neq \lambda_j$ 若 $k \neq j)$ 适当选择时, 可解得

$$
\begin{cases}
a_0 = \dfrac{a_1(\lambda_1\sigma_2 - \lambda_2\sigma_1)}{\sigma_1 - \sigma_2} - \dfrac{\alpha a_1\sigma_1^2\sigma_2^2(\lambda_1 - \lambda_2)^2}{(\sigma_1 - \sigma_2)^2}, \\[3mm]
b_0 = -\dfrac{a_1(\lambda_1 - \lambda_2)}{\sigma_1 - \sigma_2} + \dfrac{\alpha a_1\sigma_1\sigma_2(\lambda_1 - \lambda_2)(\lambda_1\sigma_1 - \lambda_2\sigma_2)}{(\sigma_1 - \sigma_2)^2}, \\[3mm]
c_0 = \dfrac{a_1\sigma_1\sigma_2(\lambda_1 - \lambda_2)}{\sigma_1 - \sigma_2}, \\[3mm]
d_0 = -\dfrac{a_1(\lambda_1\sigma_1 - \lambda_2\sigma_2)}{\sigma_1 - \sigma_2}.
\end{cases} \tag{159}
$$

从矩阵 (155) 可以看出 $\det T(\lambda)$ 是 λ 的二次多项式, 由 (157) 和 (159) 可知

$$
\begin{aligned}
\det T(\lambda) &= A(\lambda)D(\lambda) - B(\lambda)C(\lambda) \\
&= (a_1\lambda + a_0)(a_1\lambda + d_0) - c_0(-\alpha c_0\lambda + b_0) \\
&= a_1^2(\lambda - \lambda_1)(\lambda - \lambda_2),
\end{aligned}
$$

易得 $\lambda_j, j = 1, 2$ 是 $\det T(\lambda)$ 的根.

由 (137) 和 (158) 知, σ_j 满足 Riccati 方程

$$\sigma_{j,x} = \varepsilon\lambda_j + v + (\alpha\varepsilon\lambda_j^2 - \alpha v\lambda_j - w)\sigma_j^2 - 2u\sigma_j, \qquad (160)$$

则 (153) 中式子可化为

$$u - \bar{u} = -\frac{\varepsilon}{a_1}b_0 + \frac{2\alpha}{a_1}vc_0 + \frac{\alpha\varepsilon}{a_1^2}c_0(d_0 - a_0),$$

$$u + \bar{u} = -\frac{a_0 - d_0}{c_0}v + \frac{\varepsilon}{a_1c_0}a_0(d_0 - a_0) - \frac{c_{0,x}}{c_0},$$

$$u - \bar{u} = \frac{b_0}{d_0}v - \frac{\varepsilon}{a_1d_0}b_0(d_0 - a_0) + \frac{c_0}{d_0}w + \frac{d_{0,x}}{d_0},$$

代入 (154) 可得

$$\bar{w} = \frac{a_{0,x}}{c_0} + \frac{a_0d_{0,x}}{c_0d_0} + \frac{b_0}{c_0}v + \frac{a_0}{d_0}w - \frac{a_0b_0}{c_0d_0}v - \frac{\varepsilon a_0b_0}{a_1c_0d_0}(d_0 - a_0), \qquad (161)$$

$$\bar{w} = \frac{b_{0,x}}{d_0} + \frac{b_0c_{0,x}}{c_0d_0} + \frac{b_0}{c_0}v + \frac{a_0}{d_0}w - \frac{a_0b_0}{c_0d_0}v - \frac{\varepsilon a_0b_0}{a_1c_0d_0}(d_0 - a_0), \qquad (162)$$

$$\bar{w} = w - \frac{2\alpha}{a_1}c_{0,x} - \frac{2\alpha}{a_1}(d_0 - a_0)v - \frac{\alpha\varepsilon}{a_1^2}(d_0 - a_0)^2. \qquad (163)$$

综上可得如下结论.

命题 5.9 在以 (155), (157) 为已知的前提下, 由 $T_x + TU = \bar{U}T$ 决定的矩阵为

$$\bar{U} = \begin{pmatrix} \bar{u} & -\alpha\varepsilon\lambda^2 + \alpha\bar{v}\lambda + \bar{w} \\ \varepsilon\lambda + \bar{v} & -\bar{u} \end{pmatrix},$$

与矩阵 U 具有相同的形式, 变换 (152), (153), (154) 将原位势 u, v, w 映射为新位势 $\bar{u}, \bar{v}, \bar{w}$.

命题 5.10　在以 (155), (157) 为已知前提下, 由 $T_y + TV_1 = \bar{V}_1 T$ 决定的矩阵 $\bar{V}_1$

$$\bar{V}_1 = \begin{pmatrix} \bar{u}\lambda + \dfrac{1}{2\varepsilon}\bar{v}_x & -\alpha\varepsilon\lambda^3 + \alpha\bar{v}\lambda^2 + \left(\dfrac{\bar{w}}{2} - \dfrac{\alpha\bar{v}^2}{2\varepsilon}\right)\lambda + \dfrac{\bar{v}\bar{w}}{\varepsilon} + \dfrac{\alpha\bar{v}^3}{\varepsilon^2} - \dfrac{\bar{u}_x}{\varepsilon} \\ \varepsilon\lambda^2 + \bar{v}\lambda + \dfrac{\bar{w}}{2\alpha} + \dfrac{\bar{v}^2}{2\varepsilon} & -\bar{u}\lambda - \dfrac{1}{2\varepsilon}\bar{v}_x \end{pmatrix},$$

与矩阵 V_1 具有相同形式, 变换 (152), (153), (154) 将原位势 u, v, w 映射为新位势 $\bar{u}, \bar{v}, \bar{w}$.

命题 5.11　在以 (155), (157) 为已知前提下, 由 $T_t + TV_2 = \bar{V}_2 T$ 决定的矩阵为

$$\bar{V}_2 = \left(\begin{array}{c} \bar{u}\lambda^2 + \dfrac{1}{2\varepsilon}\bar{v}_x\lambda + \dfrac{1}{2\varepsilon}\left(\dfrac{\bar{w}_x}{2\alpha} + \dfrac{\bar{u}\bar{v}^2}{\varepsilon} + \dfrac{\bar{u}\bar{w}}{\alpha}\right) \\ \varepsilon\lambda^3 + \bar{v}\lambda^2 + \left(\dfrac{\bar{w}}{2\alpha} + \dfrac{\bar{v}^2}{2\varepsilon}\right)\lambda + \dfrac{1}{2\alpha\varepsilon}\left(2\bar{v}\bar{w} + \dfrac{\alpha\bar{v}^3}{\varepsilon} - \bar{u}_x + \bar{u}^2\right) \end{array} \right.$$

$$\left. \begin{array}{c} -\alpha\varepsilon\lambda^4 + \alpha\bar{v}\lambda^3 + \left(\dfrac{\bar{w}}{2} - \dfrac{\alpha\bar{v}^2}{2\varepsilon}\right)\lambda^2 + \left(\dfrac{\alpha\bar{v}^3}{2\varepsilon^2} - \dfrac{\bar{u}_x}{2\varepsilon} - \dfrac{\bar{u}^2}{2\varepsilon}\right)\lambda \\ -\dfrac{1}{2\varepsilon^2}\bar{v}_{xx} + \dfrac{\bar{w}^2}{2\alpha\varepsilon} + \dfrac{3\bar{v}^2\bar{w}}{2\varepsilon^2} + \dfrac{\bar{u}^2\bar{v}}{\varepsilon^2} \\ -\bar{u}\lambda^2 - \dfrac{1}{2\varepsilon}\bar{v}_x\lambda - \dfrac{1}{2\varepsilon}\left(\dfrac{\bar{w}_x}{2\alpha} - \dfrac{\bar{u}\bar{v}^2}{\varepsilon} - \dfrac{\bar{u}\bar{w}}{\alpha}\right) \end{array} \right),$$

与矩阵 V_2 具有相同形式, 变换 (152), (153), (154) 将原位势 u, v, w 映射为新位势 $\bar{u}, \bar{v}, \bar{w}$.

于是可得如下定理.

定理 5.2　利用变换 (152), (153) 和 (154) 可从孤子方程 (146), (147) 的一组解 (u, v, w) 生成其另一组新解 $(\bar{u}, \bar{v}, \bar{w})$, 其中 a_0, b_0, c_0, d_0 由线性系统 (156) 唯一确定, 称变换 $(\phi, u, v, w) \to (\bar{\phi}, \bar{u}, \bar{v}, \bar{w})$ 为孤子方程 (146), (147) 的一个 Darboux 变换.

5.5.3 精确解

下面应用 Darboux 变换来构造孤子方程的精确解. 以常数 $u = 0, v = 0, w = 0$ 作为种子解, 可以得到基本解, 选取两个基本解为

$$\varphi(\lambda_j) = \begin{pmatrix} \sqrt{-\alpha\lambda_j}\cosh\xi_j \\ \sinh\xi_j \end{pmatrix}, \quad \psi(\lambda_j) = \begin{pmatrix} \sqrt{-\alpha\lambda_j}\sinh\xi_j \\ \cosh\xi_j \end{pmatrix},$$

其中

$$\xi_j = h_j(x + \lambda_j y + \lambda_j^2 t), \quad h_j = \varepsilon\lambda_j\sqrt{-\alpha\lambda_j}, \quad j = 1, 2.$$

根据等式 (156) 有

$$\sigma_j = -\frac{1}{\sqrt{-\alpha\lambda_j}}\frac{1 - \gamma_j\tanh\xi_j}{\tanh\xi_j - \gamma_j}, \quad j = 1, 2.$$

并由 (155) 和 (157) 可知

$$\begin{cases} a_0 = \dfrac{a_1(\lambda_1\sigma_2 - \lambda_2\sigma_1)}{\sigma_1 - \sigma_2} - \dfrac{\alpha a_1\sigma_1^2\sigma_2^2(\lambda_1 - \lambda_2)^2}{(\sigma_1 - \sigma_2)^2}, \\[3mm] b_0 = -\dfrac{a_1(\lambda_1 - \lambda_2)}{\sigma_1 - \sigma_2} + \dfrac{\alpha a_1\sigma_1\sigma_2(\lambda_1 - \lambda_2)(\lambda_1\sigma_1 - \lambda_2\sigma_2)}{(\sigma_1 - \sigma_2)^2}, \\[3mm] c_0 = \dfrac{a_1\sigma_1\sigma_2(\lambda_1 - \lambda_2)}{\sigma_1 - \sigma_2}, \\[3mm] d_0 = -\dfrac{a_1(\lambda_1\sigma_1 - \lambda_2\sigma_2)}{\sigma_1 - \sigma_2}. \end{cases}$$

令 $u = 0, v = 0, w = 0$ 可得一组新解

$$v_1 = v + \frac{\varepsilon}{a_1}(d_0 - a_0) = \frac{\varepsilon}{a_1}(d_0 - a_0),$$

$$u_1 = u - \frac{c_0}{a_1}\alpha(v + \bar{v}) + \frac{\varepsilon}{a_1}b_0 = -\frac{\alpha\varepsilon}{a_1^2}c_0(d_0 - a_0) + \frac{\varepsilon}{a_1}b_0,$$

$$w_1 = \frac{2\alpha\varepsilon}{a_1}b_0c_0 - \frac{\alpha\varepsilon}{a_1^2}(d_0^2 - a_0^2) - \frac{2\alpha^2\varepsilon}{a_1^3}c_0^2(d_0 - a_0).$$

适当选取参数可以得到孤子图 (图 5.1).

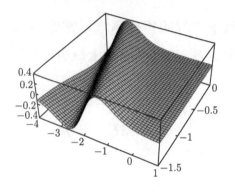
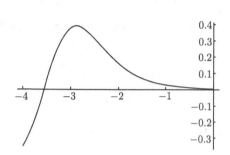

(a) $\lambda_1 = 1, \lambda_2 = 1.01, \gamma_1 = 1, \gamma_2 = -2, \alpha_1 = -1, \varepsilon = 1, a_1 = 1, t = 0$

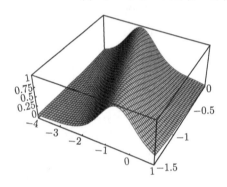
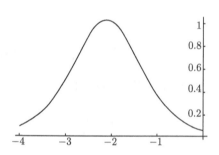

(b) $\lambda_1 = 1, \lambda_2 = 1.01, \gamma_1 = 2, \gamma_2 = 3, \alpha_1 = -1, \varepsilon = 1, a_1 = 1, t = 0$

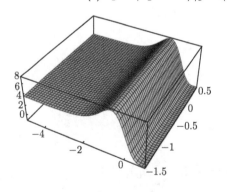
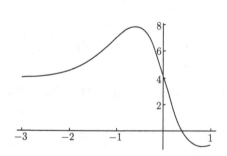

(c) $\lambda_1 = 1, \lambda_2 = 2.2, \gamma_1 = 1, \gamma_2 = 1.25, \alpha_1 = -1, \varepsilon = 1, a_1 = 1$

图 5.1

以 u_1, v_1, w_1 为种子解, 作迭代选取两组基本解

$$\bar{\phi}(\lambda_j) = \begin{pmatrix} \bar{\phi}_1(\lambda_j) \\ \bar{\phi}_2(\lambda_j) \end{pmatrix} = \begin{pmatrix} a_1\lambda_j + a_0 & -\alpha c_0\lambda_j + b_0 \\ c_0 & a_1\lambda_j + d_0 \end{pmatrix} \begin{pmatrix} \sqrt{-\alpha\lambda_j}\cosh\xi_j \\ \sinh\xi_j \end{pmatrix}$$

$$= \begin{pmatrix} (a_1\lambda_j + a_0)\sqrt{-\alpha\lambda_j}\cosh\xi_j + (-\alpha c_0\lambda_j + b_0)\sinh\xi_j \\ c_0\sqrt{-\alpha\lambda_j}\cosh\xi_j + (a_1\lambda_j + d_0)\sinh\xi_j \end{pmatrix},$$

$$\bar{\psi}(\lambda_j) = \begin{pmatrix} \bar{\psi}_1(\lambda_j) \\ \bar{\psi}_2(\lambda_j) \end{pmatrix} = \begin{pmatrix} a_1\lambda_j + a_0 & -\alpha c_0\lambda_j + b_0 \\ c_0 & a_1\lambda_j + d_0 \end{pmatrix} \begin{pmatrix} \sqrt{-\alpha\lambda_j}\sinh\xi_j \\ \cosh\xi_j \end{pmatrix}$$

$$= \begin{pmatrix} (a_1\lambda_j + a_0)\sqrt{-\alpha\lambda_j}\sinh\xi_j + (-\alpha c_0\lambda_j + b_0)\cosh\xi_j \\ c_0\sqrt{-\alpha\lambda_j}\sinh\xi_j + (a_1\lambda_j + d_0)\cosh\xi_j \end{pmatrix},$$

其中

$$\xi_j = h_j(x + \lambda_j y + \lambda_j^2 t), \quad h_j = \varepsilon\lambda_j\sqrt{-\alpha\lambda_j}, \qquad j = 1, 2.$$

根据等式 (156) 有

$$\bar{\sigma}_j = \frac{\bar{\varphi}_2(\lambda_j) - \bar{\gamma}_j\bar{\psi}_2(\lambda_j)}{\bar{\varphi}_1(\lambda_j) - \bar{\gamma}_j\bar{\psi}_1(\lambda_j)}$$

$$= \frac{c_0\sqrt{-\alpha\lambda_j}(\cosh\xi_j - \bar{\gamma}_j\sinh\xi_j) + (\lambda_j a_1 + d_0)(\sinh\xi_j - \bar{\gamma}_j\cosh\xi_j)}{(\lambda_j a_1 + a_0)\sqrt{-\alpha\lambda_j}(\cosh\xi_j - \bar{\gamma}_j\sinh\xi_j) + (-\alpha c_0\lambda_j + b_0)(\sinh\xi_j - \bar{\gamma}_j\cosh\xi_j)},$$

代入

$$\begin{cases} \bar{a}_0 + a_1\lambda_j + (\bar{b}_0 - \alpha\bar{c}_0\lambda_j)\bar{\sigma}_j = 0, \\ \bar{c}_0 + (a_1\lambda_j + \bar{d}_0)\bar{\sigma}_j = 0, \end{cases}$$

解得

$$
\begin{cases}
\bar{a}_0 = \dfrac{a_1(\lambda_1\bar{\sigma}_2 - \lambda_2\bar{\sigma}_1)}{\bar{\sigma}_1 - \bar{\sigma}_2} - \dfrac{\alpha a_1\bar{\sigma}_1^2\bar{\sigma}_2^2(\lambda_1 - \lambda_2)^2}{(\bar{\sigma}_1 - \bar{\sigma}_2)^2}, \\[3mm]
\bar{b}_0 = -\dfrac{a_1(\lambda_1 - \lambda_2)}{\bar{\sigma}_1 - \bar{\sigma}_2} + \dfrac{\alpha a_1\bar{\sigma}_1\bar{\sigma}_2(\lambda_1 - \lambda_2)(\lambda_1\bar{\sigma}_1 - \lambda_2\bar{\sigma}_2)}{(\bar{\sigma}_1 - \bar{\sigma}_2)^2}, \\[3mm]
\bar{c}_0 = \dfrac{a_1\bar{\sigma}_1\bar{\sigma}_2(\lambda_1 - \lambda_2)}{\bar{\sigma}_1 - \bar{\sigma}_2}, \\[3mm]
\bar{d}_0 = -\dfrac{a_1(\lambda_1\bar{\sigma}_1 - \lambda_2\bar{\sigma}_2)}{\bar{\sigma}_1 - \bar{\sigma}_2},
\end{cases}
$$

可得另一组新解

$$
v_2 = v_1 + \frac{\varepsilon}{a_1}(\bar{d}_0 - \bar{a}_0),
$$

$$
u_2 = u_1 - \frac{\alpha\bar{c}_0}{a_1}(v_1 + v_2) + \frac{\varepsilon}{a_1}\bar{b}_0,
$$

$$
w_2 = w_1 - \frac{2\alpha}{a_1}\bar{c}_{0,x} - \frac{\alpha\varepsilon}{a_1^2}(\bar{d}_0^2 - \bar{a}_0^2) - \frac{2\alpha}{a_1}(\bar{d}_0 - \bar{a}_0)v_2.
$$

5.6　Manakov 方程的 Darboux 变换及其精确解

5.6.1　Manakov 方程

考虑谱问题

$$
\phi_x = U\phi, \quad \phi = \begin{pmatrix} \phi_1 \\ \phi_2 \\ \phi_3 \end{pmatrix}, \tag{164}
$$

其中 U 为

$$
U = \begin{pmatrix} 2\lambda & v_1 & v_2 \\ \lambda u_1 & -\lambda & 0 \\ \lambda u_2 & 0 & -\lambda \end{pmatrix}
$$

和相应的辅助谱问题

$$
\phi_t = V\phi, \tag{165}
$$

其中 V 为

$$V = \begin{pmatrix} V_{11} & V_{12} & V_{13} \\ V_{21} & V_{22} & V_{23} \\ V_{31} & V_{32} & V_{33} \end{pmatrix}$$

和

$$V_{11} = -2\lambda^2 + \frac{1}{3}(u_1 v_1 + u_2 v_2)\lambda,$$

$$V_{12} = -v_1 \lambda - \frac{1}{3}v_{1x} + \frac{2}{9}(u_1 v_1 + u_2 v_2)v_1,$$

$$V_{13} = -v_2 \lambda - \frac{1}{3}v_{2x} + \frac{2}{9}(u_1 v_1 + u_2 v_2)v_2,$$

$$V_{21} = -u_1 \lambda^2 + \left[\frac{1}{3}u_{1x} + \frac{2}{9}(u_1 v_1 + u_2 v_2)u_1\right]\lambda,$$

$$V_{22} = \lambda^2 - \frac{1}{3}u_1 v_1 \lambda,$$

$$V_{23} = -\frac{1}{3}u_1 v_2 \lambda,$$

$$V_{31} = -u_2 \lambda^2 + \left[\frac{1}{3}u_{2x} + \frac{2}{9}(u_1 v_1 + u_2 v_2)u_2\right]\lambda,$$

$$V_{32} = -\frac{1}{3}u_2 v_1 \lambda,$$

$$V_{33} = \lambda^2 - \frac{1}{3}u_2 v_2 \lambda,$$

这里 u_1, u_2, v_1, v_2 是位势函数, λ 是谱参数.

由零曲率方程

$$U_t - V_x + [U, V] = 0, \tag{166}$$

导出 Manakov 方程如下

$$\begin{cases} u_{1t} = \dfrac{1}{3}u_{1xx} + \dfrac{2}{3}[(u_1v_1 + u_2v_2)u_1]_x, \\[2mm] u_{2t} = \dfrac{1}{3}u_{2xx} + \dfrac{2}{3}[(u_1v_1 + u_2v_2)u_2]_x, \\[2mm] v_{1t} = -\dfrac{1}{3}v_{1xx} - \dfrac{2}{3}[(u_1v_1 + u_2v_2)v_1]_x, \\[2mm] v_{2t} = -\dfrac{1}{3}v_{2xx} - \dfrac{2}{3}[(u_1v_1 + u_2v_2)v_2]_x. \end{cases} \tag{167}$$

5.6.2　Darboux 变换

设矩阵 T 满足

$$\bar{\phi} = T\phi, \tag{168}$$

其中 T 由下式确定

$$T_x + TU = \bar{U}T, \tag{169}$$

$$T_t + TV = \bar{V}T, \tag{170}$$

则 Lax 对 (164) 和 (165) 可化为

$$\bar{\phi}_x = \bar{U}\bar{\phi}, \tag{171}$$

$$\bar{\phi}_t = \bar{V}\bar{\phi}, \tag{172}$$

它将相应的谱问题转化为相同形式的谱问题.

由 (171) 和 (172) 式, 可得

$$T = \begin{pmatrix} t_{11}^{(1)}\lambda + t_{11}^{(0)} & t_{12}^{(0)} & t_{13}^{(0)} \\[2mm] t_{21}^{(1)}\lambda & t_{22}^{(1)}\lambda + t_{22}^{(0)} & t_{23}^{(1)}\lambda \\[2mm] t_{31}^{(1)}\lambda & t_{32}^{(1)}\lambda & t_{33}^{(1)}\lambda + t_{33}^{(0)} \end{pmatrix}. \tag{173}$$

设

$$\varphi(\lambda_j) = (\varphi_1(\lambda_j), \varphi_2(\lambda_j), \varphi_3(\lambda_j))^{\mathrm{T}},$$

$$\psi(\lambda_j) = (\psi_1(\lambda_j), \psi_2(\lambda_j), \psi_3(\lambda_j))^{\mathrm{T}},$$

$$\chi(\lambda_j) = (\chi_1(\lambda_j), \chi_2(\lambda_j), \chi_3(\lambda_j))^{\mathrm{T}} \tag{174}$$

是 (164) 的三个基本解, 由 (169) 和 (170) 知, 存在常数 $\gamma_j^{(1)}, \gamma_j^{(2)}$ 满足

$$\begin{cases} T_{11}\varphi_1 + T_{12}\varphi_2 + T_{13}\varphi_3 + \gamma_j^{(1)}(T_{11}\psi_1 + T_{12}\psi_2 + T_{13}\psi_3) \\ \quad + \gamma_j^{(2)}(T_{11}\chi_1 + T_{12}\chi_2 + T_{13}\chi_3) = 0, \\ T_{21}\varphi_1 + T_{22}\varphi_2 + T_{23}\varphi_3 + \gamma_j^{(1)}(T_{21}\psi_1 + T_{22}\psi_2 + T_{23}\psi_3) \\ \quad + \gamma_j^{(2)}(T_{21}\chi_1 + T_{22}\chi_2 + T_{23}\chi_3) = 0, \\ T_{31}\varphi_1 + T_{32}\varphi_2 + T_{33}\varphi_3 + \gamma_j^{(1)}(T_{31}\psi_1 + T_{32}\psi_2 + T_{33}\psi_3) \\ \quad + \gamma_j^{(2)}(T_{31}\chi_1 + T_{32}\chi_2 + T_{33}\chi_3) = 0. \end{cases} \tag{175}$$

进一步, (175) 可以写成线性系统

$$\begin{cases} T_{11} + \alpha_j^{(1)} T_{12} + \alpha_j^{(2)} T_{13} = 0, \\ T_{21} + \alpha_j^{(1)} T_{22} + \alpha_j^{(2)} T_{23} = 0, \\ T_{31} + \alpha_j^{(1)} T_{32} + \alpha_j^{(2)} T_{33} = 0, \end{cases} \tag{176}$$

即

$$\begin{cases} t_{11}^{(1)}\lambda_j + t_{11}^{(0)} + \alpha_j^{(1)} t_{12}^{(0)} + \alpha_j^{(2)} t_{13}^{(0)} = 0, \\ t_{21}^{(1)}\lambda_j + \alpha_j^{(1)}(t_{22}^{(1)}\lambda_j + t_{22}^{(0)}) + \alpha_j^{(2)} t_{23}^{(1)}\lambda_j = 0, \\ t_{31}^{(1)}\lambda_j + \alpha_j^{(1)} t_{32}^{(1)}\lambda_j + \alpha_j^{(2)}(t_{33}^{(1)}\lambda_j + t_{33}^{(0)}) = 0, \end{cases} \tag{177}$$

其中

$$\begin{cases} \alpha_j^{(1)} = \dfrac{\varphi_2(\lambda_j) + \gamma_j^{(1)}\psi_2(\lambda_j) + \gamma_j^{(2)}\chi_2(\lambda_j)}{\varphi_1(\lambda_j) + \gamma_j^{(1)}\psi_1(\lambda_j) + \gamma_j^{(2)}\chi_1(\lambda_j)}, \\ \alpha_j^{(2)} = \dfrac{\varphi_3(\lambda_j) + \gamma_j^{(1)}\psi_3(\lambda_j) + \gamma_j^{(2)}\chi_3(\lambda_j)}{\varphi_1(\lambda_j) + \gamma_j^{(1)}\psi_1(\lambda_j) + \gamma_j^{(2)}\chi_1(\lambda_j)}, \end{cases} \quad j = 1, 2, 3. \tag{178}$$

由 (176) 知 $\det T(\lambda)$ 是 λ 的 3 次多项式

$$
\begin{aligned}
\det T(\lambda_j) = {} & T_{11}(\lambda_j)T_{22}(\lambda_j)T_{33}(\lambda_j) + T_{12}(\lambda_j)T_{23}(\lambda_j)T_{31}(\lambda_j) \\
& + T_{21}(\lambda_j)T_{32}(\lambda_j)T_{13}(\lambda_j) - T_{13}(\lambda_j)T_{22}(\lambda_j)T_{31}(\lambda_j) \\
& - T_{12}(\lambda_j)T_{21}(\lambda_j)T_{33}(\lambda_j) - T_{11}(\lambda_j)T_{23}(\lambda_j)T_{32}(\lambda_j), \quad (179)
\end{aligned}
$$

另一方面, 由 (177) 可知

$$
\begin{aligned}
& T_{11}(\lambda_j)T_{22}(\lambda_j)T_{33}(\lambda_j) + T_{12}(\lambda_j)T_{23}(\lambda_j)T_{31}(\lambda_j) \\
& + T_{21}(\lambda_j)T_{32}(\lambda_j)T_{13}(\lambda_j) \\
= {} & T_{13}(\lambda_j)T_{22}(\lambda_j)T_{31}(\lambda_j) + T_{12}(\lambda_j)T_{21}(\lambda_j)T_{33}(\lambda_j) \\
& + T_{11}(\lambda_j)T_{23}(\lambda_j)T_{32}(\lambda_j), \quad (180)
\end{aligned}
$$

于是 $\det T(\lambda)$ 表示成如下形式

$$
\det T(\lambda) = \mu(\lambda - \lambda_1)(\lambda - \lambda_2)(\lambda - \lambda_3). \quad (181)
$$

基于上述结论, 给出如下命题.

命题 5.12　由 $T_x + TU = \bar{U}T$ 确定的矩阵 $\bar{U}$ 与 U 具有相同的形式, 即

$$
\bar{U} = \begin{pmatrix} 2\lambda & \bar{v}_1 & \bar{v}_2 \\ \lambda\bar{u}_1 & -\lambda & 0 \\ \lambda\bar{u}_2 & 0 & -\lambda \end{pmatrix}, \quad (182)
$$

将原位势函数 u_1, u_2, v_1 和 v_2 映射为新位势函数 $\bar{u}_1, \bar{u}_2, \bar{v}_1$ 和 $\bar{v}_2$ 的变换如下

$$\bar{u}_1 = \frac{1}{t_{11}^{(1)}}(3t_{21}^{(1)} + u_1 t_{22}^{(1)} + u_2 t_{23}^{(1)}),$$

$$\bar{u}_2 = \frac{1}{t_{11}^{(1)}}(3t_{31}^{(1)} + u_1 t_{32}^{(1)} + u_2 t_{33}^{(1)}),$$

$$\bar{v}_1 = \frac{(v_1 t_{11}^{(1)} - 3t_{12}^{(0)})t_{33}^{(1)} - (v_2 t_{11}^{(1)} - 3t_{13}^{(0)})t_{32}^{(1)}}{t_{22}^{(1)} t_{33}^{(1)} - t_{23}^{(1)} t_{32}^{(1)}},$$

$$\bar{v}_2 = \frac{(v_1 t_{11}^{(1)} - 3t_{12}^{(0)})t_{23}^{(1)} - (v_2 t_{11}^{(1)} - 3t_{13}^{(0)})t_{22}^{(1)}}{t_{23}^{(1)} t_{32}^{(1)} - t_{22}^{(1)} t_{33}^{(1)}}. \tag{183}$$

证明　设 $T^{-1} = (\det T)^{-1} T^*$, 则

$$(T_x + TU)T^* = \begin{pmatrix} f_{11}(\lambda) & f_{12}(\lambda) & f_{13}(\lambda) \\ f_{21}(\lambda) & f_{22}(\lambda) & f_{23}(\lambda) \\ f_{31}(\lambda) & f_{32}(\lambda) & f_{33}(\lambda) \end{pmatrix}, \tag{184}$$

易知 $f_{sl}(\lambda)(s, l = 1, 2, 3)$ 是 λ 的 3 次或 4 次多项式. 当 $\lambda = \lambda_j(j = 1, 2, 3)$ 时, 利用 (164) 和 (176) 可以得到方程

$$\alpha_{jx}^{(1)} = u_1 - v_2(\alpha_j^{(1)})^2 - u_2 \alpha_j^{(1)} \alpha_j^{(2)} + 3\lambda_j \alpha_j^{(1)},$$

$$\alpha_{jx}^{(2)} = v_1 - u_2(\alpha_j^{(2)})^2 - v_2 \alpha_j^{(1)} \alpha_j^{(2)} + 3\lambda_j \alpha_j^{(2)},$$

$$T_{11} = -\alpha_j^{(1)} T_{12} - \alpha_j^{(2)} T_{13}, \qquad\qquad j = 1, 2, 3. \tag{185}$$

$$T_{21} = -\alpha_j^{(1)} T_{22} - \alpha_j^{(2)} T_{23},$$

$$T_{31} = -\alpha_j^{(1)} T_{32} - \alpha_j^{(2)} T_{33},$$

由 (181) 和 (185) 可知, $\lambda_j(j = 1, 2, 3)$ 都是 $f_{sl}(s, l = 1, 2, 3)$ 的根, 于是

$$\det T \mid f_{sl}, \quad s, l = 1, 2, 3. \tag{186}$$

由 (184) 式可得

$$(T_x + TU)T^* = (\det T)P(\lambda), \tag{187}$$

其中

$$
P(\lambda) = \begin{pmatrix}
p_{11}^{(1)}\lambda + p_{11}^{(0)} & p_{12}^{(0)} & p_{13}^{(0)} \\
p_{21}^{(1)}\lambda + p_{21}^{(0)} & p_{22}^{(1)}\lambda + p_{22}^{(0)} & p_{23}^{(1)}\lambda + p_{23}^{(0)} \\
p_{31}^{(1)}\lambda + p_{31}^{(0)} & p_{32}^{(1)}\lambda + p_{32}^{(0)} & p_{33}^{(1)}\lambda + p_{33}^{(0)}
\end{pmatrix},
$$

这里 $p_{kj}^{(l)}(k,j = 1,2,3; l = 0,1)$ 与 λ 无关, 于是方程 (187) 等价于

$$
T_x + TU = P(\lambda)T. \tag{188}
$$

比较等式 (188) 中 λ^2 的系数, 可得

$$
p_{11}^{(1)} = 2, \quad p_{22}^{(1)} = p_{33}^{(1)} = -1, \quad p_{23}^{(1)} = p_{23}^{(1)} = 0,
$$

$$
p_{21}^{(1)} = \frac{1}{t_{11}^{(1)}}(3t_{21}^{(1)} + u_1 t_{22}^{(1)} + u_2 t_{23}^{(1)}) = \bar{u}_1, \tag{189}
$$

$$
p_{31}^{(1)} = \frac{1}{t_{11}^{(1)}}(3t_{31}^{(1)} + u_1 t_{32}^{(1)} + u_2 t_{33}^{(1)}) = \bar{u}_2.
$$

再比较等式 (189) 中 λ^1, λ^0 的系数得

$$
p_{11}^{(0)} = p_{21}^{(0)} = p_{22}^{(0)} = p_{23}^{(0)} = p_{31}^{(0)} = p_{32}^{(0)} = p_{33}^{(0)} = 0,
$$

$$
p_{21}^{(1)} t_{11}^{(0)} = t_{21x}^{(1)} + u_1 t_{22}^{(0)},
$$

$$
p_{21}^{(1)} t_{12}^{(0)} = t_{22x}^{(1)} + v_1 t_{21}^{(1)},
$$

$$
p_{21}^{(1)} t_{13}^{(0)} = t_{23x}^{(1)} + v_2 t_{21}^{(1)},
$$

$$
p_{31}^{(1)} t_{11}^{(0)} = t_{31x}^{(1)} + u_2 t_{33}^{(0)},
$$

$$p_{31}^{(1)} t_{12}^{(0)} = t_{32x}^{(1)} + v_1 t_{31}^{(1)},$$

$$p_{31}^{(1)} t_{13}^{(0)} = t_{33x}^{(1)} + v_2 t_{31}^{(1)},$$

$$p_{12}^{(0)} t_{22}^{(0)} = t_{12x}^{(0)} + v_1 t_{11}^{(0)},$$

$$p_{13}^{(0)} t_{33}^{(0)} = t_{13x}^{(0)} + v_2 t_{11}^{(0)}, \tag{190}$$

$$p_{12}^{(0)} = \frac{(v_1 t_{11}^{(1)} - 3t_{12}^{(0)})t_{33}^{(1)} - (v_2 t_{11}^{(1)} - 3t_{13}^{(0)})t_{32}^{(1)}}{t_{22}^{(1)} t_{33}^{(1)} - t_{23}^{(1)} t_{32}^{(1)}} = \bar{v}_1,$$

$$p_{13}^{(0)} = \frac{(v_1 t_{11}^{(1)} - 3t_{12}^{(0)})t_{23}^{(1)} - (v_2 t_{11}^{(1)} - 3t_{13}^{(0)})t_{22}^{(1)}}{t_{23}^{(1)} t_{32}^{(1)} - t_{22}^{(1)} t_{33}^{(1)}} = \bar{v}_2,$$

由 (169), (170) 和 (188) 可以看出 $\bar{U} = P(\lambda)$.

命题 5.13 由 $T_t + TV = \bar{V}T$ 确定的矩阵 $\bar{V}$ 与矩阵 V 具有相同的形式, 即

$$\bar{V} = \begin{pmatrix} \bar{V}_{11} & \bar{V}_{12} & \bar{V}_{13} \\ \bar{V}_{21} & \bar{V}_{22} & \bar{V}_{23} \\ \bar{V}_{31} & \bar{V}_{32} & \bar{V}_{33} \end{pmatrix}, \tag{191}$$

其中

$$\bar{V}_{11} = -2\lambda^2 + \frac{1}{3}(\bar{u}_1 \bar{v}_1 + \bar{u}_2 \bar{v}_2)\lambda,$$

$$\bar{V}_{12} = -\bar{v}_1 \lambda - \frac{1}{3}\bar{v}_{1x} + \frac{2}{9}(\bar{u}_1 \bar{v}_1 + \bar{u}_2 \bar{v}_2)\bar{v}_1,$$

$$\bar{V}_{13} = -\bar{v}_2 \lambda - \frac{1}{3}\bar{v}_{2x} + \frac{2}{9}(\bar{u}_1 \bar{v}_1 + \bar{u}_2 \bar{v}_2)\bar{v}_2,$$

$$\bar{V}_{21} = -\bar{u}_1 \lambda^2 + \left[\frac{1}{3}\bar{u}_{1x} + \frac{2}{9}(\bar{u}_1 \bar{v}_1 + \bar{u}_2 \bar{v}_2)\bar{u}_1\right]\lambda,$$

$$\bar{V}_{22} = \lambda^2 - \frac{1}{3}\bar{u}_1\bar{v}_1\lambda,$$

$$\bar{V}_{23} = -\frac{1}{3}\bar{u}_1\bar{v}_2\lambda,$$

$$\bar{V}_{31} = -\bar{u}_2\lambda^2 + \left[\frac{1}{3}\bar{u}_{2x} + \frac{2}{9}(\bar{u}_1\bar{v}_1 + \bar{u}_2\bar{v}_2)\bar{u}_2\right]\lambda,$$

$$\bar{V}_{32} = -\frac{1}{3}\bar{u}_2\bar{v}_1\lambda,$$

$$\bar{V}_{33} = \lambda^2 - \frac{1}{3}\bar{u}_2\bar{v}_2\lambda,$$

在同一 Darboux 变换 (168) 和 (183) 的作用下, 原位势 u_1, u_2, v_1 和 v_2 映射为新位势 $\bar{u}_1, \bar{u}_2, \bar{v}_1$ 和 $\bar{v}_2$. 证明仿照命题 5.12 中证明, 令 $T^{-1} = T^*/\det T$, 则

$$(T_t + TV)T^* = \begin{pmatrix} g_{11}(\lambda) & g_{12}(\lambda) & g_{13}(\lambda) \\ g_{21}(\lambda) & g_{22}(\lambda) & g_{23}(\lambda) \\ g_{31}(\lambda) & g_{32}(\lambda) & g_{33}(\lambda) \end{pmatrix}. \tag{192}$$

直接计算可得 $g_{sl}(\lambda)(s, l = 1, 2, 3)$ 是 λ 的 5 次或 4 次多项式. 当 $\lambda = \lambda_j(j = 1, 2, 3)$ 时, 由 (165) 和 (176) 可得

$$\alpha_{jt}^{(1)} = -u_1\lambda_j^2 + \left[\frac{1}{3}u_{1x} + \frac{2}{9}(u_1v_1 + u_2v_2)u_1\right]\lambda_j + 3\lambda_j^2\alpha_j^{(1)}$$

$$-\frac{1}{3}u_1v_2\lambda_j\alpha_j^{(2)} - \frac{1}{3}(2u_1v_1 + u_2v_2)\lambda_j\alpha_j^{(1)}$$

$$+\left[v_1\lambda_j + \frac{1}{3}v_{1x} - \frac{2}{9}(u_1v_1 + u_2v_2)v_1\right](\alpha_j^1)^2$$

$$+\left[v_2\lambda_j + \frac{1}{3}v_{2x} - \frac{2}{9}(u_1v_1 + u_2v_2)v_2\right]\alpha_j^{(1)}\alpha_j^{(2)},$$

$$\alpha_{jt}^{(2)} = -u_2\lambda_j^2 + \left[\frac{1}{3}u_{2x} + \frac{2}{9}(u_1v_1 + u_2v_2)u_2\right]\lambda_j + 3\lambda_j^2\alpha_j^{(2)}$$

$$-\frac{1}{3}u_2v_1\lambda_j\alpha_j^{(1)} - \frac{1}{3}(u_1v_1 + 2u_2v_2)\lambda_j\alpha_j^{(2)}$$

$$+\left[v_2\lambda_j + \frac{1}{3}v_{2x} - \frac{2}{9}(u_1v_1 + u_2v_2)v_2\right](\alpha_j^2)^2$$

$$+\left[v_1\lambda_j + \frac{1}{3}v_{1x} - \frac{2}{9}(u_1v_1 + u_2v_2)v_1\right]\alpha_j^{(1)}\alpha_j^{(2)}, \quad j = 1, 2, 3,$$

$$T_{11t} = -\alpha_{jt}^{(1)}T_{12} - \alpha_j^{(1)}T_{12t} - \alpha_{jt}^{(2)}T_{13} - \alpha_j^{(2)}T_{13t},$$

$$T_{21t} = -\alpha_{jt}^{(1)}T_{22} - \alpha_j^{(1)}T_{22t} - \alpha_{jt}^{(2)}T_{23} - \alpha_j^{(2)}T_{23t},$$

$$T_{31t} = -\alpha_{jt}^{(1)}T_{32} - \alpha_j^{(1)}T_{32t} - \alpha_{jt}^{(2)}T_{33} - \alpha_j^{(2)}T_{33t}.$$

$$\tag{193}$$

通过计算可知所有 $\lambda_j (j = 1, 2, 3)$ 都是 $g_{sl}(s, l = 1, 2, 3)$ 的根, 于是有

$$\det T \mid g_{sl}, \quad s, l = 1, 2, 3 \tag{194}$$

和

$$(T_t + TV)T^* = (\det T)Q(\lambda), \tag{195}$$

这里

$$Q(\lambda) = \begin{pmatrix} Q_{11} & Q_{12} & Q_{13} \\ Q_{21} & Q_{22} & Q_{23} \\ Q_{31} & Q_{32} & Q_{33} \end{pmatrix},$$

其中

$$Q_{11} = q_{11}^{(2)}\lambda^2 + q_{11}^{(1)}\lambda + q_{11}^{(0)},$$

$$Q_{12} = q_{12}^{(1)}\lambda + q_{12}^{(0)},$$

$$Q_{13} = q_{13}^{(1)}\lambda + q_{13}^{(0)},$$

$$Q_{21} = q_{21}^{(2)}\lambda^2 + q_{21}^{(1)}\lambda + q_{21}^{(0)},$$

$$Q_{22} = q_{22}^{(2)}\lambda^2 + q_{22}^{(1)}\lambda + q_{22}^{(0)},$$

$$Q_{23} = q_{23}^{(2)}\lambda^2 + q_{23}^{(1)}\lambda + q_{23}^{(0)},$$

$$Q_{31} = q_{31}^{(2)}\lambda^2 + q_{31}^{(1)}\lambda + q_{31}^{(0)},$$

$$Q_{32} = q_{32}^{(2)}\lambda^2 + q_{32}^{(1)}\lambda + q_{32}^{(0)},$$

$$Q_{33} = q_{33}^{(2)}\lambda^2 + q_{33}^{(1)}\lambda + q_{33}^{(0)},$$

即

$$T_t + TV = Q(\lambda)T. \tag{196}$$

比较 (196) 中 λ^3 的系数, 得

$$q_{11}^{(2)} = -2, \quad q_{22}^{(2)} = q_{33}^{(2)} = 0, \quad q_{23}^{(2)} = q_{32}^{(2)} = 0,$$

$$q_{21}^{(2)} = -\frac{1}{t_{11}^{(1)}}(3t_{21}^{(1)} + u_1 t_{22}^{(1)} + u_2 t_{23}^{(1)}) = -\bar{u}_1,$$

$$q_{31}^{(2)} = -\frac{1}{t_{11}^{(1)}}(3t_{31}^{(1)} + u_1 t_{32}^{(1)} + u_2 t_{33}^{(1)}) = -\bar{u}_2. \tag{197}$$

比较 (195) 中 λ^2, λ^1 和 λ^0 的系数, 可得

$$q_{11}^{(1)} = \frac{1}{3}(\bar{u}_1\bar{v}_1 + \bar{u}_2\bar{v}_2),$$

$$q_{12}^{(1)} = -\frac{(v_1 t_{11}^{(1)} - 3t_{12}^{(0)})t_{33}^{(1)} - (v_2 t_{11}^{(1)} - 3t_{13}^{(0)})t_{32}^{(1)}}{t_{22}^{(1)}t_{33}^{(1)} - t_{23}^{(1)}t_{32}^{(1)}} = -\bar{v}_1,$$

$$q_{13}^{(1)} = -\frac{(v_1 t_{11}^{(1)} - 3t_{12}^{(0)})t_{23}^{(1)} - (v_2 t_{11}^{(1)} - 3t_{13}^{(0)})t_{22}^{(1)}}{t_{23}^{(1)}t_{32}^{(1)} - t_{22}^{(1)}t_{33}^{(1)}} = -\bar{v}_2,$$

$$q_{21}^{(1)} = \frac{1}{3}\bar{u}_{1x} + \frac{2}{9}(\bar{u}_1\bar{v}_1 + \bar{u}_2\bar{v}_2)\bar{u}_1,$$

$$q_{22}^{(1)} = -\frac{1}{3}\bar{u}_1\bar{v}_1,$$

$$q_{23}^{(1)} = -\frac{1}{3}\bar{u}_1\bar{v}_2,$$

$$q_{31}^{(1)} = \frac{1}{3}\bar{u}_{2x} + \frac{2}{9}(\bar{u}_1\bar{v}_1 + \bar{u}_2\bar{v}_2)\bar{u}_2,$$

$$q_{32}^{(1)} = -\frac{1}{3}\bar{u}_2\bar{v}_1,$$

$$q_{33}^{(1)} = -\frac{1}{3}\bar{u}_2\bar{v}_2,$$

$$q_{11}^{(0)} = q_{21}^{(0)} = q_{22}^{(0)} = q_{23}^{(0)} = q_{31}^{(0)} = q_{32}^{(0)} = q_{33}^{(0)} = 0,$$

$$q_{12}^{(0)} = -\frac{1}{3}\bar{v}_{1x} + \frac{2}{9}(\bar{u}_1\bar{v}_1 + \bar{u}_2\bar{v}_2)\bar{v}_1,$$

$$q_{13}^{(0)} = -\frac{1}{3}\bar{v}_{2x} + \frac{2}{9}(\bar{u}_1\bar{v}_1 + \bar{u}_2\bar{v}_2)\bar{v}_2. \tag{198}$$

由 (172) 和 (195), 可得

$$\bar{V} = \begin{pmatrix} \bar{V}_{11} & \bar{V}_{12} & \bar{V}_{13} \\ \bar{V}_{21} & \bar{V}_{22} & \bar{V}_{23} \\ \bar{V}_{31} & \bar{V}_{32} & \bar{V}_{33} \end{pmatrix}, \tag{199}$$

其中

$$\bar{V}_{11} = -2\lambda^2 + \frac{1}{3}(\bar{u}_1\bar{v}_1 + \bar{u}_2\bar{v}_2)\lambda,$$

$$\bar{V}_{12} = -\bar{v}_1\lambda - \frac{1}{3}\bar{v}_{1x} + \frac{2}{9}(\bar{u}_1\bar{v}_1 + \bar{u}_2\bar{v}_2)\bar{v}_1,$$

$$\bar{V}_{13} = -\bar{v}_2\lambda - \frac{1}{3}\bar{v}_{2x} + \frac{2}{9}(\bar{u}_1\bar{v}_1 + \bar{u}_2\bar{v}_2)\bar{v}_2,$$

$$\bar{V}_{21} = -\bar{u}_1\lambda^2 + \left[\frac{1}{3}\bar{u}_{1x} + \frac{2}{9}(\bar{u}_1\bar{v}_1 + \bar{u}_2\bar{v}_2)\bar{u}_1\right]\lambda,$$

$$\bar{V}_{22} = \lambda^2 - \frac{1}{3}\bar{u}_1\bar{v}_1\lambda,$$

$$\bar{V}_{23} = -\frac{1}{3}\bar{u}_1\bar{v}_2\lambda,$$

$$\bar{V}_{31} = -\bar{u}_2\lambda^2 + \left[\frac{1}{3}\bar{u}_{2x} + \frac{2}{9}(\bar{u}_1\bar{v}_1 + \bar{u}_2\bar{v}_2)\bar{u}_2\right]\lambda,$$

$$\bar{V}_{32} = -\frac{1}{3}\bar{u}_2\bar{v}_1\lambda,$$

$$\bar{V}_{33} = \lambda^2 - \frac{1}{3}\bar{u}_2\bar{v}_2\lambda.$$

综上所述, 可得下面的定理.

定理 5.3   (1+1)-维耦合的 Manakov 方程 (167) 的一个解 $u=(u_1, u_2, v_1, v_2)$, 在 Darboux 变换 (166) 和 (183) 作用下被映为另一个解 $\bar{u} = (\bar{u}_1, \bar{u}_2, \bar{v}_1, \bar{v}_2)$, 其中 $t_{ij}^{(k)}(i,j=1,2,3,k=0,1)$ 被线性系统 (176) 唯一确定.

5.6.3   精确解

下面将利用给定的 Darboux 变换构造孤子方程的精确解.

以平凡解 $u_1 = u_2 = v_1 = v_2 = 0$ 作为种子解, 代入 Lax 对 (164) 和 (165) 中, 可以得到 (164) 和 (165) 的基本解. 选取三个基本解为

$$\varphi(\lambda_j) = \begin{pmatrix} e^{2\lambda_j x - 2\lambda_j^2 t} \\ 0 \\ 0 \end{pmatrix}, \quad \psi(\lambda_j) = \begin{pmatrix} 0 \\ e^{-\lambda_j x + \lambda_j^2 t} \\ 0 \end{pmatrix},$$

$$\chi(\lambda_j) = \begin{pmatrix} 0 \\ 0 \\ e^{-\lambda_j x + \lambda_j^2 t} \end{pmatrix}, \tag{200}$$

这里

$$\alpha_j^{(1)} = \frac{\gamma_j^{(1)} e^{\lambda_j x - \lambda_j 2 t}}{e^{2\lambda_j x - 2\lambda_j^2 t}} = e^{-3\lambda_j x + 3\lambda_j^2 t + \beta_j^{(1)}},$$

$$\alpha_j^{(2)} = \frac{\gamma_j^{(2)} e^{\lambda_j x - \lambda_j 2 t}}{e^{2\lambda_j x - 2\lambda_j^2 t}} = e^{-3\lambda_j x + 3\lambda_j^2 t + \beta_j^{(2)}}, \tag{201}$$

其中

$$\gamma_j^{(1)} = e^{\beta_j^{(1)}}, \quad \gamma_j^{(2)} = e^{\beta_j^{(2)}}, \quad j = 1, 2, 3.$$

由线性系统 (176), 利用克拉默法则求解得

$$t_{12}^{(0)} = \frac{\Delta_{12}}{\Delta_1}, t_{13}^{(0)} = \frac{\Delta_{13}}{\Delta_1}, t_{11}^{(1)} = \frac{\Delta_{11}}{\Delta_1},$$

$$t_{21}^{(1)} = \frac{\Delta_{21}}{\Delta_2}, t_{22}^{(1)} = \frac{\Delta_{22}}{\Delta_2}, t_{23}^{(1)} = \frac{\Delta_{23}}{\Delta_2},$$

$$t_{31}^{(1)} = \frac{\Delta_{31}}{\Delta_2}, t_{32}^{(1)} = \frac{\Delta_{32}}{\Delta_2}, t_{33}^{(1)} = \frac{\Delta_{33}}{\Delta_2}, \tag{202}$$

其中

$$\Delta_1 = \begin{vmatrix} \lambda_1 & \alpha_1^{(1)} & \alpha_1^{(2)} \\ \lambda_2 & \alpha_2^{(1)} & \alpha_2^{(2)} \\ \lambda_3 & \alpha_3^{(1)} & \alpha_3^{(2)} \end{vmatrix}$$

$$= K_1 \lambda_1 e^{-3(\lambda_2+\lambda_3)x+3(\lambda_2^2+\lambda_3^2)t} + K_2 \lambda_2 e^{-3(\lambda_1+\lambda_3)x+3(\lambda_1^2+\lambda_3^2)t}$$

$$+ K_3 \lambda_3 e^{-3(\lambda_1+\lambda_2)x+3(\lambda_1^2+\lambda_2^2)t},$$

$$\Delta_{11} = \begin{vmatrix} -t_{11}^{(0)} & \alpha_1^{(1)} & \alpha_1^{(2)} \\ -t_{11}^{(0)} & \alpha_2^{(1)} & \alpha_2^{(2)} \\ -t_{11}^{(0)} & \alpha_3^{(1)} & \alpha_3^{(2)} \end{vmatrix}$$

$$= -t_{11}^{(0)} [K_1 e^{-3(\lambda_2+\lambda_3)x+3(\lambda_2^2+\lambda_3^2)t} + K_2 e^{-3(\lambda_1+\lambda_3)x+3(\lambda_1^2+\lambda_3^2)t}$$

$$+ K_3 e^{-3(\lambda_1+\lambda_2)x+3(\lambda_1^2+\lambda_2^2)t}],$$

$$\Delta_{12}=\begin{vmatrix} \lambda_1 & -t_{11}^{(0)} & \alpha_1^{(2)} \\ \lambda_2 & -t_{11}^{(0)} & \alpha_2^{(2)} \\ \lambda_3 & -t_{11}^{(0)} & \alpha_3^{(2)} \end{vmatrix}=-t_{11}^{(0)}[\gamma_1 e^{-3\lambda_1 x+3\lambda_1^2 t}$$

$$+\gamma_2 e^{-3\lambda_2 x+3\lambda_2^2 t}+\gamma_3 e^{-3\lambda_3 x+3\lambda_3^2 t}],$$

$$\Delta_{13}=\begin{vmatrix} \lambda_1 & \alpha_1^{(1)} & -t_{11}^{(0)} \\ \lambda_2 & \alpha_2^{(1)} & -t_{11}^{(0)} \\ \lambda_3 & \alpha_3^{(1)} & -t_{11}^{(0)} \end{vmatrix}=-t_{11}^{(0)}[\sigma_1 e^{-3\lambda_1 x+3\lambda_1^2 t}$$

$$+\sigma_2 e^{-3\lambda_2 x+3\lambda_2^2 t}+\sigma_3 e^{-3\lambda_3 x+3\lambda_3^2 t}],$$

$$\Delta_2=\begin{vmatrix} \lambda_1 & \alpha_1^{(1)}\lambda_1 & \alpha_1^{(2)}\lambda_1 \\ \lambda_2 & \alpha_2^{(1)}\lambda_2 & \alpha_2^{(2)}\lambda_2 \\ \lambda_3 & \alpha_3^{(1)}\lambda_3 & \alpha_3^{(2)}\lambda_3 \end{vmatrix}$$

$$=\lambda_1\lambda_2\lambda_3[K_1 e^{-3(\lambda_2+\lambda_3)x+3(\lambda_2^2+\lambda_3^2)t}+K_2 e^{-3(\lambda_1+\lambda_3)x+3(\lambda_1^2+\lambda_3^2)t}$$

$$+K_3 e^{-3(\lambda_1+\lambda_2)x+3(\lambda_1^2+\lambda_2^2)t}],$$

$$\Delta_{21}=\begin{vmatrix} -\alpha_1^{(1)}t_{22}^{(0)} & \alpha_1^{(1)}\lambda_1 & \alpha_1^{(2)}\lambda_1 \\ -\alpha_2^{(1)}t_{22}^{(0)} & \alpha_2^{(1)}\lambda_2 & \alpha_2^{(2)}\lambda_2 \\ -\alpha_3^{(1)}t_{22}^{(0)} & \alpha_3^{(1)}\lambda_3 & \alpha_3^{(2)}\lambda_3 \end{vmatrix}$$

$$=-t_{22}^{(0)}e^{-3(\lambda_1+\lambda_2+\lambda_3)x+3(\lambda_1^2+\lambda_2^2+\lambda_3^2)t}[K_1\lambda_2\lambda_3 e^{\beta_1^{(1)}}$$

$$+K_2\lambda_1\lambda_3 e^{\beta_2^{(1)}}+K_3\lambda_1\lambda_2 e^{\beta_3^{(1)}}],$$

$$\Delta_{22}=\begin{vmatrix} \lambda_1 & -\alpha_1^{(1)}t_{22}^{(0)} & \alpha_1^{(2)}\lambda_1 \\ \lambda_2 & -\alpha_2^{(1)}t_{22}^{(0)} & \alpha_2^{(2)}\lambda_2 \\ \lambda_3 & -\alpha_3^{(1)}t_{22}^{(0)} & \alpha_3^{(2)}\lambda_3 \end{vmatrix}$$

$$=-t_{22}^{(0)}[\eta_1 e^{-3(\lambda_2+\lambda_3)x+3(\lambda_2^2+\lambda_3^2)t}+\eta_2 e^{-3(\lambda_1+\lambda_3)x+3(\lambda_1^2+\lambda_3^2)t}$$

$$+\eta_3 e^{-3(\lambda_1+\lambda_2)x+3(\lambda_1^2+\lambda_2^2)t}],$$

$$\Delta_{23} = \begin{vmatrix} \lambda_1 & \alpha_1^{(1)}\lambda_1 & -\alpha_1^{(1)}t_{22}^{(0)} \\ \lambda_2 & \alpha_2^{(1)}\lambda_2 & -\alpha_2^{(1)}t_{22}^{(0)} \\ \lambda_3 & \alpha_3^{(1)}\lambda_3 & -\alpha_3^{(1)}t_{22}^{(0)} \end{vmatrix}$$

$$= -t_{22}^{(0)}\left[\xi_1 e^{-3(\lambda_2+\lambda_3)x+3(\lambda_2^2+\lambda_3^2)t} + \xi_2 e^{-3(\lambda_1+\lambda_3)x+3(\lambda_1^2+\lambda_3^2)t}\right.$$

$$\left. + \xi_3 e^{-3(\lambda_1+\lambda_2)x+3(\lambda_1^2+\lambda_2^2)t}\right],$$

$$\Delta_{31} = \begin{vmatrix} -\alpha_1^{(2)}t_{33}^{(0)} & \alpha_1^{(1)}\lambda_1 & \alpha_1^{(2)}\lambda_1 \\ -\alpha_2^{(2)}t_{33}^{(0)} & \alpha_2^{(1)}\lambda_2 & \alpha_2^{(2)}\lambda_2 \\ -\alpha_3^{(2)}t_{33}^{(0)} & \alpha_3^{(1)}\lambda_3 & \alpha_3^{(2)}\lambda_3 \end{vmatrix}$$

$$= -t_{33}^{(0)}e^{-3(\lambda_1+\lambda_2+\lambda_3)x+3(\lambda_1^2+\lambda_2^2+\lambda_3^2)t}\left[K_1\lambda_2\lambda_3 e^{\beta_1^{(2)}}\right.$$

$$\left. + K_2\lambda_1\lambda_3 e^{\beta_2^{(2)}} + K_3\lambda_1\lambda_2 e^{\beta_3^{(2)}}\right],$$

$$\Delta_{32} = \begin{vmatrix} \lambda_1 & -\alpha_1^{(2)}t_{33}^{(0)} & \alpha_1^{(2)}\lambda_1 \\ \lambda_2 & -\alpha_2^{(2)}t_{33}^{(0)} & \alpha_2^{(2)}\lambda_2 \\ \lambda_3 & -\alpha_3^{(2)}t_{33}^{(0)} & \alpha_3^{(2)}\lambda_3 \end{vmatrix}$$

$$= -t_{33}^{(0)}\left[\rho_1 e^{-3(\lambda_2+\lambda_3)x+3(\lambda_2^2+\lambda_3^2)t} + \rho_2 e^{-3(\lambda_1+\lambda_3)x+3(\lambda_1^2+\lambda_3^2)t}\right.$$

$$\left. + \rho_3 e^{-3(\lambda_1+\lambda_2)x+3(\lambda_1^2+\lambda_2^2)t}\right],$$

$$\Delta_{33} = \begin{vmatrix} \lambda_1 & \alpha_1^{(1)}\lambda_1 & -\alpha_1^{(2)}t_{33}^{(0)} \\ \lambda_2 & \alpha_2^{(1)}\lambda_2 & -\alpha_2^{(2)}t_{33}^{(0)} \\ \lambda_3 & \alpha_3^{(1)}\lambda_3 & -\alpha_3^{(2)}t_{33}^{(0)} \end{vmatrix}$$

$$= -t_{33}^{(0)}\left[\tau_1 e^{-3(\lambda_2+\lambda_3)x+3(\lambda_2^2+\lambda_3^2)t} + \tau_2 e^{-3(\lambda_1+\lambda_3)x+3(\lambda_1^2+\lambda_3^2)t}\right.$$

$$\left. + \tau_3 e^{-3(\lambda_1+\lambda_2)x+3(\lambda_1^2+\lambda_2^2)t}\right],$$

$$K_1 = e^{\beta_2^{(1)}+\beta_3^{(2)}} - e^{\beta_3^{(1)}+\beta_2^{(2)}}, \quad K_2 = e^{\beta_3^{(1)}+\beta_1^{(2)}} - e^{\beta_1^{(1)}+\beta_3^{(2)}},$$

$$K_3 = e^{\beta_1^{(1)}+\beta_2^{(2)}} - e^{\beta_2^{(1)}+\beta_1^{(2)}},$$

$$\gamma_1 = (\lambda_2 - \lambda_3)e^{\beta_1^{(2)}}, \quad \gamma_2 = (\lambda_3 - \lambda_1)e^{\beta_2^{(2)}}, \quad \gamma_3 = (\lambda_1 - \lambda_2)e^{\beta_3^{(2)}},$$

$$\sigma_1=(\lambda_3-\lambda_2)e^{\beta_1^{(1)}}, \quad \sigma_2=(\lambda_1-\lambda_3)e^{\beta_2^{(1)}}, \quad \sigma_3=(\lambda_2-\lambda_1)e^{\beta_3^{(1)}},$$

$$\eta_1=\lambda_1(\lambda_3e^{\beta_2^{(1)}+\beta_3^{(2)}}-\lambda_2e^{\beta_3^{(1)}+\beta_2^{(2)}}), \quad \eta_2=\lambda_2(\lambda_1e^{\beta_3^{(1)}+\beta_1^{(2)}}-\lambda_3e^{\beta_1^{(1)}+\beta_3^{(2)}}),$$

$$\eta_3=\lambda_3(\lambda_2e^{\beta_1^{(1)}+\beta_2^{(2)}}-\lambda_1e^{\beta_2^{(1)}+\beta_1^{(2)}}), \quad \tau_1=\lambda_1(\lambda_2e^{\beta_2^{(1)}+\beta_3^{(2)}}-\lambda_3e^{\beta_3^{(1)}+\beta_2^{(2)}}),$$

$$\tau_2=\lambda_2(\lambda_3e^{\beta_3^{(1)}+\beta_1^{(2)}}-\lambda_1e^{\beta_1^{(1)}+\beta_3^{(2)}}), \quad \tau_3=\lambda_3(\lambda_1e^{\beta_1^{(1)}+\beta_2^{(2)}}-\lambda_2e^{\beta_2^{(1)}+\beta_1^{(2)}}),$$

$$\xi_1=\lambda_1(\lambda_2-\lambda_3)e^{\beta_2^{(1)}+\beta_3^{(1)}}, \quad \xi_2=\lambda_2(\lambda_3-\lambda_1)e^{\beta_1^{(1)}+\beta_3^{(1)}},$$

$$\xi_3=\lambda_3(\lambda_1-\lambda_2)e^{\beta_1^{(1)}+\beta_2^{(1)}},$$

$$\rho_1=\lambda_1(\lambda_3-\lambda_2)e^{\beta_2^{(2)}+\beta_3^{(2)}}, \quad \rho_2=\lambda_2(\lambda_1-\lambda_3)e^{\beta_1^{(2)}+\beta_3^{(2)}},$$

$$\rho_3=\lambda_3(\lambda_2-\lambda_1)e^{\beta_1^{(2)}+\beta_2^{(2)}}.$$

从而利用 Darboux 变换 (183), 由方程 (167) 的一个平凡解得到方程 (167) 的非平凡解

$$
\begin{cases}
\bar{u}_1[1]=\dfrac{3t_{21}^{(1)}}{t_{11}^{(1)}}=\dfrac{3\Delta_1\Delta_{21}}{\Delta_2\Delta_{11}}, \\[3mm]
\bar{u}_2[1]=\dfrac{3t_{31}^{(1)}}{t_{11}^{(1)}}=\dfrac{3\Delta_1\Delta_{31}}{\Delta_2\Delta_{11}}, \\[3mm]
\bar{v}_1[1]=\dfrac{3(t_{13}^{(0)}t_{32}^{(1)}-t_{12}^{(0)}t_{33}^{(1)})}{t_{22}^{(1)}t_{33}^{(1)}-t_{23}^{(1)}t_{32}^{(1)}} \\[3mm]
\qquad=\dfrac{3\Delta_2(\Delta_{13}\Delta_{32}-\Delta_{12}\Delta_{33})}{\Delta_1(\Delta_{22}\Delta_{33}-\Delta_{23}\Delta_{32})}, \\[3mm]
\bar{v}_2[1]=\dfrac{3(t_{13}^{(0)}t_{22}^{(1)}-t_{12}^{(0)}t_{23}^{(1)})}{t_{23}^{(1)}t_{32}^{(1)}-t_{22}^{(1)}t_{33}^{(1)}} \\[3mm]
\qquad=\dfrac{3\Delta_2(\Delta_{12}\Delta_{23}-\Delta_{13}\Delta_{22})}{\Delta_1(\Delta_{22}\Delta_{33}-\Delta_{23}\Delta_{32})}.
\end{cases}
\tag{203}
$$

选择适当的参数, 分别得到 $\bar{u}_1[1], \bar{u}_2[1], \bar{v}_1[1], \bar{v}_2[1]$ 的图形 (图 5.2).

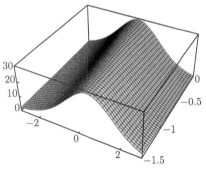
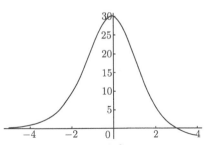

(a) $\bar{u}_1[1]$ 在 $\lambda_1 = 0.01, \lambda_2 = 0.5, \lambda_3 = -0.4, \beta_1^{(1)} = 1, \beta_2^{(1)} = 3, \beta_3^{(1)} = -1, \beta_1^{(2)} = 1, \beta_2^{(2)} = 1,$
$\beta_3^{(2)} = -1, t_{11}^{(0)} = 1, t_{22}^{(0)} = -1, t_{33}^{(0)} = 1.5$

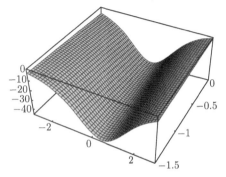
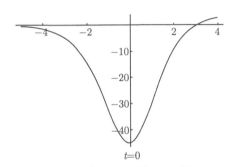

(b) $\bar{u}_2[1]$ 在 $\lambda_1 = 0.01, \lambda_2 = 0.5, \lambda_3 = -0.4, \beta_1^{(1)} = 1, \beta_2^{(1)} = 3, \beta_3^{(1)} = -1, \beta_1^{(2)} = 1, \beta_2^{(2)} = 1,$
$\beta_3^{(2)} = -1, t_{11}^{(0)} = 1, t_{22}^{(0)} = -1, t_{33}^{(0)} = 1.5$

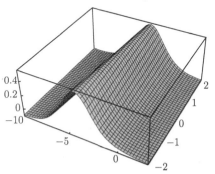
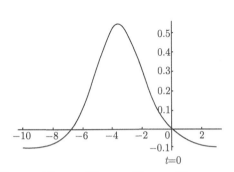

(c) $\bar{v}_1[1]$ 在 $\lambda_1 = 0.02, \lambda_2 = 0.3, \lambda_3 = -0.00, \beta_1^{(1)} = 1, \beta_2^{(1)} = 0, \beta_3^{(1)} = 0, \beta_1^{(2)} = 1, \beta_2^{(2)} = 1,$
$\beta_3^{(2)} = 1, t_{11}^{(0)} = 1, t_{22}^{(0)} = 1, t_{33}^{(0)} = 1$

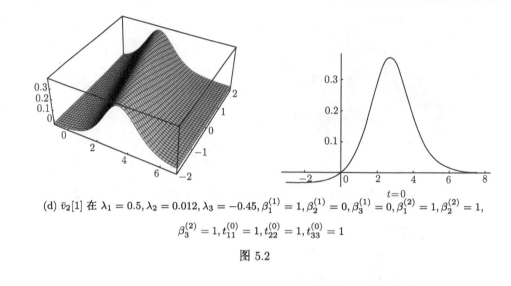

(d) $\bar{v}_2[1]$ 在 $\lambda_1 = 0.5, \lambda_2 = 0.012, \lambda_3 = -0.45, \beta_1^{(1)} = 1, \beta_2^{(1)} = 0, \beta_3^{(1)} = 0, \beta_1^{(2)} = 1, \beta_2^{(2)} = 1,$
$\beta_3^{(2)} = 1, t_{11}^{(0)} = 1, t_{22}^{(0)} = 1, t_{33}^{(0)} = 1$

图 5.2

5.7　双线性方法简介

在求解非线性演化方程孤子解的众多方法中, 1971 年由日本数学家 Hirota 提出的双线性方法是一种重要而直接的方法, 被称为 Hirota 方法, 它是为了求出 KdV 方程的多孤子解而发展起来的方法. 相对于反散射方法而言, 被称为直接方法[235]. 这种方法的优点在于它是一种代数而不是解析的方法, 目前已从求 KdV 方程[236]、mKdV 方程[237]、2 维 Toda 族[238]、半离散 Toda 方程[239] 的 N-孤子解发展成为求解非线性演化方程较为一般的方法.

Hirota 双线性方法的基本思路是: 首先通过函数变换, 比如有理变换、对数变换、双对数变换等将方程进行双线性化, 将其转化为所谓的 "双线性形式". 其次借助 D-算子的特殊性质, 通过通常的微扰方法将扰动展开式截断成有限项, 从而达到求解这些双线性形式的目的. 最后求出方程的 N-孤子解.

Hirota 双线性方法的优点十分明显, 应用范围比较广, 不需要借助于高深的数学知识用于求解各种孤子方程. 特别是近年来随着一些概念诸如 Pfaff 恒等式、Maya 图以及 Wronsky 解、Gramm 解的引入, 使得双线性方法的发展步入了新的阶段, 其求解过程以及求得的 N-孤子解的表达形式都更加简洁.

定义及主要性质

算子 D_t 和 D_x 定义如下

$$D_x^n D_t^m g(x,t) \cdot f(x,t) = \left(\frac{\partial}{\partial x} - \frac{\partial}{\partial x'}\right)^n \left(\frac{\partial}{\partial t} - \frac{\partial}{\partial t'}\right)^m g(x,t) f(x',t') \bigg|_{x=x',t=t'}.$$

主要性质:

(1) 函数 $g(t,x)$ 与自身的奇数次双线性导数为零, 即当 $m+n$ 为奇数时

$$D_t^m D_x^n g \cdot g = 0. \tag{204}$$

(2) 交换函数 $g(t,x)$ 与 $f(t,x)$ 的双线性导数的顺序, 当导数是偶数时其值不变, 而导数是奇数时要改变符号

$$D_t^m D_x^n g \cdot f = (-1)^{m+n} D_t^m D_x^n f \cdot g. \tag{205}$$

(3) 函数 $g(t,x)$ 与数 1 的双线性导数就是通常的导数, 即

$$D_t^m D_x^n g \cdot 1 = \partial_t^m \partial_x^n g. \tag{206}$$

(4) 两个线性指数函数的双线性导数等于指数相加的线性指数函数的适当倍数, 即

$$D_t^m D_x^n \exp \xi_1 \cdot \exp \xi_2 = (\omega_1 - \omega_2)^m (k_1 - k_2)^n \exp(\xi_1 + \xi_2), \tag{207}$$

其中

$$\xi_j = k_j x + \omega_j t + \xi_j^0 \quad (j = 1, 2). \tag{208}$$

由上面的性质可推出相同线性指数函数的双线性导数为零

$$D_t^m D_x^n \exp \xi_1 \cdot \exp \xi_1 = 0. \tag{209}$$

5.8　Hirota-Satsuma 方程的 N-孤子解

本节将利用 Hirota 双线性方法给出 Hirota-Satsuma 方程[240] 的 N-孤子解.

Hirota-Satsuma 方程形式如下

$$r_x - r_{xxt} - 3rr_t + 3r_x \int_x^\infty r_t dx + r_t = 0, \tag{210}$$

令 $r = u_x$, 方程 (210) 能够变换成下面的形式

$$u_t - u_{xxt} - 3u_x u_t + u_x = \alpha, \tag{211}$$

其中 α 是常数.

当 $\alpha = 0$ 时, 方程写成下面的形式

$$u_t - u_{xxt} - 3u_x u_t + u_x = 0. \tag{212}$$

取变换

$$u = 2(\ln f)_x, \tag{213}$$

把 (213) 式代入 (212) 式得

$$(\ln f)_{xxxt} + 6(\ln f)_{xx}(\ln f)_{xt} - (\ln f)_{xx} - (\ln f)_{xt} = 0, \tag{214}$$

通过直接的计算, 方程 (214) 能够简要地写成下面的双线性形式

$$(D_x^3 D_t - D_x^2 - D_x D_t)f \cdot f = 0. \tag{215}$$

下面将构建方程 (212) 的多孤子解, 把 f 按参数 ε 展成级数如下

$$f = 1 + f^{(1)}\varepsilon + f^{(2)}\varepsilon^2 + \cdots + f^{(j)}\varepsilon^j + \cdots, \qquad (216)$$

把 (216) 式代入 (215) 式, 并比较 ε 同次幂的系数, 可得一组线性微分方程

$$f_{xxxt}^{(1)} - f_{xx}^{(1)} - f_{xt}^{(1)} = 0, \qquad (217)$$

$$2(f_{xxxt}^{(2)} - f_{xx}^{(2)} - f_{xt}^{(2)}) = -(D_x^3 D_t - D_x^2 - D_x D_t)f^{(1)} \cdot f^{(1)}, \qquad (218)$$

$$f_{xxxt}^{(3)} - f_{xx}^{(3)} - f_{xt}^{(3)} = -(D_x^3 D_t - D_x^2 - D_x D_t)f^{(1)} \cdot f^{(2)}. \qquad (219)$$

$$\cdots\cdots$$

容易看出方程 (217) 具有下面形式的特解

$$f^{(1)} = e^{\xi_1} + e^{\xi_2} + \cdots + e^{\xi_N}, \qquad (220)$$

其中

$$\xi_i = k_i(\omega_i t + x) + \xi_i^{(0)},$$

$$k_i^2 \omega_i - \omega_i = 1.$$

1) 单孤子解

如果选择线性微分方程 (217)—(219) 的解如下

$$f^{(1)} = e^{\xi_1}, \quad f^{(2)} = f^{(3)} = \cdots = 0, \quad \varepsilon = 1, \qquad (221)$$

则 (216) 式约化成下面的形式

$$f^{(1)} = 1 + e^{\xi_1}. \qquad (222)$$

由 (213) 式和 (222) 式, 可得非线性演化方程 (212) 的单孤子解为

$$u_1 = 2[\ln(1 + e^{\xi_1})]_x = 2\frac{k_1 e^{\xi_1}}{1 + e^{\xi_1}}. \qquad (223)$$

2) 双孤子解

选择线性微分方程 (217)—(219) 的解如下

$$f^{(1)} = e^{\xi_1} + e^{\xi_2}, \quad f^{(2)} = e^{\xi_1 + \xi_2 + A_{12}}, \quad f^{(3)} = f^{(4)} = \cdots = 0, \quad \varepsilon = 1,$$
(224)

其中

$$e^{A_{12}} = \frac{(k_1 - k_2)[(k_1 w_2 - k_2 w_1) + 2(k_1 w_1 - k_2 w_2)]}{(k_1 + k_2)[(k_1 w_2 + k_2 w_1) + 2(k_1 w_1 + k_2 w_2)]},$$

则 (216) 式能够写成下面的形式

$$f = 1 + e^{\xi_1} + e^{\xi_2} + e^{\xi_1 + \xi_2 + A_{12}},$$
(225)

由上式和 (213) 式, 可得非线性方程 (212) 的双孤子解

$$u_2 = 2[\ln(1 + e^{\xi_1} + e^{\xi_2} + e^{\xi_1 + \xi_2 + A_{12}})]_x.$$
(226)

3) N-孤子解

类似地, 取

$$f^{(1)} = e^{\xi_1} + e^{\xi_2} + \cdots + e^{\xi_N}, \quad \varepsilon = 1.$$
(227)

用上面同样的方法, 通过复杂的计算可得

$$f = \sum_{\mu=0,1} e^{\sum\limits_{j=1}^{N} \mu_j \xi_j + \sum\limits_{1 \leqslant j < l}^{N} \mu_j \mu_l A_{jl}},$$
(228)

$$e^{A_{jl}} = \frac{(k_j - k_l)[(k_j w_l - k_l w_j) + 2(k_j w_j - k_l w_l)]}{(k_j + k_l)[(k_j w_l + k_l w_j) + 2(k_j w_j + k_l w_l)]},$$
(229)

其中第一个 $\sum_{\mu=0,1}$ 是对 μ 的求和应取 $\mu_1 = 0, 1, \mu_2 = 0, 1, \cdots, \mu_N = 0, 1$ 的所有可能组合, 而 $\sum_{1 \leqslant j < l}^{N}$ 的是从集合 $\{1, 2, \cdots, N\}$ 中取所有满足

$j < l$ 的数对 (j, l). 通过复杂的计算, 能够证明 f 可以表示成 $N \times N$ 行列式

$$f = \sum_{\mu=0,1} e^{\sum\limits_{j=1}^{N} \mu_j \xi_j + \sum\limits_{1 \leqslant j < l}^{N} \mu_j \mu_l A_{jl}} = \det\left(\delta_{jl} + \frac{2k_j}{k_j + k_l} e^{\frac{\xi_j + \xi_l}{2}}\right), \qquad (230)$$

于是便得方程 (212) 的 N-孤子解

$$u_N = 2\frac{\partial}{\partial x}\left[\ln \det\left(\delta_{jl} + \frac{2k_j}{k_j + k_l} e^{\frac{\xi_j + \xi_l}{2}}\right)\right], \quad 1 \leqslant j, l \leqslant N. \qquad (231)$$

5.9 一个 (2+1)-维浅水波方程的 N-孤子解

考虑 (2+1)-维浅水波方程

$$u_{xxy} + \frac{3}{2}u_x u_y - u_y - u_t = 0, \qquad (232)$$

令

$$u = 2(\ln f)_x, \qquad (233)$$

把 (233) 代入 (232) 得

$$(\ln f)_{xxxy} + 6(\ln f)_{xx}(\ln f)_{xy} - (\ln f)_{xy} - (\ln f)_{xt} = 0, \qquad (234)$$

利用双线性导数的性质可得 (232) 双线性形式为

$$(D_x^3 D_y - D_x D_y - D_x D_t)f \cdot f = 0, \qquad (235)$$

则 (235) 即为 (232) 的双线性导数形式.

设 $f(x, y, t)$ 可按参数 ε 展成级数

$$f = 1 + f^{(1)}\varepsilon + f^{(2)}\varepsilon^2 + f^{(3)}\varepsilon^3 + \cdots, \qquad (236)$$

将 (236) 代入 (235) 中, 并比较 ε 的同次幂系数可得一列微分方程

$$f_{xxxy}^{(1)} - f_{xy}^{(1)} - f_{xt}^{(1)} = 0, \tag{237}$$

$$2(f_{xxxy}^{(2)} - f_{xy}^{(2)} - f_{xt}^{(2)}) = -(D_x^3 D_y - D_x D_y - D_x D_t)f^{(1)} \cdot f^{(1)}, \tag{238}$$

$$f_{xxxy}^{(3)} - f_{xy}^{(3)} - f_{xt}^{(3)} = -(D_x^3 D_y - D_x D_y - D_x D_t)f^{(1)} \cdot f^{(2)}, \tag{239}$$

$$\cdots\cdots$$

1) 单孤子解

由 (237) 知, $f^{(1)}$ 有线性指数形式解

$$f^{(1)} = \exp \xi_1, \tag{240}$$

其中

$$\xi_1 = \omega_1 t + k_1 x + p_1 y + \xi_1^0 \quad (\xi_1^0 是常数)$$

$$k_1^2 p_1 - p_1 - \omega_1 = 0 \quad (色散关系).$$

将 (240) 代入 (238), 根据双线性导数的性质得到

$$f_{xxxy}^{(2)} - f_{xy}^{(2)} - f_{xt}^{(2)} = 0. \tag{241}$$

如果取 $f^{(2)} = 0$ 代入 (239), 有

$$f_{xxxy}^{(3)} - f_{xy}^{(3)} - f_{xt}^{(3)} = 0. \tag{242}$$

若取 $f^{(3)} = 0$, 继续这种推理可知 $f^{(4)} = f^{(5)} = \cdots = 0$. 这样一来, 级数 (236) 被截断成有限形式. 特别地, 当 $\varepsilon = 1$ 时, 有

$$f_1 = 1 + \exp \xi_1. \tag{243}$$

由 (243) 和 (233), 可得方程 (232) 的单孤子解为

$$u_1 = 2\ln(1 + \exp \xi_1)_x = \frac{2k_1 \exp \xi_1}{1 + \exp \xi_1}. \tag{244}$$

2) 双孤子解

由于 (237) 是线性齐次微分方程, 取

$$f^{(1)} = \exp\xi_1 + \exp\xi_2, \tag{245}$$

其中

$$\xi_j = \omega_j t + k_j x + p_j y + \xi_j^0 \quad (\xi_j^0 \text{是常数})$$

$$k_j^2 p_j - p_j - \omega_j = 0 \quad (j = 1, 2).$$

将 (245) 代入 (238) 得

$$f_{xxxy}^{(2)} - f_{xy}^{(2)} - f_{xt}^{(2)} = (k_1 - k_2)[(p_1 k_2^2 - p_2 k_1^2) - 2k_1 k_2(p_1 - p_2)]\exp(\xi_1 + \xi_2). \tag{246}$$

取

$$f^{(2)} = \exp(\xi_1 + \xi_2 + A_{12}), \tag{247}$$

其中

$$\exp A_{12} = \frac{(k_1 - k_2)[(p_1 k_2^2 - p_2 k_1^2) - 2k_1 k_2(p_1 - p_2)]}{(k_1 + k_2)[(p_1 k_2^2 + p_2 k_1^2) + 2k_1 k_2(p_1 + p_2)]}.$$

将 (245) 和 (247) 代入 (238) 中, 可得

$$f_{xxxy}^{(3)} - f_{xy}^{(3)} - f_{xt}^{(3)} = 0, \tag{248}$$

若取

$$f^{(3)} = 0, \quad f^{(4)} = f^{(5)} = \cdots = 0, \quad \varepsilon = 1,$$

则方程的截断解为

$$f_2 = 1 + \exp\xi_1 + \exp\xi_2 + \exp(\xi_1 + \xi_2 + A_{12}). \tag{249}$$

由 (249) 和 (233), 可得方程 (232) 的双孤子解为

$$u_2 = 2[\ln(1 + \exp\xi_1 + \exp\xi_2 + \exp(\xi_1 + \xi_2 + A_{12}))]_x. \tag{250}$$

3) N-孤子解

一般地, 若取

$$f^{(1)} = \exp\xi_1 + \exp\xi_2 + \cdots + \exp\xi_N, \quad j = 1, 2, \cdots, N, \tag{251}$$

其中

$$\xi_j = \omega_j t + k_j x + p_j y + \xi_j^0, \quad \xi_j^0 \text{是常数};$$
$$k_j^2 p_j - p_j - \omega_j = 0, \quad j = 1, 2, \cdots, N.$$

和前面类似, 取

$$f^{(N+1)} = f^{(N+2)} = \cdots = 0, \quad \varepsilon = 1,$$

通过复杂计算, 可得

$$f_N = \sum_{\mu=0,1} \exp\left(\sum_{j=1}^{N} \mu_j \xi_j + \sum_{1 \leqslant j < l}^{N} \mu_j \mu_l A_{jl}\right), \tag{252}$$

其中

$$\exp A_{jl} = \frac{(k_j - k_l)[(p_j k_l^2 - p_l k_j^2) - 2k_j k_l(p_j - p_l)]}{(k_j + k_l)[(p_j k_l^2 + p_l k_j^2) + 2k_j k_l(p_j + p_l)]},$$

这里 $\sum_{\mu=0,1}$ 是对 $\mu_1 = 0, 1, \mu_2 = 0, 1, \cdots, \mu_N = 0, 1$ 的所有可能的求和, $\sum_{1 \leqslant j < l}^{N}$ 是在条件 $j < l$ 下, j, l 取自 $\{1, 2, \cdots, N\}$ 中所有可能的求和.

由 (251) 和 (233) 可得方程 (232) 的 N-孤子解

$$u_N = 2\left[\ln\left(\sum_{\mu=0,1} \exp\left(\sum_{j=1}^{N} \mu_j \xi_j + \sum_{1 \leqslant j < l}^{N} \mu_j \mu_l A_{jl}\right)\right)\right]_x. \tag{253}$$

由上面计算过程可以看出, 由双线性导数法求出的 (2+1)-维浅水波方程的 N-孤子解形式非常复杂, 不易代入原方程进行验证. 因此, 下面讨论 (2+1)-维浅水波方程易于验证的 N-孤子解的 Wronsky 形式.

设函数 $\phi_j = \phi_j(x, y, z, t)(j = 1, 2, \cdots, N)$ 在 $t \geqslant 0, -\infty < x < +\infty, -\infty < y < +\infty$ 具有任意阶的连续导数, 且满足关系式

$$
\begin{cases}
\phi_{j,t} = 4\phi_{j,xxx}, \\[2mm]
\phi_{j,xx} = \dfrac{k_i^2}{4}\phi_j, \\[2mm]
\phi_{j,y} = 4\phi_{j,x},
\end{cases} \tag{254}
$$

以 ϕ_j 与其前 $n-1$ 阶导数为元, 构造如下的 Wronsky 行列式

$$
\begin{aligned}
f_N &= W(\phi_1, \phi_2, \cdots, \phi_N) \\
&= \begin{vmatrix}
\phi_1^0 & \phi_1^1 & \cdots & \phi_1^{N-1} \\
\phi_2^0 & \phi_2^1 & \cdots & \phi_2^{N-1} \\
\vdots & \vdots & & \vdots \\
\phi_N^0 & \phi_N^1 & \cdots & \phi_N^{N-1}
\end{vmatrix},
\end{aligned} \tag{255}
$$

其中

$$
\phi_i^m = \frac{\partial^m \phi_i}{\partial x^m} \quad (m = 1, 2, \cdots, N-1).
$$

下面证明 f_N 满足双线性导数, 即

$$
(D_x^3 D_y - D_x D_y - D_x D_t)f_N \cdot f_N = 0,
$$

或写为

$$
f_N f_{N,xxxy} - f_{N,y}f_{N,xxx} - 3f_{N,xxy}f_{N,x} + 3f_{N,xx}f_{N,xy}
$$

$$
- f_N f_{N,xy} + f_{N,x}f_{N,y} - f_N f_{N,xt} + f_{N,x}f_{N,t} = 0. \tag{256}
$$

为了简便, 记

$$f_N = |0, 1, 2, \cdots, N-1| = |\widehat{N-1}|, \tag{257}$$

利用 f_N 对 y, t 的导数和对 x 的导数之间的关系, 把 f_N 的各阶导数代入式 (256) 的左端可得

$$
\begin{aligned}
&|\widehat{N-1}|(3|\widehat{N-4}, N-2, N-1, N+1| - 3|\widehat{N-5}, \\
&N-3, N-2, N-1, N| + 3|\widehat{N-3}, N-1, N+2| \\
&-6|\widehat{N-3}, N, N+1| - 3|\widehat{N-2}, N+3|) \\
&-12|\widehat{N-3}, N-1, N+1| \cdot |\widehat{N-2}, N| \\
&-12(|\widehat{N-3}, N-1, N-2| \cdot |\widehat{N-3}, N, N+1| \\
&+3(|\widehat{N-3}, N-1, N| + |\widehat{N-2}, N+1|)^2.
\end{aligned}
\tag{258}
$$

利用行列式性质容易证明以下引理.

引理 5.1　设 M 为 $N \times (N-2)$ 矩阵, a, b, c, d 是 N-维列向量, 则有

$$|M, a, b| \cdot |M, c, d| - |M, a, c| \cdot |M, b, d| + |M, a, d| \cdot |M, b, c| = 0. \tag{259}$$

引理 5.2　设 $a_j(j = 1, 2, \cdots, N)$ 是 N-维列向量, $r_j(j = 1, 2, \cdots, N)$ 是 N 个不为零的实常数, 则有

$$\sum_{i=1}^{N} r_i |a_1, a_2, \cdots, a_N| = \sum_{j=1}^{N} |a_1, a_2, \cdots, ra_j, \cdots, a_N|, \tag{260}$$

其中

$$ra_j = (r_1 a_{1j}, r_2 a_{2j}, \cdots, r_N a_{Nj})^{\mathrm{T}}. \tag{261}$$

由引理 5.1 和引理 5.2 知下式恒成立

$$3\left[\sum_{i=1}^{N}\frac{k_i^2}{4}\left(\sum_{i=1}^{N}\frac{k_i^2}{4}|\widehat{N-1}|\right)\right]|\widehat{N-1}| = 3\left(\sum_{i=1}^{N}\frac{k_i^2}{4}|\widehat{N-1}|\right)^2. \quad (262)$$

由引理 5.1, 引理 5.2 及 (260), 经过复杂的计算可得

$$3|\widehat{N-1}|(|\widehat{N-5}, N-3, N-2, N-1, N|$$

$$-|\widehat{N-4}, N-2, N-1, N+1|$$

$$-|\widehat{N-3}, N-1, N+2| + |\widehat{N-2}, N+3|) + 2|\widehat{N-3}, N, N+1|$$

$$= 3(|\widehat{N-3}, N-1, N| + |\widehat{N-2}, N+1|)^2. \quad (263)$$

将 (260) 代入 (256), 利用引理 5.1 可得

$$12(|\widehat{N-3}, N-2, N-1| \cdot |\widehat{N-3}, N, N+1| - |\widehat{N-3}, N-1, N+1|\cdot$$

$$|\widehat{N-3}, N-2, N| + |\widehat{N-3}, N-1, N-2| \cdot |\widehat{N-3}, N+1, N|) = 0, \quad (264)$$

则 Wronsky 行列式 f_N 满足 (256).

若取

$$\phi_j(t, x, y) = \exp\frac{\xi_j}{2} + (-1)^{j+1}\exp\frac{-\xi_j}{2},$$

$$\xi_j = \omega_j t + k_j x + p_j y + \xi_j^0 \quad (j = 1, 2, \cdots, N), \quad (265)$$

则可得到浅水波方程 (232) Wronsky 行列式形式的 N-孤子解为

$$u = 2(\ln f_N)_x. \quad (266)$$

参 考 文 献

[1] Garder C S, Greene J M, Kruskal M D, Miura R M. Method for solving the Korteweg-de Vries equation. Phys. Rev. Lett., 1967, 19: 1095-1097.

[2] 王明亮. 非线性发展方程与孤立子. 兰州: 兰州大学出版社, 1990.

[3] Ablowitz M J, Ramani A, Segur H. Nonlinear evolution equations and ordinary differential equations of Painlevé type. Lett. Nuovo Cimento, 1978, 23: 333-338.

[4] Ablowitz M J, Ramani A, Segur H. A connection between nonlinear evolution equations and ordinary differential equations of P-type I. J. Math. Phys., 1980, 21: 715-721.

[5] Weiss J, Taboe M, Garnevale G. The Painlevé property for partial differential equations. J. Math. Phys., 1983, 24: 522-526.

[6] Musette M, Contet R. The two-singular-manifold method: I. modified Korteweg-de Vries and sinGordon equations. J. Phys. A: Math. Gen., 1994, 27: 3895-3913.

[7] Lou S Y. Integrable models constructed from the symmetries of the modified KdV equation. Phys. Lett. B, 1993, 302: 261-264.

[8] Lou S Y. Symmetries of the KdV equation and four hierarchies of the integrodifferential KdV equations. J. Math. Phys., 1994, 35: 2390-2396.

[9] Calogero F, Eckhaus W. Nonlinear evolution equations, rescalings, model PDES and their integrability: I. Inverse Probl., 1987, 3: 229-262.

[10] Calogero F, Eckhaus W. Nonlinear evolution equations, rescalings, model PDEs and their integrability: II. Inverse Probl., 1988, 4: 11-33.

[11] Calogero F, Ji X D. C-integrable nonlinear partial differentiation equations I. J. Math. Phys., 1991, 32: 875-887.

[12] Calogero F. c-integrable nonlinear partial differential equations in $N + 1$ dimensions. J. Math. Phys., 1992, 33: 1257-1271.

[13] 谷超豪, 郭柏灵, 李翊神, 等. 孤立子理论与应用. 杭州: 浙江科学技术出版社,

1990.

[14] 谷超豪, 胡和生, 周子翔. 孤立子理论中的 Darboux 变换及其几何应用. 上海: 上海科学技术出版社, 1999.

[15] 陈登远. 孤子引论. 北京: 科学出版社, 2006.

[16] Wahlquist H D, Estabrook F B. Prolongation structures of nonlinear evolution equations. J. Math. Phys., 1975, 16: 1-7.

[17] Wahlquist H D, Estabrook F B. Prolongation structures of nonlinear evolution equations. II. J. Math. Phys., 1976: 1293-1297.

[18] Guo H Y, Wu K, Hsiang Y Y. SL(2, R) principal prolongation structures of soliton equations and their conservation laws. Commun. Theor. Phys., 1982, 1: 607-615.

[19] 郭汉英, 向延育, 吴可. 纤维丛联络论与非线性演化方程的延拓结构. 数学物理学报, 1983, 3: 135-143.

[20] Wu K, Guo H Y, Wang S K. Prolongation structures of nonlinear systems in higher dimensions. Commun. Theor. Phys., 1983, 2: 1425-1437.

[21] 曹策问. 保谱方程的换位表示. 科学通报, 1989, 34: 723-724.

[22] 马文秀. 杨族可积发展方程的换位表示. 科学通报, 1990, 35: 1843-1846.

[23] 乔志军. 三族保谱方程的换位表示. 数学年刊 (A 辑), 1993, 14: 31-38.

[24] 许太喜, 顾祝全. 高阶 Heisenberg 方程的 Lax 表示. 科学通报, 1989, 34: 1437-1438.

[25] Tu G Z. A new hierarchy of coupled degenerate hamiltonian equations. Phys. Lett. A, 1983, 94: 340-342.

[26] Boiti M, Tu G Z. Bäcklund transformations via gauge transformations. Nuovo Cimento B, 1982, 71: 253-264.

[27] Boiti M, Laddomada C, Pempinelli F, et al. On a new hierarchy of Hamiltonian soliton equations. J. Math. Phys., 1983, 24: 2035-2041.

[28] Tu G Z. The trace identity, a powerful tool for constructing the Hamiltonian structure of integrable systems. J. Math. Phys., 1989, 30: 330-338.

[29] Tu G Z. A trace identity and its applications to the theory of discrete integrable systems. J. Phys. A: Math. Gen., 1990, 23: 3903-3922.

[30] 马文秀. 一个新的 Liouville 可积的广义 Hamilton 方程族及其约化. 数学年刊 (A 辑), 1992, 13: 115-123.

[31] 徐西祥. 一族新的 Lax 可积系及其 Liouville 可积性. 数学物理学报 (增刊), 1997, 17: 57-61.

[32] Ma W X, Zhou R G. A coupled AKNS-Kaup-Newell soliton hierarchy. J. Math. Phys., 1999, 40: 4419-4428.

[33] Fan E G. Integrable systems of derivative nonlinear Schrödinger type and their multi-Hamiltonian structure. J. Phys. A: Math. Gen., 2001, 34: 513-519.

[34] Hu X B. A powerful approach to generate new integrable systems. J. Phys. A: Math. Gen., 1994, 27: 2497-2514.

[35] Hu X B. An approach to generate superextensions of integrable systems. J. Phys. A: Math. Gen., 1997, 30: 619-632.

[36] Ma W X, Fuchssteiner B. Integrable theory of the perturbation equations. Chaos Soliton Fract., 1996, 7: 1227-1250.

[37] Ma W X. Nonlinear continuous integrable Hamiltonian couplings. Appl. Math. Comput., 2011, 217: 7238-7244.

[38] Ma W X, Fuchssteiner B. The bi-Hamiltonian structures of the perturbation equations of KdV hierarchy. Phys. Lett. A, 1996, 213: 49-55.

[39] Zhang Y F, Zhang H Q. A direct method for integrable couplings of TD hierarchy. J. Math. Phys., 2002, 43: 466-472.

[40] Ma W X. Enlarging spectral problems to construct integrable couplings of soliton equations. Phys. Lett. A, 2003, 316: 72-76.

[41] Ma W X, Xiang X X, Zhang Y F. Semi-direct sums of Lie algebras and continuous integrable couplings. Phys. Lett. A, 2006, 351: 125-130.

[42] Guo F K, Zhang Y F. A new loop algebra and a corresponding integrable hierarchy, as well as its integrable coupling. J. Math. Phys., 2003, 44: 5793-

5803.

[43] Xia T C, Yu F J, Zhang Y. The multi-component coupled Burgers hierarchy ofsoliton equations and its multi-component integrable couplings system with two arbitrary functions. Phys. A, 2004, 343: 238-246.

[44] Xia T C, Chen X H, Chen D Y, et al. Integrable couplings of the coupled Burgers hierarchy. Commun. Theor. Phys., 2004, 42: 180-182.

[45] Xia T C, Fan E G. The multicomponent generalized Kaup-Newell hierarchy and its multicomponent integrable couplings system with two arbitrary functions. J. Math. Phys., 2005, 46: 043510.

[46] Guo F K, Zhang Y F. The quadratic-form identity for constructing the Hamiltonian structure of integrable systems. J. Phys. A: Math. Gen., 2005, 38: 8537-8548.

[47] Ma W X, Chen M. Hamiltonian and quasi-Hamiltonian structures associated with semi-direct sums of Lie algebras. J. Phys. A: Math. Gen., 2006, 39: 10787-10801.

[48] Ma W X. A discrete variational identity on semi-direct sums of Lie algebras. J. Phys. A: Math. Gen., 2007, 40: 15055-15069.

[49] Ma W X, Zhu Z N. Constructing nonlinear discrete integrable Hamiltonian couplings. Comput. Math. Appl., 2010, 60: 2601-2608.

[50] Wang H, Xia T C. Three nonlinear integrable couplings of the nonlinear Schröinger equations. Commun. Nonlinear Sci. Numer. Simulat., 2011, 16: 4232-4237.

[51] 魏含玉, 夏铁成. Broer-Kaup-Kupershmidt 族的非线性双可积耦合及其自相容源. 高校应用数学学报, 2017, 32: 165-175.

[52] Ma W X. Loop algebras and bi-integrable couplings. Chin. Ann. Math., 2012, 33B: 207-224.

[53] Ma W X, Meng J H, Zhang H Q. Tri-integrable couplings by matrix loop algebras. Int. J. Nonlinear Sci. Numer. Simulat., 2013, 14: 377-388.

[54] Gürses M. A super AKNS scheme. Phys. Lett. A, 1985, 108: 437-440.

[55] Li Y S, Zhang L N. Super AKNS scheme and its infinite conserved currents. Nuovo Cimento B, 1986, 93: 175-183.

[56] Li Y S, Zhang L N. Hamiltonian structure of the super evolution equation. J. Math. Phys., 1990, 31: 470-475.

[57] 胡星标. 可积系统及其相关问题. 中国科学院计算中心博士学位论文, 1990.

[58] Ma W X, He J S, Qin Z Y. A supertrace identity and its applications to superintegrable systems. J. Math. Phys., 2008, 49: 033511.

[59] Tao S X, Xia T C. Lie algebra and Lie super algebra for integrable couplings of C-KdV hierarchy. Chin. Phys. Lett., 2010, 27: 040202.

[60] Wei H Y, Xia T C. Nonlinear integrable couplings of super Kaup-Newell hierarchy and its super Hamiltonian structures. Acta Phys. Sin., 2013, 62: 120202.

[61] Wei H Y, Xia T C. A new six-component super soliton hierarchy and its self-consistent sources and conservation laws. Chin. Phys. B, 2016, 25: 010201.

[62] Wang X Z, Liu X K. Two types of Lie super-algebra for the super-integrable Tu-hierarchy and its super-Hamiltonian structure. Commun. Nonlinear Sci. Numer. Simulat., 2010, 15: 2044-2049.

[63] He J S, Yu J, Zhou R G. Binary nonlinearization of the super AKNS system. Mod. Phys. Lett. B, 2008, 22: 275-288.

[64] Yu J, Han J W, He J S. Binary nonlinearization of the super AKNS system under an implicit symmetry constraint. J. Phys. A: Math. Theor., 2009, 42: 465201.

[65] Tao S X, Wang H, Shi H. Binary nonlinearization of the super classical-Boussinesq hierarchy. Chin. Phys. B, 2011, 20: 070201.

[66] 陶司兴. 李超代数与非线性演化方程族的研究. 上海大学博士学位论文, 2011.

[67] 陶司兴, 夏铁成. 超 Broer-Kaup-Kupershmidt 族的双非线性化. 数学年刊 (A 辑), 2012, 33: 217-228.

[68] You F C. Nonlinear super integrable Hamiltonian couplings. J. Math. Phys.,

2011, 52: 123510.

[69] 郑云英. 分数阶微分方程的有限元算法. 上海大学博士学位论文, 2010.

[70] Kulish V V, Lage J L. Application of fractional calculus to fluid mechanics. J. Fluids Engineering, 2002, 124: 803-806.

[71] Rossikhin Y A, Shitikova M V. Applications of fractional calculus to dynamic problems of linear and nonlinear hereditary mechanics of solids. Appl. Mech. Rev., 1997, 50: 15-67.

[72] Sun H H, Abdelwahab A A, Onaral B. Linear approximation of transfer function with a pole of fractional power. IEEE Transactions on Automatic Control, 1984, 29: 441-444.

[73] Li C P, Peng G J. Chaos in Chen's system with a fractional order. Chaos Soliton Fract., 2004, 22: 443-450.

[74] Li C P, Deng W H. Chaos synchronization of fractional-order differential systems. Int. J. Mod. Phys. B, 2006, 20: 791-803.

[75] Hiller R. On fractional diffusion and continuous time random walks. Phys. A, 2003, 329: 35-40.

[76] Laskin N. Fractional market dynamics. Phys. A, 2000, 287: 482-492.

[77] Hartley T T, Lorenzo C F. Dynamics and control of initialized fractional-order systems. Nonlinear Dynam., 2002, 29: 201-233.

[78] Yu F J. Integrable coupling system of fractional soliton equation hierarchy. Phys. Lett. A, 2009, 373: 3730-3733.

[79] Wu G C, Zhang S. A generalized Tu formula and Hamiltonian structures of fractional AKNS hierarchy. Phys. Lett. A, 2011, 375: 3659-3663.

[80] Wang H, Xia T C. The fractional supertrace identity and its application to the super Ablowitz-Kaup- Newell-Segur hierarchy. J. Math. Phys., 2013, 54, 043505.

[81] Wang H, Xia T C. The fractional supertrace identity and its application to the super Jaulent-Miodek hierarchy. Commun. Nonlinear Sci. Numer. Simulat.,

2013, 18: 2859-2867.

[82] Mel'nikov V K. Intersection of the Korteweg-de Vries equation with a source. Inverse Probl., 1990, 6: 233-246.

[83] Mel'nikov V K. Intersection of the nonlinear Schrödinger equation with a source. Inverse Probl., 1992, 8: 133-147.

[84] Doktrov E V, Vlasov R A. Optical solitons in media with resnent and non-resonant self-focusing nonlinearities. Opt. Acta., 1983, 30: 223-232.

[85] Mel'Nikov V K. On equations for wave interactions. Lett. Math. Phys., 1983, 7: 129-136.

[86] Mel'Nikov V K. New method for deriving nonlinear integrable systems. J. Math. Phys., 1990, 31: 1106-1113.

[87] Leon J, Latifi A. Solution of an initial-boundary value problem for coupled nonlinear waves. J. Math. Phys., J. Phys. A: Math. Gen., 1990, 23: 1385-1403.

[88] Leon J. Nonlinear evolutions with singular dispersion laws and forced systems. Phys. Lett. A, 1990, 144: 444-452.

[89] Zakharova V E, Kuznetsova E A. Multi-scale expansions in the theory of systems integrable by the inverse scattering transform. Phys. D, 1986, 18: 455-463.

[90] Antonowicz M, Wojciechowski S R. Soliton hierarchies with sources and Lax representation for restricted flows. Inverse Probl., 1993, 9: 201-215.

[91] Zeng Y B. An approach to the deduction of the finite-dimensional integrability from the infinite-dimensional integrability. Phys. Lett. A, 1991, 160: 541-547.

[92] Ma W X. Soliton, Positon and negaton solutions to a Schrödinger self-consistent source equation. J. Phys. Soc. Jpn., 2003, 72: 3017-3019.

[93] Zeng Y B, Ma W X, Lin R L. Integration of the soliton hierarchy with self-consistent sources. J. Math. Phys., 2000, 41: 5453-5489.

[94] 王红艳, 胡星标. 带自相容源的孤立子方程. 北京: 清华大学出版社, 2008.

[95] 魏含玉, 夏铁成. 两类超 Tu 族的自相容源和守恒律. 数学年刊, 2013, 34A: 531-544.

[96] Hydon P E. Conservation laws of partial difference equations with two independent variables. J. Phys. A: Math. Gen., 2001, 34: 10347-10355.

[97] Fokas A S. Symmetries and integeability. Stud. Appl. Math., 1987, 77: 253-299.

[98] Miura R M, Gardner C S, Kruskal M D. Korteweg-de Vries and generalizations II. Existence of conservation laws and constants of motion. J. Math. Phys., 1968, 9: 1204-1209.

[99] Wadati M, Sanuki H, Konno K. Relationships among inverse method, Bäcklund transformation and an infinite number of conservation laws. Prog. Theor. Phys., 1975, 53: 419-436.

[100] Konno K, Sanuki H, Ichikawa Y H. Conservation laws of nonlinear evolution equation. Prog. Theo. Phys., 1975, 52: 886-889.

[101] Zakharov V, Shabat A. Exact theory of two-dimensional self-focusing and one-dimensional self-modulation of waves in nonlinear media. Sov, Phys. JETP, 1972, 34: 62-69.

[102] Tsuchida T, Wadati M. The coupled modified Korteweg-de Vries equations. J. Phys. Soc. Jpn., 1998, 67: 1175-1187.

[103] Zhang D J, Chen D Y. Negatons, positons, rational-like solutions and conservation laws of the KdV equation with loss and nonuniformity terms. J. Phys. A: Gen. Math., 2004, 37: 851-866.

[104] 张大军, 宁同科. 可积系统的守恒律. 上海大学学报, 2006, 12: 19-25.

[105] Wadati M. Transformation theories for nonlinear discrete systems. Prog. Theor. Phys. Supp., 1976, 59: 36-63.

[106] Ablowitz M J, Ladik J F. Nonlinear differential-difference equations and Fourier analysis. J. Math. Phys., 1976, 17: 1011-1018.

[107] Wadati M, Watanabe M. Conservation laws of a Volterra system and nonlinear self-dual network equation. Prog. Theor. Phys., 1977, 57: 808-811.

[108] Zhang D J, Chen D Y. The conservation laws of some discrete soliton systems. Chaos Soliton Fract., 2002, 14: 573-579.

[109] Zhu Z N, Wu X N, Xue W M, et al. Infinitely many conservation laws for the Blaszak-Marciniak four-field integrable lattice hierarchy. Phys. Lett. A, 2002, 296: 280-288.

[110] Zhu Z N, Zhu Z M, Wu X N, et al. New matrix Lax representation for a Blaszak-Marciniak four-field Lattice hierarchy and its infinitely many conservation laws. J. Phys. Soc. Jpn., 2002, 71: 1864-1869.

[111] Ablowitz M J, Kaup D J, Newell A C, et al. Method for solving the Sine-Gordon equation. Phys. Rev. Lett., 1973, 30: 1262-1264.

[112] Boiti M, Pempinelli F, Pogrebkov A K, et al. Towards an inverse scattering theory for two-dimensional nondecaying potentials. Theor. Math. Phys., 1998, 116: 741-781.

[113] Lin R L, Zeng Y B, Ma W X. Solving the KdV hierarchy with self-consistent sources by inverse scattering method. Phys. A, 2001, 291: 287-298.

[114] Ye S, Zeng Y B. Integration of the modified Korteweg-de Vries hierarchy with an integral type of source. J. Phys. A: Math. Gen., 2002, 35: L283-L291.

[115] Rogers C, Schief W K. Bäcklund and Darboux Transformations: Geometry and Modern Applications in Soliton Thetory. Cambridge: Cambridge University Press, 2002.

[116] Wahlquist H D, Estabrook F B. Bäcklund transformation for solutions of the Korteweg-de Vries equation. Phys. Rev. Lett., 1973, 31: 1386-1390.

[117] Wang M L, Wang Y M. A new Bäcklund transformation and multi-soliton solutions to the KdV equation with general variable coefficients. Phys. Lett. A, 2001, 287: 211-216.

[118] Nimmo J J C. A bilinear Bäcklund transformation for the nonlinear Schrödinger equation. Phys. Lett. A, 1983, 99: 279-280.

[119] Zhou Z X. On the Darboux transformation for (1+2)-dimensional equations. Lett. Math. Phys., 1988, 16: 9-17.

[120] Zhou Z X. Soliton solutions for some equations in the (1+2)-dimensional hy-

perbolic $su(N)$ AKNS system. Inverse Probl., 1996, 12: 89-109.

[121] Fan E G. Darboux transformation and soliton-like solutions for the Gerdjikov-Ivanov equation. J. Phys. A: Math. Gen., 2000, 33: 6925-6933.

[122] Li Y S, Ma W X, Zhang J E. Darboux transformations of classical Boussinesq system and its new solutions. Phys. Lett. A, 2000, 275: 60-66.

[123] Xia T C, Chen X H, Chen D Y. Darboux transformation and soliton-like solutions of nonlinear Schrödinger equations. Chaos Soliton Fract., 2005, 26: 889-896.

[124] Chen J B, Zhu J Y, Geng X G. Darboux transformations to (2+1)-dimensional Lattice systems. Chin. Phys. Lett., 2005, 22: 1825-1828.

[125] Geng X G, He G L. Darboux transformation and explicit solutions for the Satsuma-Hirota coupled equation. Appl. Math. Comput., 2010, 216: 2628-2634.

[126] Zhao H Q, Zhu Z N, Zhang J L. Darboux transformations and new explicit solutions for a Blaszak-Marciniak three-field Lattice equation. Commun. Theor. Phys., 2011, 56: 23-30.

[127] Bordemann M, Forger M, Laartz J, Schäper U. The Lie-Poisson structure of integrable classical non-linear Sigma models. Commun. Math. Phys., 1993, 152: 167-190.

[128] Jovanović B. Non-holonomic geodesic flows on Lie groups and the integrable Suslov problem on SO(4). J. Phys. A: Math. Gen., 1998, 31: 1415-1422.

[129] Spichak S, Stognii V. Symmetry classification and exact solutions of the one-dimensional Fokker-Planck equation with arbitrary coefficients of drift and diffusion. J. Phys. A: Math. Gen., 1999, 32: 8341-8353.

[130] Zhdanov R Z, Lahno V I. Group classification of heat conductivity equations with a nonlinear source. J. Phys. A: Math. Gen., 1999, 32: 7405-7418.

[131] Du D L. Complex form, reduction and Lie-Poisson structure for the nonlinearized spectral problem ofthe Heisenberg hierarchy. Phys. A, 2002, 303: 439-

456.

[132] Wang M L. Solitary wave solutions for variant Boussinesq equations. Phys. Lett. A, 1995, 199: 169-172.

[133] Wang M L, Zhou Y B, Li Z B. Application of a homogeneous balance method to exact solutions of nonlinear equations in mathematical physics. Phys. Lett. A, 1996, 216: 67-75.

[134] Wang M L. Exact solutions for a compound KdV-Burgers equation. Phys. Lett. A, 1996, 213: 279-287.

[135] Fan E G. Two new applications of the homogeneous balance method. Phys. Lett. A, 2000, 265: 353-357.

[136] Hirota R. Exact soliton of the Korteweg-de Vries equtaion for multiple collisions of solitons. Phys. Rev. Lett., 1971, 27: 1192-1194.

[137] Hirota R. Bilinearization of soliton equations. J. Phys. Soc. Jpn., 1982, 51: 323-331.

[138] Hu X B. Generalized Hirota's bilinear equations and their soliton solutions. J. Phys. A: Math. Gen., 1993, 26: L465-L471.

[139] Chen D Y, Zhang D J, Deng S F. The novel multi-soliton solutions of the MKdV-Sine Gordon equations. J. Phys. Soc. Jpn., 2002, 71: 658-659.

[140] Hu X B, Ma W X. Application of Hirota's bilinear formalism to the Toeplitz lattice-some special soliton-like solutions. Phys. Lett. A, 2002, 293: 161-165.

[141] Hu X B, Tam H W. Application of Hirota's bilinear formalism to a two-dimensional lattice by Leznov. Phys. Lett. A, 2000, 276: 65-72.

[142] Deng S F, Zhang D J, Chen D Y. Exact solutions for the nonisospectral Kadomtshev-Petviashvili equation. J. Phys. Soc. Jpn., 2005, 74: 2383-2385.

[143] Yao Y Q, Chen D Y, Zhang D J. Multisoliton solutions to a nonisospectral (2+1)-dimensional breaking soliton equation. Phys. Lett. A, 2008, 372: 2017-2025.

[144] Cao C W, Geng X G, Wu Y T. From the special 2+1 Toda lattice to the

Kadomtsev-Petviashvili equation. J. Phys. A: Math. Gen., 1999, 32: 8059-8078.

[145] Dai H H, Geng X G. On the decomposition of the modified Kadomtsev-Petviashvili equation and explicit solutions. J. Math. Phys., 2000, 41: 7501-7509.

[146] Cao C W, Geng X G, Wang H Y. Algebro-geometric solution of the 2+1 dimensional Burgers equation with a discrete variable. J. Math. Phys., 2002, 43: 621-643.

[147] Geng X G, Dai H H, Cao C W. Algebro-geometric constructions of the discrete Ablowitz-Ladik flows and applications. J. Math. Phys., 2003, 44: 4573-4588.

[148] Li X M, Geng X G. Lax matrix and a generalized coupled KdV hierarchy. Phys. A, 2003, 327: 357-370.

[149] Chen J B. Some algebro-geometric solutions for the coupled modified Kadomtsev-Petviashvili equations arising from the Neumann type systems. J. Math. Phys., 2012, 53: 073513.

[150] Zhu J Y, Geng X G. The generalized version of dressing method with applications to AKNS equations. J. Nonlinear Math. Phys., 2006, 13: 81-89.

[151] Zhu J Y, Geng X G. The generalized dressing method with applications to variable-coefficient coupled Kadomtsev-Petviashvili equations. Chaos Soliton Fract., 2007, 31: 1143-1148.

[152] Zhu J Y, Geng X G. A hierarchy of coupled evolution equations with self-consistent sources and the dressing method. J. Phys. A: Math. Theor., 2013, 46: 035204.

[153] Zhu J Y, Zhou D W, Yang J J. A new solution to the Hirota-Satsuma coupled KdV equations by the dressing method. Commun. Theor. Phys., 2013, 60: 266-268.

[154] Gardner C S, Greene J M, Kruskal M D, et al. Method for solving the Korteweg-de Vries equation. Phys. Rev. Lett., 1967, 19: 1095-1097.

[155] Gardner C S, Greene J M, Kruskal M D, et al. Korteweg-devries equation and generalizations. VI. methods for exact solution. Commun. Pur. Appl. Math., 1974, 27: 97-133.

[156] Lax P D. Integrals of nonlinear equations of evolution and solitary waves. Commun. Pur. Appl. Math., 1968, 21: 467-490.

[157] Steudel H, Kaup D J. Inverse scattering transform on a finite interval. J. Phys. A: Math. Gen., 1999, 32: 6219-6231.

[158] Vakhnenko V O, Parkes E J, Morrison A J. A Bäcklund transformation and the inverse scattering transform method for the generalised Vakhnenko equation. Chaos Soliton Fract., 2003, 17: 683-692.

[159] Ning T K, Chen D Y, Zhang D J. The exact solutions for the nonisospectral AKNS hierarchy through the inverse scattering transform. Phys. A, 2004, 339: 248-266.

[160] Constantin A, Gerdjikov V S, Ivanov R I. Inverse scattering transform for the Camassa-Holm equation. Inverse Probl., 2006, 22: 2197-2207.

[161] Cao C W. Nonlinearization of the Lax system for AKNS hierarchy. Sci. China A, 1990, 33: 528-536.

[162] Cao C W, Geng X G. C Neumann and Bargmann systems associated with the coupled KdV soliton hierarchy. J. Phys. A: Math. Gen., 1990, 23: 4117-4125.

[163] Cao C W. Parametric representation of the finite-band solution of the Heisenberg equation. Phys. Lett. A, 1994, 184: 333-338.

[164] Qiao Z J. A finite-dimensional integrable system and the involutive solutions of the higher-order Heisenberg spin chain equations. Phys. Lett. A, 1994, 186: 97-102.

[165] Ma W X, Fuchssteiner B, Oevel W. A 3×3 matrix spectral problem for AKNS hierarchy and its binary nonlinearization. Phys. A, 1996, 233: 331-354.

[166] Cao C W, Wu Y T, Geng X G. Relation between the Kadometsev-Petviashvili equation and the confocal involutive system. J. Math. Phys., 1999, 40: 3948-

3970.

[167] Geng X G, Cao C W, Dai H H. Quasi-periodic solutions for some (2+1)-dimensional integrable models generated by the Jaulent-Miodek hierarchy. J. Phys. A: Math. Gen., 2001, 34: 989-1004.

[168] Geng X G, Xue B. Soliton solutions and quasiperiodic solutions of modified Korteweg-de Vries type equations. J. Math. Phys., 2010, 51: 063516.

[169] chen J B, Qiao Z J. The Neumann type systems and algebro-geometric solutions of a system of coupled integrable equations. Math. Phys. Anal. Geom., 2011, 14: 171-183.

[170] 魏含玉, 夏铁成. 广义 Broer-Kaup-Kupershmidt 孤子方程的拟周期解. 数学物理学报, 2016, 36A: 317-327.

[171] 吴文俊. 初等几何判定问题与机械化证明. 中国科学 (A 辑), 1977, 6: 507-516.

[172] 吴文俊. 初等微分几何的机械化证明. 科学通报, 1978, 9: 523-524.

[173] 吴文俊. 几何定理机器证明的基本原理 (初等几何部分). 北京: 科学出版社, 1984.

[174] 吴文俊. 关于代数方程组的零点-Ritt 原理的一个应用. 科学通报, 1985, 12: 881-883.

[175] Wu W J. On the foundation of algebraic differential geometry. Sys. Sci. Math. Scis., 1989, 2: 289-312.

[176] 王东明, 胡森. 构造型几何定理及其机器证明系统. 系统科学与数学, 1987, 7: 163-172.

[177] Kapur D, Mundy J L. Wu's method and its application to perspective viewing. Artif. Intell., 1988, 37: 15-36.

[178] Wu J Z, Liu Z J. On first-order theorem proving using generalized odd-superpositions II. Sci. Chin. E, 1996, 39: 608-619.

[179] Li H B, Cheng M T. Proving theorems in elementary geometry with Clifford algebraic method. Adv. Math., 1997, 26: 357-371.

[180] Li Z B, Wang M L. Travelling wave solutions to the two-dimensional Kdv-

Burgers equation. J. Phys. A: Math. Gen., 1993, 26: 6027-6031.

[181] 柳银萍. 微分方程解析解及解析近似解的符号计算研究. 华东师范大学博士学位论文, 2008.

[182] 张鸿庆. 数学机械化中的 $AC = BD$ 模式. 系统科学与数学, 2008, 28: 1030-1039.

[183] 范恩贵. 可积系统与计算机代数. 北京: 科学出版社, 2004.

[184] 闫振亚. 非线性波与可积系统. 大连理工大学博士学位论文, 2002.

[185] 朝鲁. 吴微分特征列法及其在 PDEs 对称和力学中的应用. 大连理工大学博士学位论文, 1997.

[186] 朝鲁. 微分方程 (组) 对称向量的吴—微分特征列算法及其应用. 数学物理学报, 1999, 19A: 326-332.

[187] 夏铁成. 吴方法及其在偏微分方程中的应用. 大连理工大学博士学位论文, 2002.

[188] Xia T C, Xiong S Q. Exact solutions of (2+1)-dimensional Bogoyavlenskii's breaking soliton equation with symbolic computation. Comput. Math. Appl., 2010, 60: 919-923.

[189] Xiong S Q, Xia T C. Exact solutions of (2+1)-dimensional Boiti-Leon-Pempinelle equation with (G'/G)-expansion method. Commun. Theor. Phys., 2010, 54: 35-37.

[190] Tu G Z. On Liouville integrability of zero-curvature equations and the Yang hierarchy. J. Phys. A: Math. Gen., 1989, 22: 2375-2392.

[191] 郭福奎. 两族可积的 Hamilton 方程. 应用数学, 1996, 9: 495-499.

[192] Zhang Y Z. Lie algebras for constructing nonlinear integrable couplings. Commun. Theor. Phys., 2011, 56: 805-812.

[193] Yang H X, Sun Y P. Hamiltonian and super-hamiltonian extensions related to Broer-Kaup-Kupershmidt system. Int. J. Theor. Phys., 2009, 49: 349-364.

[194] Ma W X, Meng J H, Zhang M S. Nonlinear bi-integrable couplings with Hamiltonian structures. Math. Comput. Simulat., 2016, 127: 167-177.

[195] Li Y S. The reductions of the Darboux transformation and some solutions of the soliton equations. J. Phys. A: Math. Gen., 1996, 29: 4187-4195.

[196] Tu G Z. An extension of a theorem on gradients conserved densities of integrable system. Northeastern. Math. J., 1990, 6: 26-32.

[197] Li Z. Dong H H, Yang H W. A super-soliton hierarchy and its super-Hamiltonian structure. Int. J. Theor. Phys., 2009, 48: 2172-2176.

[198] Zaslavsky G M. Chaos, fractional kinetics, and anomalous transport. Phys. Rep., 2002, 371: 461-580.

[199] Tarasov V E. Fractional systems and fractional Bogoliubov hierarchy equations. Phys. Rev. E, 2005, 71: 011102.

[200] Nigmatullin R R. The realization of the generalized transfer in a medium with fractal geometry. Phys. Status Solidi B, 1986, 133: 425-430.

[201] Kolwankar K M, Gangal A D. Holder exponents of irregular signals and local fractional derivatives. Pramana J. Phys., 1997, 48: 49-68.

[202] Cresson J. Scale calculus and the Schrödinger equation. J. Math. Phys., 2003, 44: 4907-4938.

[203] Jumarie G. Modified Riemann-Liouville derivative and fractional Taylor series of nondifferentiable functions further results. Comput. Math. Appl., 2006, 51: 1367-1376.

[204] Chen W, Sun H G. Multiscale statistical model of fully-developed turbulence particle accelerations. Mod. Phys. Lett. B, 2009, 23: 449-452.

[205] Kolwankar K M, Gangal A D. Fractional differentiability of nowhere differentiable functions and dimensions. Chaos, 1996, 6: 505-513.

[206] Kolwankar K M, Gangal A D. Local fractional Fokker-Planck equation. Phys. Rev. Lett., 1998, 80: 214-217.

[207] Chen Y, Yan Y, Zhang K. On the local fractional derivative. J. Math. Anal. Appl., 2010, 362: 17-33.

[208] Jumarie G. Lagrangian mechanics of fractional order, Hamilton-Jacobi frac-

tional PDE and Taylor's series of nondifferentiable functions. Chaos Soliton Fract., 2007, 32: 969-987.

[209] Almeida R, Malinowska A B, Torres D F M. A fractional calculus of variations for multiple integrals with application to vibrating string. J. Math. Phys., 2010, 51: 033503.

[210] 杨小军. 分形数学及其在力学中的若干应用研究. 中国矿业大学硕士学位论文, 2009.

[211] Zhang J, You F C. Generalized trace variational identity and its applications to fractional integrable couplings. Commun. Frac. Calc., 2011, 2: 36-44.

[212] Wei H Y, Xia T C. The generalized fractional trace variational identity and fractional integrable couplings of Kaup-Newell hierarchy. J. Math. Phys., 2014, 55: 083501.

[213] Kaup D J, Newell A C. An exact solution for a derivative nonlinear Schrödinger equation. J. Math. Phys., 1978, 19: 798-801.

[214] Kupershmidt B A. Mathematics of dispersive water waves. Commun. Math. Phys., 1985, 99: 51-73.

[215] Ablowitz M J, Segur H. Solitons and the inverse scattering transform. SIAM: Philadelphia, 1981.

[216] Faddeev L D, Takhtajan L A. Hamiltonian metheods in the theory of soliton. Berlin: Springer, 1987.

[217] Arnold V I. Mathematical methods of classical mechanics. Berlin: Springer, 1978.

[218] Marsden J E. Lectures on geometric methods in mathematical physics. SIAM: Philadelphia, 1981.

[219] Dubrovin B A. Periodic problems for the Korteweg-de Vries equation in the class of finite band potentials. Funct. Anal. Appl., 1975, 9: 215-223.

[220] Gesztesy F, Holden H. Soliton Equations and Their Algebra-Geometric Solutions, Volume I: (1+1)-dimensional Cambridge: Cambridge University Press,

2003.

[221] 耿献国. 2+1 维孤子方程的分解及其拟周期解. 郑州大学博士学位论文, 2001.

[222] Siegel C L. Topics in Complex Function Theory. Volume II: Automorphic Functions and Abelian Integrals. Wiley: Interscience, 1971.

[223] Griffiths P, Harris J. Principles of Algebraic Geometry. Wiley: Interscience, 1978.

[224] 钟玉泉. 复变函数论. 3 版. 北京: 高等教育出版社, 2004.

[225] Tracy E R, Chen H H, Lee Y C. Study of quasiperiodic solutions of the nonlinear Schrödinger equation and the nonlinear modulational instability. Phys. Rev. Lett., 1984, 53: 218-221.

[226] Newell A C. Solitons in Mathematics and Physics. SIAM: Philadelphia, 1985.

[227] Mumford D. Tata Lectures on Theta I, II. Boston: Birkhäuser, 1984.

[228] Salle M A, Matveev V B. Darboux Transformations and Solitons. Berlin: Springer-Verlag, 1991.

[229] ZakharovA V E, Shabat A B. A scheme for integrating the nonlinear equations of mathematical physics by the method of the inverse scattering problem. I. Funct. Anal. Appl., 1974, 8: 226-235.

[230] Neugebauer G, Meinel R. General N-soliton solution of the AKNS class on arbitrary background. Phys. Lett. A, 1984, 100: 467-470.

[231] Fan E G. Darboux transformation and soliton-like solutions for the Gerdjikov-Ivanov equation. J. Phys. A: Math. Gen, 2000, 33: 6925-6933.

[232] Matveev V B. Darboux transformation and explicit solutions of the Kadomtcev-Petviaschvily equation. depending on functional parameters. Lett. Math. Phys., 1979, 3: 213-216.

[233] Fan E G. Integrable evolution systems based on Gerdjikov-Ivanov equations, bi-Hamiltonian structure, finite-dimensional integrable systems and N-fold Darboux transformation. J. Math. Phys., 2000, 41: 7769-7782.

[234] Li Y S, Ma W X, Zhang J E. Darboux transformations of classical Boussinesq

system and its new solutions. Phys. Lett. A, 2000, 275: 60-66.

[235] Hirota R. The Direct Method in Soliton Theory. New York: Cambridge University Press, 2004.

[236] Hirota R. Exact solution of the Korteweg-de Vries equation for multiple collisions of solitons. Phys. Rev. Lett., 1971, 27: 1192-1194.

[237] Hirota R. Exact solution of the modified Korteweg-de Vries equation for multiple collisions of solitons. J. Phys. Soc. Jpn., 1972, 33: 1456-1458.

[238] Hu X B, Zhao J X, Tam H W. Pfaffianization of the two-dimensional Toda lattice. J. Math. Anal. Appl., 2004, 296: 256-261.

[239] Li C X, Hu X B. Pfaffianization of the semi-discrete Toda equation. Phys. Lett. A, 2004, 329: 193–198.

[240] 张金顺, 杨运平. Hirota-Satsuma 方程的 Darboux 变换和孤子解. 郑州大学学报, 2003, 35: 1-4.

索　引